高 信 頼 性

ヒートシールの基礎と実際

－溶着面温度測定法：MTMS の活用－

菱 沼 一 夫

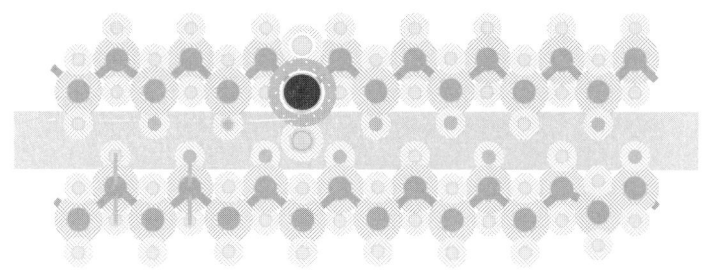

幸 書 房

はじめに

　プラスチックは社会に登場して既に半世紀以上になって，我々の日常生活には不可欠な基材になっている．プラスチックのシートやフイルムの加工は加熱操作による熱接着（ヒートシール）が適用されている．ヒートシール技法はプラスチックのフイルムを簡易に袋にしたり，カップやボトルの蓋のシールができる特徴があって，包装材料への普及に非常に貢献している．日本では1980年代から"ポーションパック"に代表される使用単位や1人の1回当たりの小分け包装のニーズが高まってきた．そのために生産量の増加を伴わない包装数量の増加が続いている．今日の日本では，赤ちゃんから老人に至る全ての年代で，加工食品，スナック食品，飲料，内服薬，医療用品，その他の日用品に適用されたヒートシール製品を毎日10ケ以上消費しており，毎日10億以上のヒートシールを用いた包装袋が市場で消費されている．

　プラスチックが軟包装やフレキシブル包装に利用された当初は単なる小分けの"梱包"機能で始まった．その後，包装材料の普及と機能（酸素，水分，香気成分，遮光等のバリア性能）の向上によって，従来の金属缶，ガラス瓶，瀬戸物容器等からの代替が急速に進展した．その代表的な例は，インスタントカレー食品のレトルト包装や牛乳や清涼飲料の包装である．医薬品分野では注射薬のガラス瓶の代替にもプラスチックバッグが利用されるようになってきた．軟包装は年々新たな高機能が要求され，「悪戯防御」や「使い勝手」改善の機能も要求されるようになっている．包装に必要な重要な基本機能には「異物の混入防御」，「正確な計量」，「封緘の保証」があり，腐敗や変質防止と安全性を保証する必要がある．「異物の混入防御」，「封緘の保証」はヒートシールによって達成される．

　また「封緘の保証」により食品の鮮度保持の向上が図られ，食の安全に著しく貢献している．

　ヒートシールはプラスチックの熱可塑性を利用した加熱接着方法であるが，10 μm程度の微細な加熱接着面の温度を高速，高精度に計測をする温度測定法が最近までなかった．そのため，ヒートシールの接着状態は熱接着したサンプルを10〜25 mm幅の短冊状に切って，引張試験に掛け，引張強さで評価してきた．熱接着の仕上りを間接的な引張強さで評価する方法が永く支配している．

　プラスチックの熱接着の発現温度は材料毎に固有の値を持っている．熱接着は溶融温度まで加熱した後で冷却することによって完結するが，加熱温度によって接着強さが変化する領域を持っている．この領域では接着層は軟化からペースト状になる．

　そして≪Tm≫と呼ばれている≪融点温度≫を超すと液状となる．≪融点温度≫を超す温

度帯の加熱では相互の接着面は溶融混合状態となり加熱後の冷却で一体化する凝集接着となる．

　この強さは材料の持つ固有の強さに近い．凝集接着は二層が溶融接着するため接着部は厚くなり，接着面が剥がれないため，引張強さは接着部位の周辺の伸び応力を測定していることになる．従来のヒートシール試験法は、この凝集接着を測定しており，接着強さは接着線の周辺の伸び強さを計測していたことになる．引張強度を高めるために材料の伸び強さを高めることが、ヒートシールのトラブル対策の中心であった．

　エレクトロニクス技術の飛躍的な進展によって微小な温度信号（電圧）を容易，廉価にかつデジタル情報として取り扱うことができるようになった．計測データは通信機能を利用して容易にパソコン処理ができるようになってデータ解析も簡単にできるようになった．筆者はヒートシール面を直接測定するヒートシールの溶着面温度測定法；"MTMS"を1998年に東京パックに発表した．

　この測定技法を活用して，従来からのヒートシールの課題に取り組んだ．国内外から寄せられる多数のヒートシールの課題に対応してきた．これらの取り組みを集大成して，ヒートシールの合理的運用法を完成し，学位論文『熱溶着（ヒートシール）の加熱温度の最適化』（2006年4月：東京大学）にまとめた．

　今日においても体系化されたヒートシールの文献は非常に少ない．本書は学位論文に提示したデータをベースにヒートシールの合理的な運用方法にまとめ直したものである．本書では溶着面温度をパラメータにしたヒートシールの「新論理」，「新操作」，「新知見」の30項目を網羅した．これらは読者の課題の抜本的な改善，改革に役立てると信じている．

　本書では次の配慮をして著述した．
(1) ヒートシールの基礎情報を提示して，ヒートシール技法の合理的な理解を図った．
(2) 本書ではヒートシールの発現のメカニズムに関係する化学，力学の解説をし，テキストとして利用できるようにした．
(3) 学位論文で提示したデータを使用し，文献としての利用ができるようにした．
(4) 事象説明には実際の特性測定データを引用して説明した．
(5) 現場技術者にはハンドブックとして利用していただけるように配慮した．

2007年4月

著者　菱沼　一夫

情熱の書「シートシールの基礎と実際」を推薦する

　石油化学の進展にともなう材料革命は様々のプラスチックの出現を促し，物流における包装の形態にも大きな影響を及ぼした．そして，新たな用途展開を目指してプラスチック材料の特性改良もますます進んでいる．

　「ヒートシール」技術は，材料進展にあいまって展開されている一つの成果である．本来，「ヒートシール」は接着におけるホットメルト接着技術として分類される．熱可塑性樹脂の溶融接着を基本とする「シートシール」技術は，20世紀半ばに食品包装において実用化され，今日では食品保存，医薬品包装など，特に少量包装分野に欠かせない技術として開発され現在に至っている．

　現在の製品に求められている「ヒートシール」は容易な技術ではない．なぜならこの技術では，保管時には強く接着していて使用時には簡単にはがせる（イージーピール：易開封性）という二律背反の事象を同時に成立させることが常に求められるからである．換言すれば，「ヒートシール」は保管時の「確実な接着」と使用時の「容易な離着」を担保させる均衡の技術である．

　このようなことから，「ヒートシール」という難問に敢えて挑戦した成書は現在までほとんど出版されていない．今般，菱沼一夫氏による本書が出版されたことを慶びとする．本書は，民間企業を経てコンサルタントとして長年にわたり「ヒートシール」に情熱を傾けてきた筆者ならではの豊富な経験に基づく問題点の抽出とそれから導かれるアイディア豊かな解決法の集大成である．膨大なデータに基づく本書の要約は難しいが，従来の「ヒートシール」技術があまりにも「確実な接着」に固執しすぎ，接着性やイージーピール性をかえって犠牲にしているというアンチテーゼの提起とその解決には総体の溶融温度ではなくミクロな溶着面での温度管理が重要であるという指摘は，近年注目されているポリマーのバルクとしての熱的挙動と表面におけるそれとの相違を想起させ，傾聴に値する．また従来の試験法は実態と乖離しているとの視点から開発された新規な試験法は，はく離挙動との関連において興味深い．そして，困難とされていた生分解性プラスチックでのヒートシールも表面温度管理が適切に為されれば可能となることの実証は，実用性において注目すべきものである．

　まさに本書から，ヒートシール材料の溶融におけるピンポイントをどのように見抜き，

顧客の望む適切な「ヒートシール」性をどう達成させるのか，に傾注した筆者の情熱が伝わってくる．

　本書を，「ヒートシール」技術に携わる研究者・技術者のハンドブックとしてばかりでなく，「ヒートシール」とは何かを知りたい一般読者や材料開発に携わる研究者・技術者への参考書として推薦する次第である．

　2007年5月

工学院大学 教授/東京大学名誉教授　　小　野　擴　邦

本書に出てくるキーワードの解説　　（順不同）

ヒートシール
プラスチックの熱可塑性を利用して，加熱／冷却操作によってプラスチックのフイルムやシート面を熱接着する技法
剥がれシール；Peel Seal，　　破れシール；Tear Seal
熱可塑性を有するプラスチック面を密着させて，加熱／冷却操作を行うと 加熱温度に応じて密着面の接着状態の発現が変化する．　　[本文中の図1.3, 1.4参照] 　本書では，加熱温度をパラメータにして，接着強さの立ち上がりから一定値に到達する加熱温度範囲の接着状態をPeel Seal，一定値に到達した以降の加熱範囲の接着状態をTear Sealと呼ぶように定義した． 　従来は引張試験の結果の接着状態の知見から呼称が定義されている． 　従来との関連はおおよそ以下の当てはめになる． 　Peel Seal；剥がれシール，界面接着，溶着，粘着，擬似接着，Adhesive 　Tear Seal；破れシール，凝集接着，結合状態，密着，融着，Cohesive, Break
ヒートシーラント
ヒートシールのための接着面に設置される熱可塑性溶着層を言う．ヒートシーラントは表層基材に貼り合せ（ラミネーション）たり，PEやPPの単一フイルムの場合はフイルム自体がヒートシーラントになる． 　[図1.2, 2.2参照]
引張試験
ヒートシールされた接着線に引張力をかけて溶着力を測定する試験
引張強さ
引張試験によって得られた応力値
ヒートシール強さ
JIS Z 0238（ASTM F88-00）によって得られた引張試験の応力値
プラスチック
プラスチックの分類にはいくつかの方法がある．本文の**表 2.1**に［加熱による挙動分類］を示した．本書では主に熱可塑性樹脂を対象にした．
JIS Z-0238
JIS(Japanese Industrial Standard)のヒートシール軟包装及び半剛性容器の試験法
ASTM　[F88-00]
ASTM(American Society Testing and Materials)の "Standard Test Method for Seal Strength of Flexible Barrier Materials"
溶着面温度測定法；"ＭＴＭＳ"
筆者の開発したヒートシールの溶着面の温度を直接測定した温度をパラメータにして，ヒートシール技法の全般を解析する手法．　　狭義には「測定法」，広義には「溶着面温度を適用した解析法」 　　The Measurement Method for Temperature of Melting Surface

DSC
示差走査熱量計：Differential Scanning Calorimeter 示差走査熱量測定は，物質の 1 次相転移や緩和現象に伴うエンタルピーや比熱容量の変化を簡単迅速に知るための手段．

包装材料の構成
プラスチックのシートやフイルムを使った包装材料にはガスバリア，遮光性，機械的強度，印刷適正の機能が期待される．特性の異なるプラスチックのフイルムや紙，金属箔等をラミネーションして作られる． 　構成と機能：　　　　　　PET;12μm ／　ON ;15μm／ AL;7μm／ CPP;70μm 　（レトルトパウチの例）　　　　↓　　　　　　↓　　　　　↓　　　　　↓ 　　　　　　　　　　　　　　表層材　　　　柔軟性　　　ガスバリア　　ヒートシーラント 　　　　　　　　　　　　　　印刷材　　　　受応力材　　紫外線バリア　破袋応力の受材 　　　　　　　　　　　　　　受応力材

圧着圧
ヒートシールの際の加熱時の押し付け圧． 　　圧着圧＝(加熱体の加えた応力；N)／(加熱面積；㎡)　　［MPa］

破袋
包装された袋，容器に外部から応力や落下等の衝撃で内部に発生した応力で，包装袋，容器の一部が破れること．本研究では，ヒートシール線に沿って起こる破れを主体的に取り扱う．

ピンホール
包装袋，容器に使われるシートフイルムに発生するタックの頂点やヒートシール線に形成する"ポリ玉"を起点に発生する微少な破れを呼ぶ．

ポリ玉
ヒートシールにおいて加熱温度が溶融温度以上になるとヒートシーラントは液状化し，圧着圧によってヒートシール線に溶出する．この溶出は均一でなく部分的に"玉状"になる．（写真 7.2, 図 5.2 参照）

「角度法」
溶融温度を超えた加熱のヒートシールではヒートシール線に"ポリ玉"形成されたり，Tear Seal となるので凝集接着となり界面の剥離は起こらない．ヒートシール線を斜めにし，点状に応力して破れの発生を促進する剥がれシール（Peel Seal）と破れシール（Tear Seal）の識別引張試験方法（筆者の開発法）

破断エネルギー
引張試験の引張強さの応答パターンの破断が発生するまでの接着面全体のポテンシャルエネルギーと定義した．(単位幅の引張強さ) × (引張距離)［N・m］

剥離エネルギー
引張試験の剥離引張強さの応答パターンの剥がれ距離の接着面全体のポテンシャルエネルギーと定義した．(単位幅の引張強さ) × (剥離距離)［N・m］　　(筆者の新提案)

引張試験パターン
JIS Z-0238（ASTM F88-00）で定義されたあるいは，準じた引張試験において，横軸を引張距離，縦軸を引張強さ（ヒートシール強さ）とした引張試験の応答結果（記録）

フィン
ヒートシールにおいて加熱圧着するのに幅を設けた結果，パウチの周辺にできる加熱圧着部位を呼ぶ． 　（写真 8.1 参照）

ラミネーション
プラスチックのシートやフイルムを使った包装材料にはガスバリア，遮光性，機械的強度，印刷適正の機能が期待される．特性の異なるプラスチックのフイルムや紙，金属箔等を貼り合せることを言う．
デ・ラミネーション
ラミネーションは接着剤を使って貼り合わされるが，この張り合わせ面の剥がれをデ・ラミネーションと言う．剥がれの強さをラミネーション強さと呼ぶ．
イージーピール
ヒートシールでは加熱温度によって，Peel Seal と Tear Seal が発現する．Tear seal では凝集接着しているので，開封し難い．容易に開封できるように，ヒートシーラントにヒートシールの加熱で熱変性を起し，ヒートシール面のみを界面剥離するような材料をラミネーションする方法と加熱温度の調節で材料の Peel Seal ゾーンを利用する方法がある．
HACCP
食品の安全性を保証する製造方法．Hazard Analysis Critical Control Point system　日本では，「食品衛生法」に「総合衛生管理製造過程」として5品目の食品の製造方法の承認制度になっている．
レトルト
プラスチックのフイルムの特長を適用して，圧力釜を利用した密封高温殺菌の食品，医薬品の滅菌処理方法．レトルト食品は HACCP の承認制度の1品目である．(**本文[8.4] 参照**)
生分解性プラスチック
石油を原料にした合成プラスチックは微生物分解性が極めて低く，廃材の環境問題が大きい．自然原料を利用した高分子物質は微生物での分解性が大きいので，これを生分解性プラスチックと呼ぶ．

代表的なヒートシールの問題・課題の一覧表
― あなたは下記の課題をどのように対処していますか？ ―

　本書では溶着面温度測定法；"MTMS"を展開して溶着面温度をパラメータにした解析と改善法を提示する．

◇ ヒートシール条件の「圧力」、「時間」は何ですか？
◇ 運転速度はどのような根拠で決めていますか？
◇ 生産量の都合で運転速度を決めていませんか？
◇ "波型"シールはどんな機能を期待していますか？
◇ ピールシール設計は巧く機能していますか？
◇ ヒートシール強さの管理で安心できますか？
◇ どうしてテフロンシートを使うのですか？
◇ どうして片側加熱を使うのですか？
◇ ヒートシール幅（フィン）の寸法はどのように決定していますか？
◇ 破袋が発生したらどのような対応をしていますか？
◇ 2層、4層の同時シールをどのように管理していますか？
◇ クッションにシリコンゴムを使ってどんな効果を期待していますか？
◇ 剥れシール (peel seal) と破れシール (tear seal)はどのよう識別していますか？
◇ 剥れシール (peel seal) と破れシール (tear seal)の使い分けができますか？
　又どのように制御していますか？
◇ レトルト包装のヒートシールのHACCP達成方法は？
◇ ヒートシールの「品質保証」を求められたら定量的な保証範囲を提示できますか？
◇ ヒートシールの改善のため（？）包装材料の過剰設計の抑制をしていませんか？
◇ 噛み込みシールをどのように処理していますか？
◇ インパルスシールの条件設定はどのように決めていますか？
◇ インダクションシールの励磁条件はどのように決めていますか？
◇ ヒートシール検査機がどうして欲しいのですか？
◇ 溶着面の白濁、発泡をどのように処理していますか？
◇ ヒートシーラント（接着層）の厚さはどのようにして決めていますか？
◇ ラミネーション強さはどのように定義していますか？
　それは何に機能していますか？

本書で取上げたヒートシールの「新論理」,「新操作」,「新知見」のリスト

新規提示項目	主たる掲載章
(1) ヒートシールの溶着面温度応答の解説	【3.1】
(2) ヒートシールの合理的な加熱方法	【3.2】
(3) ヒートシールの熱流解説	【6.8】
(4) 各種加熱方法の溶着面温度の測定事例	【3.3.3】
(5) JIS法の"不具合"解析	【3.4.5】
(6) JISのヒートシール強さは何を測定しているのか？	【3.4.5】
(7) ヒートシールの破れを起す破壊力源	【3.4.6】
(8) 加熱時に発生する表面と溶着面の温度差	【4.3.1】,【9.4.9】
(9) 溶着面温度測定法；**MTMS**	【4.2】, 随所
(10) 包装材料毎の溶着温度の確定法	【4.3】
(11) 溶着面温度をパラメータにしたヒートシール強さ	【4.3.2】
(12) ヒートシール"不具合"の発生原因の究明	【5.-】,【6.-】
(13) 剥がれシールと破れシールの識別法（「角度法」）	【7.2】
(14) ヒートシールと圧着圧	【6.3】
(15) ヒートシールのフィンの機能,「剥離エネルギー」	【8.1】
(16) ヒートシーラントの厚さとヒートシール強さ	【8.2】
(17) ヒートシールのＨＡＣＣＰ保証	【8.4】
(18) イージーピールの発現検証と制御	【8.5】
(19) 溶着層の発泡の原因と対策	【8.6】
(20) テフロンシートのカバーの功罪	【6.5】
(21) 圧着面の粗さによるヒートシール強さの相違	【6.10】
(22) ピンホール,エッジ切れの"発生源解析"	【9.1】
(23) 加熱温度の最適化の決定方法	【9.2】
(24) 加熱体の表面温度の調節法	【9.3】
(25) 溶着面温度のシミュレーション	【9.6】
(26) ２段加熱法による高速化と高信頼性両立	【9.6】
(27) メーカーの協業提案	【10.7】
(28) JIS Z 0238を補完する試験法	【11.-】
(29) 剥がれと破れシールを混成させる"Compo Seal"	【9.7】
(30) 生分解性プラスチックのヒートシール性能	【10.5】

目　　次

◇ はじめに
◇ 推薦の言葉：小野　擴邦　工学院大学　教授/東京大学名誉教授
◇ 本書に出てくるキーワードの解説
◇ 代表的なヒートシールの問題・課題の一覧表
◇ 本書で取上げたヒートシールの「新論理」，「新操作」，「新知見」のリスト

第1章　ヒートシール技術の沿革と機能 ………………………………………… 1
　1.1　ヒートシール技法の発展の概況 ……………………………………………… 1
　1.2　プラスチックのヒートシール性改善の沿革 ………………………………… 2
　1.3　ヒートシールの包装品質の維持機能 ………………………………………… 2
　1.4　ヒートシールの特徴 …………………………………………………………… 3
　　1.4.1　接着の基本の概要 ………………………………………………………… 3
　　1.4.2　ヒートシールの動作説明 ………………………………………………… 5
　　1.4.3　加熱温度と剥がれシールと破れシールの発現 ………………………… 5
　　1.4.4　イージーピール（易開封性）のニーズ ………………………………… 7
　1.5　ヒートシールの過加熱の課題 ………………………………………………… 8
　1.6　合理的なヒートシールの達成方法 …………………………………………… 9

第2章　ヒートシールの化学 ……………………………………………………… 11
　2.1　プラスチック材料の熱可塑性の利用 ………………………………………… 11
　2.2　ヒートシールの接着 …………………………………………………………… 12
　　2.2.1　ヒートシールの接着結合力 ……………………………………………… 12
　　2.2.2　ヒートシールの接着面モデル …………………………………………… 13
　2.3　ヒートシールを利用するプラスチック材料（包装材料）の特徴 ………… 14

第3章　ヒートシールの加熱の基本 ……………………………………………… 16
　3.1　ヒートシールの溶着面温度の応答の様子 …………………………………… 16
　　3.1.1　加熱温度と溶着面温度変化の基本 ……………………………………… 16
　　3.1.2　加熱温度の変化と溶着面温度応答の関係 ……………………………… 17

3.1.3　接着材料の厚さと溶着面温度応答の変化 ………………………… 17
3.2　合理的なヒートシールの条件設定 ……………………………………… 18
　3.2.1　従来のヒートシール確認の欠陥 ……………………………………… 18
　3.2.2　確実なヒートシールは溶着面温度の確認 ………………………… 18
3.3　加熱方法の特徴と使い分け ……………………………………………… 20
　3.3.1　加熱方法の種類 ………………………………………………………… 20
　3.3.2　両面加熱と片面加熱の特徴 ………………………………………… 21
　3.3.3　ヒートシールの加熱法の特徴 ……………………………………… 22
　　　　（1）ヒートジョー加熱方式 ……………………………………………… 22
　　　　（2）インパルス加熱方式 ………………………………………………… 23
　　　　（3）熱風加熱方式 …………………………………………………………… 25
　　　　（4）超音波加熱方式 ……………………………………………………… 26
　　　　（5）インダクション加熱方式 …………………………………………… 26
　　　　（6）電界加熱方式 …………………………………………………………… 28
　　　　（7）ホットワイヤー（溶断）加熱方式 ………………………………… 29
3.4　従来のヒートシールの評価方法と課題 ………………………………… 31
　3.4.1　ASTM Standards の解析／評価法 ………………………………… 31
　3.4.2　JIS の解析と評価法 …………………………………………………… 31
　3.4.3　ASTM と JIS の相違 ………………………………………………… 31
　3.4.4　JIS／ASTM の解析と評価法の特徴と考察 ……………………… 32
　3.4.5　JIS／ASTM の評価方法で分かることと分からないこと ……… 34
　3.4.6　ヒートシールを破壊する力の発生メカニズム …………………… 34

第4章　ヒートシール操作の基本 ……………………………………………… 36
4.1　ヒートシール管理の基本は溶着面温度 ………………………………… 36
　4.1.1　従来の温度管理の課題 ………………………………………………… 36
　4.1.2　溶着面温度情報の必要性 ……………………………………………… 37
4.2　溶着面温度測定法："MTMS" ………………………………………… 37
　4.2.1　溶着面温度測定システムとは？ ……………………………………… 37
　4.2.2　溶着面温度測定に必要な基本機能 ………………………………… 39
　4.2.3　溶着面温度測定システムの構成項目と仕様 ……………………… 39
　4.2.4　溶着面温度測定システムの高速な応答性 ………………………… 41
　4.2.5　≪"MTMS"キット≫を使ったヒートシール部位の測定事例 … 44
　4.2.6　「最適加熱範囲」の検討の仕方 ……………………………………… 45

目　　次

　4.3　材料毎の溶融特性の測定と下限温度の決定 ………………………… 46
　　4.3.1　ヒートシール強さの発現温度の検出方法 ………………………… 46
　　4.3.2　溶着面温度データから熱変性点を確定する方法 ………………… 48
　　4.3.3　変曲点が現れないケース ……………………………………………… 51
　　4.3.4　測定結果とヒートシール強さの関係 ……………………………… 51

第5章　ヒートシールの不具合を発生させる要素 ………………………… 53

　5.1　加熱の是非 ……………………………………………………………………… 54
　　5.1.1　溶着面温度を乱す要素 ………………………………………………… 54
　　　（1）溶着面温度の確実な達成 ……………………………………………… 54
　　　（2）加熱温度の不具合の発生要因 ………………………………………… 54
　　　（3）加熱時間の不具合の発生要因 ………………………………………… 54
　　5.1.2　オーバーヒート（過加熱）で起こる不具合 ……………………… 55
　　　（1）"ポリ玉" ………………………………………………………………… 55
　　　（2）シュリンク ……………………………………………………………… 55
　　　（3）材料の熱変性 …………………………………………………………… 55
　5.2　破袋応力源 ……………………………………………………………………… 56
　5.3　タックの発生原因 ……………………………………………………………… 57
　5.4　ヒートシールの不具合の解決はオーバーヒートの制御 …………………… 58

第6章　ヒートシールの従来法の合理性の検討 …………………………… 59

　6.1　緒　　言 ………………………………………………………………………… 59
　6.2　4重のヒートシールの各部位の温度応答の計測 …………………………… 59
　6.3　ヒートシールの圧着圧と溶着面温度の関係 ………………………………… 60
　6.4　揮発成分を含んだヒートシールの溶着面温度の挙動測定と考察 ………… 61
　6.5　発熱体にテフロンシートを装着した場合のヒートシール操作への影響 …… 64
　　6.5.1　発熱体にテフロンシートを装着した場合の表面温度の挙動 …… 65
　　6.5.2　発熱体にテフロンシートを装着する効用の是非 ………………… 66
　6.6　発熱体の表面温度分布の計測と考察 ………………………………………… 68
　6.7　片面加熱でよく起こっている問題の解析 …………………………………… 69
　6.8　流出熱によるヒートシール面に発生する温度分布 ………………………… 71
　6.9　ローレット仕上げの功罪 ……………………………………………………… 73
　6.10　圧着面の粗さでヒートシール強さが変わる ……………………………… 74

第7章　剥がれシールと破れシールの識別方法 …… 76
7.1　破袋の発生原因の"ポリ玉"の解析 …… 76
7.2　剥がれシールと破れシールの識別法：［角度法］（angle method）の開発 …… 77
7.2.1　ヒートシール強さ発現要素の検討 …… 78
7.2.2　破れシールの検出法の検討／「角度法」の提案 …… 78
7.2.3　「角度法」の測定事例 …… 80
7.2.4　「角度法」で得られる情報 …… 81

第8章　ヒートシール機能の確認と向上方法 …… 83
8.1　剥がれシールの剥離エネルギーの活用方法 …… 83
8.1.1　緒言 …… 83
8.1.2　ヒートシールの接着面の破断エネルギー …… 84
8.1.3　剥離エネルギー論の構築 …… 84
8.1.4　剥離エネルギーの活用 …… 86
8.1.5　確認実験方法 …… 86
8.1.6　データの積分範囲と演算方法 …… 87
8.1.7　引張試験パターン …… 87
8.1.8　破断エネルギー，剥離エネルギーの測定結果 …… 89
8.1.9　剥離エネルギーの効用の考察 …… 89
8.1.10　剥離エネルギー論の実際への適用 …… 90
8.1.11　剥離エネルギー論の適用効果の確認 …… 91
8.2　ヒートシーラントの厚さとヒートシール強さ …… 91
8.2.1　緒言 …… 91
8.2.2　co-polymerによる剥がれシールの発現メカニズムの考察 …… 92
8.2.3　実験用資材の仕様 …… 92
8.2.4　ヒートシールサンプルの作製方法 …… 93
8.2.5　引張試験の方法 …… 94
8.2.6　ヒートシーラントの厚さと引張強さの測定と考察 …… 94
8.3　ヒートシール強さとラミネーション強さの相互関係 …… 97
8.3.1　緒言 …… 97
8.3.2　ラミネーション強さとヒートシール強さの関係の解析 …… 97
8.3.3　ラミネーションフイルムの構成要素のヒートシール強さへの反映 …… 99
8.4　ヒートシールのＨＡＣＣＰの達成法 …… 101
8.4.1　緒言 …… 101

目　　次

8.4.2　レトルト包装のヒートシールのＨＡＣＣＰの対象事項	102
8.4.3　レトルト包装のおける加熱殺菌の特徴	102
8.4.4　ＨＡＣＣＰ確認項目と目的	105
8.4.5　確認に使用したパウチ材料のリスト	106
8.4.6　パウチ材料のヒートシールの固有熱特性の測定結果	106
8.4.7　測定結果の考察	108
8.4.8　加熱温度と加熱時間の選択	108
8.5　イージーピールの発現検査と利用	110
8.5.1　緒　　言	110
8.5.2　イージーピールの発現方法	111
8.5.3　イージーピール性能の試験方法	112
8.5.4　イージーピール材料の引張試験結果	113
8.5.5　引張強さの変動パターンの解析と考察	114
8.5.6　最適加熱温度の現場への適用上の配慮	115
8.5.7　引張パターンの大きな変動のメカニズムの考察	115
8.6　溶着層の発泡の原因と対策	117
8.6.1　緒　　言	117
8.6.2　ヒートシール面の発泡のメカニズム解析	117
8.6.3　実験結果と考察	118
8.6.4　発泡面のヒートシール強さの変化	119
8.6.5　高圧着におけるギャップ調節の効果と"ポリ玉"の制御	121

第9章　ヒートシール操作の機能性改善　……………………………………………　122

9.1　ピンホール，エッジ切れの発生源解析と改善策	122
9.1.1　ヒートシールの課題の"複合起因解析"	122
9.1.2　ヒートシール管理の"悪循環"の継続の発生解析	122
9.1.3　ヒートシールの課題の関連解析："複合起因解析"	123
9.2　剥がれシールゾーンの活用	124
9.2.1　剥がれシールゾーン発現原理	125
9.2.2　剥がれシールの特長	126
9.3　表面温度の正確な調節法	127
9.4　溶着面温度の任意温度のシミュレーション	130
9.4.1　緒　　言	130
9.4.2　ヒートシールの熱伝達系の電気回路への置き換え	130

9.4.3　ヒートシールの加熱系の応答変化の発現要素の分類 ……………… 132
　　　9.4.4　熱伝導系のステップ応答の特性の利用 ………………………………… 133
　　　9.4.5　線形応答として扱える熱変性の小さい材料のシミュレーション方法 ……… 135
　　　9.4.6　熱変性の変曲点が顕著に現れる非線形応答の場合の
　　　　　　 シミュレーション方法 ……………………………………………… 136
　　　9.4.7　線形応答として扱える熱変性の小さい材料の
　　　　　　 シミュレーション結果と考察 ……………………………………… 138
　　　9.4.8　熱変性の変曲点が顕著に現れる非線形応答の場合の
　　　　　　 シミュレーション結果 ……………………………………………… 138
　　　9.4.9　2段加熱による最適加熱の適用の考察 ………………………………… 139
　9.5　ホットタックと冷却プレスの効果 ……………………………………………… 140
　　　9.5.1　加熱後の溶着面の冷却パターン ………………………………………… 140
　　　9.5.2　ホットタック現象の冷却プレスによる改善 ……………………………… 140
　9.6　加熱温度の最適化の実施方法 ……………………………………………… 141
　　　9.6.1　緒　　　言 …………………………………………………………………… 141
　　　9.6.2　加熱温度と加熱時間の変更によるリスクの確認 ……………………… 141
　　　9.6.3　最適加熱条件の設定の手順 ……………………………………………… 142
　　　9.6.4　最適加熱方法のリスクマネージメント …………………………………… 142
　　　9.6.5　加熱方法とヒートシールフィン（幅）寸法の検討 ……………………… 142
　　　9.6.6　レトルトパウチの適正加熱化 ……………………………………………… 143
　　　9.6.7　2段加熱法による高速性と過加熱の防御の両立 ……………………… 144
　　　9.6.8　食パン包装のイージーピールの多重シールの保証方法 ……………… 147
　9.7　剥がれシールと破れシールを混成した新ヒートシール方法："compo seal" ‥ 150
　　　9.7.1　緒　　　言 …………………………………………………………………… 150
　　　9.7.2　剥がれと破れの混成ヒートシール方法の論理 …………………………… 151
　　　9.7.3　混成シール；"compo seal"の効果 ……………………………………… 153
　　　9.7.4　ヒートジョー方式での実施方法 …………………………………………… 153
　　　9.7.5　インパルスシールでの実施方法 ………………………………………… 153
　　　9.7.6　加熱面の温度分布の設定方法 ………………………………………… 155
　　　9.7.7　実施例の評価 ……………………………………………………………… 155
　　　9.7.8　"compo seal"（混成法）の産業上の利用可能性 ……………………… 157

第10章　ヒートシール"不具合"の解析／改善事例 ………………………… 158
　10.1　緒　　　言 ………………………………………………………………………… 158

10.2 医療用滅菌包装材料（不織布）の適正なヒートシール条件の検討 …………… 158
10.3 紙カップ包装の蓋シールの不具合解析事例 ……………………………………… 163
10.4 改造した包装材料の性能改善の効果評価 ………………………………………… 164
10.5 生分解性プラスチックのヒートシール特性の精密測定 ………………………… 166
10.6 ASTM［F88-00］に提示されている破れ方の"MTMS"による解析 ………… 167
10.7 包装材料メーカー，包装機械メーカー，ユーザーの協業の仕方 …………… 169

第11章　JIS法を補完する溶着面温度をパラメータにした
ヒートシールの試験方法 ………… 171
11.1 ヒートシールの新しい解析と管理法の提案 ……………………………………… 171
11.2 新しいヒートシールの解析と評価の展開法 ……………………………………… 172

【Ⅰ．包装材料のヒートシール特性の測定方法】……………………………………… 172
1. 引張試験サンプルの作り方 …………………………………………………………… 172
　1.1 15mm幅の加熱サンプルの作り方 ……………………………………………… 172
　1.2 15mm幅の引張試験サンプルの寸法 …………………………………………… 173
　1.3 「角度法」の引張試験サンプルの作り方 ……………………………………… 175
2. 引張試験方法 …………………………………………………………………………… 175
3. 採取データの利用の仕方 ……………………………………………………………… 176
4. 加熱時間／圧着時間の決定方法 ……………………………………………………… 177
【Ⅱ．製品のヒートシール強さの評価の仕方】………………………………………… 177
1. サンプリング箇所 ……………………………………………………………………… 177
2. 既成包装品の引張試験片の作製方法 ………………………………………………… 177

◆あとがき ……………………………………………………………………………………… 179

【索引】………………………………………………………………………………………… 181

【付録】
（1）従来法と溶着面温度測定法；"MTMS"特長比較 ……………………………… 193
（2）本書の記述に関連した特許取得と特許出願の一覧表 ………………………… 195
　　（2007年4月現在）「通常実施権」を公開しています
（3）≪"MTMS"キット≫の頒布広告 ……………………………………………………… 197

第1章　ヒートシール技術の沿革と機能

1.1　ヒートシール技法の発展の概況

　物の安全な保存と物流に包装が機能している．そして製品の使い勝手の便利性，廉価化が期待されている．包装に対する期待機能は単に包むことから高度の「密封性」が求められるようになった．その代表は微生物，有害物質，酸素，水分の侵入防止の安全性と包装物が持っている香気成分等のガス成分の流出防御の密封性を確保することである．

　20世紀における石油化学産業はプラスチックを生み出している．プラスチックは人々の生活に深く浸透して，不可欠な材料になっている．プラスチックは包装材料として包装界にも広く普及している．2005年のわが国のプラスチックの包装への利用は約3,951千トンで全使用包装材料中の重量で18.9％，金額では1兆6,570億円で全金額の28.2％に及んでいる[1]．

　全世界の包装市場規模は50～55兆円である[2]．日本での使用量比率から考慮すると，世界の包装用のプラスチックの市場規模は14～15兆円と考えられる．この包装の経済市場は人口比率で12％（約7億人）の日本と欧米で，全世界の約80％を占有していると推定される．現在の包装技法のコストが高いために，残りの88％（約57億人）の市場には，プラスチックを利用した包装機能の恩恵は必ずしも行きわたっていない．

　プラスチック包装の発展は包装商品の大量生産を可能にして，少量包装や使用単位の小分け包装（ポーションパック）を発展させている．

　欧米では有害物の意識的な混入防御対策（テロ対策）にプラスチック包装の機能を利用した使用単位の小型包装（ポーションパック）が発展している．ポーションパックの廉価化は，近々に予測されている飲料水，食料の供給危機において無駄の排除，効率的供給と物流に貢献できると期待されている．

　プラスチックを利用した包装には，フィルムやシートからの製袋，容器の成型や封緘に簡易な加熱と冷却で接着が完成できるヒートシール法が適用されている．

　レトルト食品に代表される調理済み食品，乳幼児用品，介護用品，注射薬剤，服用薬品，菓子類，トイレタリー品，電子部品，精密機械部品等の封緘にヒートシールが適用されている．これらの包装製品は，日本国内では1日1人当たり，10個以上も使用されていると推定できる．すなわち10億個/日以上の大量のヒートシール製品が市場に登場，消費されていることになる．ヒートシールでは，接着面に数十℃から百数十℃の溶融温度以上の加熱をした後に溶融温度以下への冷却によって容易な接着ができるので，プラスチッ

クの普及と共に半世紀以上も前から利用されている．

　ヒートシールで起こる代表的な不具合は，加熱不足，破袋，ピンホールがある．その仕上がり検査は，熱溶着後の製品の抜き取り品の引張試験等の破断試験によって行われてきている[3), 4)]．ヒートシールの加熱温度（溶着面温度）を直接的に管理できない問題が今日も世界的に継続していて，対策として材料の厚肉化，高温耐性材料の採用が行われ，袋や容器のコストアップになっている．

　本書は従来の定性的・経験則的な解析と検討方法の改善を目的として，熱接着の溶着面温度をパラメータにして，包装材料の固有特性を確実に発揮させるヒートシールの加熱方法の最適化について詳述する．

1.2　プラスチックのヒートシール性改善の沿革

　熱可塑性のプラスチックは熱溶融する特性と酸素，水分，ガス類の多少の透過性を有している．封緘ではピンホールの発生等を起こさない適切な条件の気密性が保証された接着が要求されている．包装の機能材と接着層（ヒートシーラント）を兼ねている単層フィルムでは，ピンホールの発生等の熱接着の欠陥が多く見られ，確実なシールが難しかった．

　不安全なヒートシールの回避と共にガスバリア性を両立させるために，機能の異なる2種以上のフイルムを貼り合わせるラミネーション技術が台頭した．

　ヒートシーラントは，加熱時には軟化/溶融するため外部応力で容易に変形または切断するので，ラミネーションの表層材はヒートシーラントの溶融温度より高いものが選択され，耐応力基材の機能も持つように設計される．

　ヒートシール技法にはヒートシール面に微細な異物の挟み込みを起こす不具合対応が期待されていた．さらに，高温加熱おいても熱変性の影響の少ない材料の開発が期待されてきた．

　1979年にDow社がヒートシーラントに，直鎖状低密度ポリエチレン(L-LDPE)[5)]を発表した．L-LDPEは分岐polymerの長さが短いので分子間結合力が増え熱接着特性が改善されている．L-LDPEは高温・高圧化下でラジカル重合ではなく，イオン重合で合成されるので，熱接着の再加熱の際に酸化（ラジカル）が起こりにくく，ヒートシール温度帯で熱変性の小さい好ヒートシーラント材料である．この材料は挟み込みや高温加熱の不具合の要求にある程度応えられるので，今日も非常に普及している．

1.3　ヒートシールの包装品質の維持機能

　医薬品，食品の包装の重点品質管理の項目として3項目が提起されている[9)]．この項目の発生原因と防御対策項目を整頓すると**表1.1**のようになる．この表から分かるように，微生物の侵入防御の保証項目とガスバリア機能にヒートシールに重要な期待が求められて

表 1.1　医薬品，食品の包装の重点品質管理項目におけるヒートシールの位置付け

```
食品、医薬品の                       包装プロセスでの防御策
3 重大クレーム                       [HACCP 実施事項]

◆異物混入   ─┬─・虫            ┌─・錆発生制御
 [健康障害]   ├─・ゴミ，破片 ───┤─★部品落下が混入しない
             └─・人毛          └─★削れの制御

             ┌─・微生物─┬─カビ     ┌─★シール性保証
             │           ├─バクテリア┤─★使用空気清浄化
             │           └─病原菌   │─★非接触操作
 包装プロセス │                      └─・繁殖防御（溜まり，滑り）
 起因        │
             │                ┌─バリア性 ┌─・ガスバリア性保証
             └─・不純物 ──┤            └─・重合度保証
                              └─包装材料 ──・使用原料の制限
                                から溶出

◆中身違い   ┌─・中身間違い ─────・識別機能
 [健康障害， ├─・包材間違い ─────・識別機能
  製品ロス] └─・混合間違い

◆計量不良   ┌─・不足     ┐┌─★不確かさ要素の掌握と制御
 [健康障害， └─・オーバー ─┘└─・計量法，OIML 勧告の実施
  製品ロス]
                      ★；個々または現場レベルでの対応が必要
```

いることが分かる．侵入防御の保証は HACCP の実施項目とも一致している．

1.4　ヒートシールの特徴

1.4.1　接着の基本の概要

　物と物を接合する方法には接合面に接着剤を塗布して接着剤を介して行う方法と，金属の溶接のように材料の熱可塑性を利用して接合面を加熱溶融させた後に速やかに冷却して接合を完成させる方法がある．ヒートシールは後者の熱可塑性現象をプラスチックの接合に適用したものである．

　身近に観られる接着のマクロなメカニズムを図 1.1 に示した．

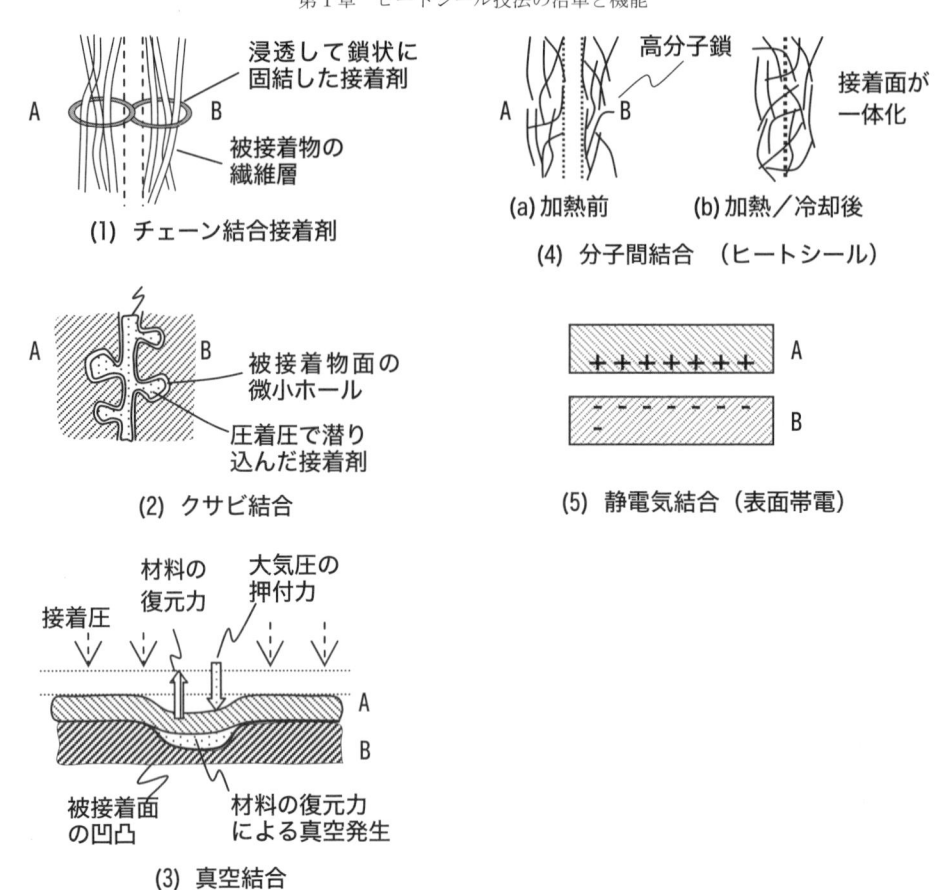

図1.1 マクロな接着の機構説明

(1)の「チェーン結合」は水や溶剤の浸透性を利用し，被接着物の繊維に接着剤を絡ませて鎖状を完成して，2つの面を結合する．紙の接着が代表的な例である．

(2)の「クサビ結合」は接着面の微細な穴に流動性を持つ接着剤を押し込み，固化させて"タコツボ効果"で結合を起こさせる．接着剤を塗布する接着方式が該当する．

(3)の「真空結合」は接着面の微細な凹凸部分に封じ込まれた空気を圧着圧で押し出す．その後，一方の材料の復元力によって凹凸部分内に真空ができるので，大気圧との差圧応力によって接着力が発生する．精密な仕上げ面の密着貼り付き等が該当する．

粘着テープは初期接着や長期間接着に(1)(2)(3)を巧みに利用している．

(4)の「分子間結合」は本書で取り扱うヒートシールの結合方式である．

ヒートシールは接着面同士を分子間引力結合で行うので，他の接着方法に比して，簡易に分子結合レベルの接着/密封ができる．

(5)の「静電気結合」は周囲から絶縁された材料の表面に帯電する正負の電荷の引力である．プラスチックの薄膜が接着する場合等が該当する．これらの比較からヒートシールの特徴が理解できる．

1.4.2 ヒートシールの動作説明

ヒートシールの基本は熱可塑性のプラスチック材料の接着面を対面させて加熱することである．よく使われるヒートジョー方式の場合は，材料の表面に発熱体を押し付けて，表面からの熱伝導によって，接着面の温度を適正範囲に上昇させた後に直ちに冷却することで接着を行っている．この様子を図1.2(a), (b) に示した．

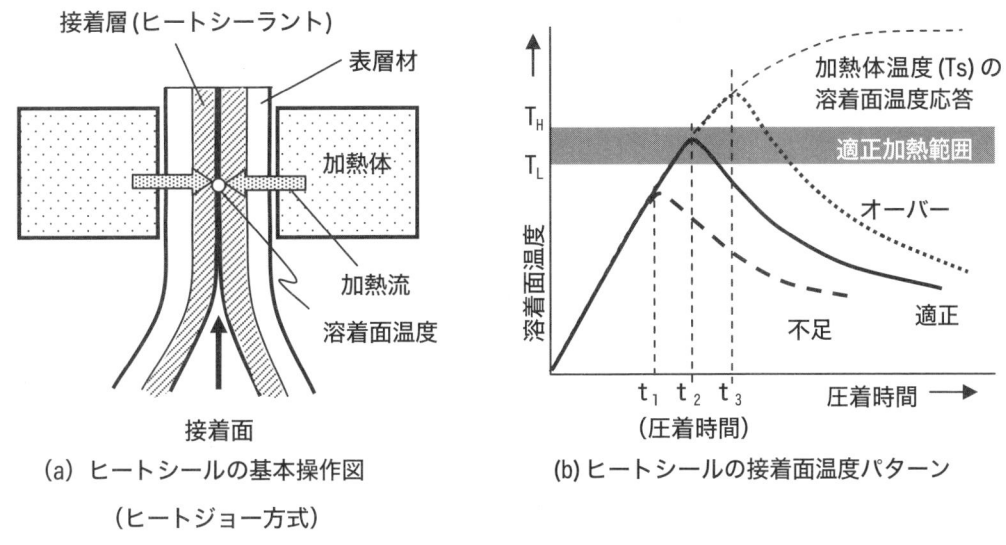

図1.2 ヒートシールの基本の説明（ヒートジョー方式）

従来のヒートシールの温度管理は実際の溶着面温度の制御ではなく，加熱体の温度調節に依っているので，過加熱であったり，加熱不足の問題が発生しやすい．図 1.2(b) は加熱体温度（T_s）の加熱によって圧着時間を $t_1 \sim t_3$ まで変化させた時の溶着面温度応答の相違を示したものである．適正加熱温度帯[$T_L \sim T_H$]に到達する条件を基準に各圧着時間の適否を表わしている．適正加熱温度帯は材料毎の固有特性で決まる．

1.4.3 加熱温度と剥がれシールと破れシールの発現

ヒートシールにおいて，加熱温度によって発現する接着強さの立ち上がり領域を界面接着/擬似接着（peel seal;剥がれシール），一定の強さになった領域を溶融接着/凝集接着（tear seal;破れシール）と呼んでいる．

横軸を溶着面温度，縦軸を図では引張強さ（ヒートシール強さ）として，その発現の様子を図1.3に示した．ヒートシール強さの立ち上がり方は一様ではなく，プラスチックの種類や重合度によって変化する．不純物を少なくした医薬用のプラスチック材料のように，純度の高い材料では図 1.3(b) のように立ち上がりはシャープになる．医薬用や電子部品用のPEでは2〜3℃の狭い温度帯で軟化から溶融にいたる．

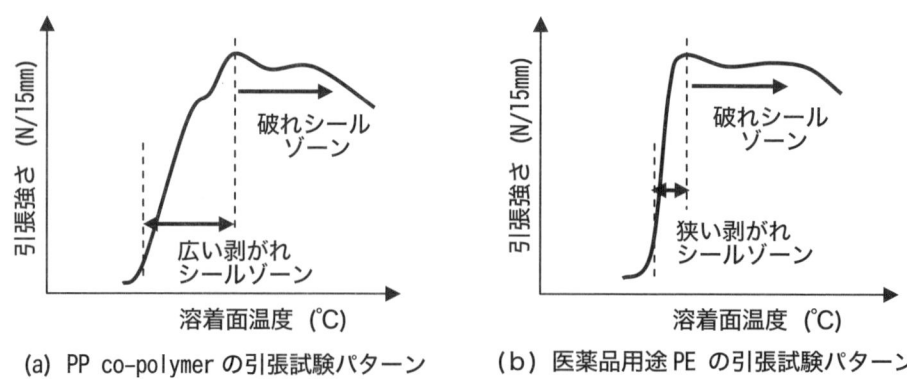

(a) PP co-polymer の引張試験パターン　　(b) 医薬品用途 PE の引張試験パターン

図 1.3　加熱温度と接着強さの関係

　ヒートシールのように柔らかい材料を面接着したものに力が加わっても，接着面の端のヒートシール線に剥がれや破れの応力が集中するだけで，剛体のように面全体に同時にかからない．この様子を図 1.4 に示した．

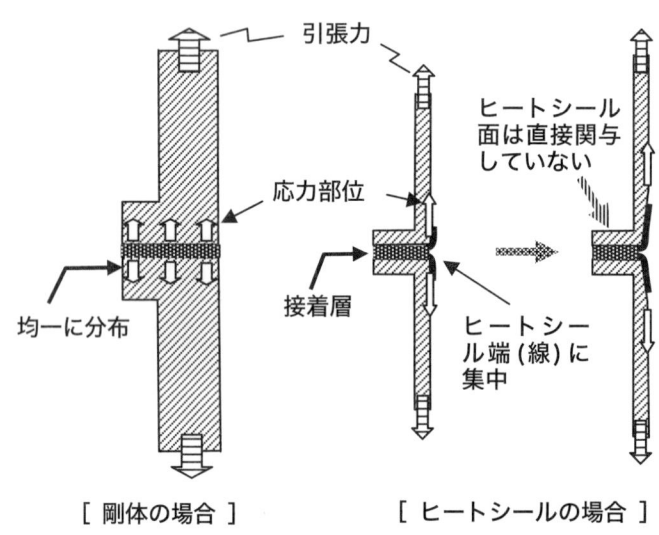

[剛体の場合]　　　　　[ヒートシールの場合]

図 1.4　ヒートシール線に集中する破壊応力の様子

　ヒートシールの試料の引張試験を行った剥がれシールと破れシールの状態を図 1.5 に示した．剥がれシールでは引張力で接着面が剥離するが，破れシールでは溶着面が一体化しているので，材料の固有の破断強さ以上の応力がかかると伸びを起こした後に溶着線の直近で破断が起こる特徴がある．剥がれシール領域は，破れシール領域より接着強さは小さいが，従来の課題を抜本的に改善できる機能があり，注目され始めている．

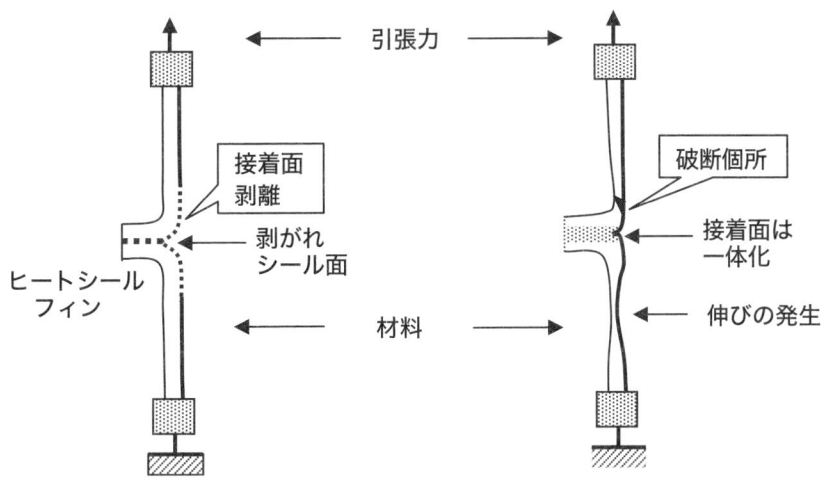

(a) 剥がれシールの剥離状態　　　(b) 破れシールの破断状態
図1.5　剥がれシールと破れシールの引張試験の様子

その特長は
① 開封が容易であるのでイージーピール（易開封性）に利用できる．
② 剥がれによって，包装品に掛かった力を剥離エネルギーで吸収し，破袋を防御できる．
③ 破れシールの溶融接着で起こる接着面の発泡や接着力の低下を抑制できる．
④ 破袋/ピンホールの原因になる溶融した接着層のはみ出しでできるポリ玉の生成を抑制できる．
⑤ 剥がれシールの制御によって，材料の持つ最大の接着力が発現できる．剥がれシールと破れシールの境界点のヒートシールが可能になる（例えば"compo seal"）[6]．

剥がれシールの適用には，精度の高い溶着面温度の調節を必要とする．
　剥がれシールの全般的な適用方法は各章に記述する．

1.4.4　イージーピール（易開封性）のニーズ

　従来は破断や剥がれを防ぐためにより強いヒートシールを出す努力がなされてきているが，消費者は開封性の良いイージーピールを要求している．
　イージーピールはヒートシールの接着強さが変化する剥がれシール領域を利用することができる．しかし，図1.3で例示したように，純度の高いプラスチックでは剥がれシール領域が狭く，加熱温度によってイージーピール性を達成しようとすると2～5℃の溶着面温度の調節を必要とする．
　G. L. Hoh 等(Du Pont 社)は1980年前後にPPに10%程度の金属イオンを混入したりヒートシーラントにco-polymerを生成することによって，熱溶着の立ち上がりから溶融に至る温度帯を7～10℃程度に拡大し，加熱温度に対してヒートシール強さが連続的に変化す

るようにしたヒートシーラントを開発している[7]. 2000年代になって，この提案はメタロセン触媒の開発と相俟って，加熱温度帯の拡大された各種の co-polymer の生成が工業的に可能になった．PP の co-polymer は包装材料に広く展開され，peel seal の容易なヒートシーラントの実施に貢献している[8]. さらに今後の課題として，包装材料の持つヒートシール特性の剥がれシールから破れシールへの移行領域を含んだ温度調節技術の開発が期待されている．

1.5 ヒートシールの過加熱の課題

ヒートシーラントは加熱温度の上昇と共に固体状から軟化－溶融（液状）状態に変態する．軟化から溶融状態までと溶融状態の接着メカニズムは異なっている．前者は接触面の界面接着（剥がれシール；peel seal）であり，後者は溶融後の凝集接着（破れシール；tear seal）となる．凝集接着ではプラスチック中の高分子鎖は分子間力が最も強く作用している状態にあるので溶着面の引張強さは最大となる．実際には溶融状態の高温領域ではプラスチック材料中の未重合混合物の気化，解重合，浸透酸素の結合等による変性が起こり，温度の上昇と共に接着部の強度劣化が発生する．

包装に適用されるプラスチックのフイルムやシートは剛性が小さいので，包装品にかかる外部応力は接着面全体にかかるのではなく，応力は接着面の端辺に沿った線状に負荷される．**図 1.5(a)** に示したように，剥がれシールでは応力に対して接着界面の端から"剥がれ"を起こす．破れシールでは接着面は溶融状態で一体になるので接着面は明確には存在せず，**図 1.5(b)** に示したように，加熱部分と非加熱部分の境界線付近から伸長を起し"破れ"（破断）を起こす．

実際のレトルトパウチの剥がれシール（peel seal）と破れシール（tear seal）の状態を**写真1.1**に示した．

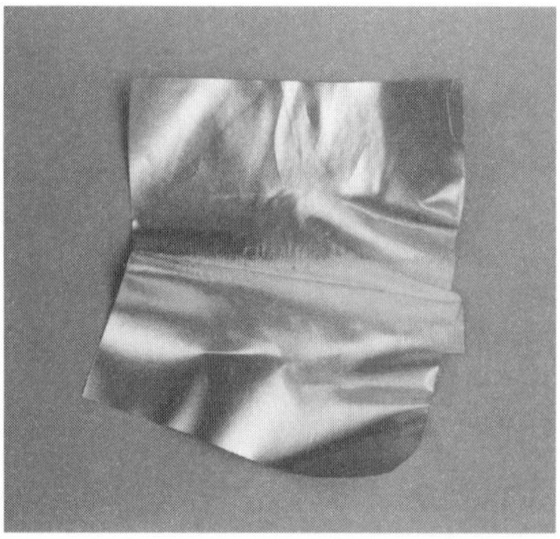

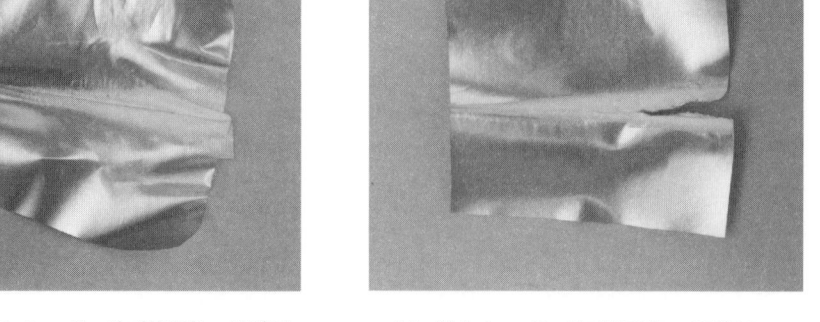

(a) 剥がれシール [加熱温度：155℃]　　(b) 破れシール [加熱温度：170℃]

写真1.1　レトルトパウチの剥がれと破れシールの破壊状況

包装材料：レトルト用パウチ [PET 12μm/Al 7μm/CPP 70μm]

従来のヒートシールの可，不可の判定は，加熱体の温度調節を順次変更し，加熱後のサンプルの溶着面の引き裂きを目視検査で評価している．この方法では加熱不足の失敗は容易に判定できるので世界的に広く判定手段として普及している．

　この方法は加熱情報を直接的に把握していないので，適正加熱範囲の定量化や過加熱の評価が困難である．多くの場合，失敗を恐れて過加熱に陥っている．また，ヒートシールの運転情報が定量化されていないので，加熱の運転条件は現場毎に試行錯誤で行われている．過加熱はピンホール，エッジ切れの不具合を誘発する．合理的な対策が実施されず，もっぱら材料を厚くする方策が採られている．例えば，レトルト袋のヒートシーラントは $70\mu m$ もの厚さ設定が業界では常態化して，パウチのコストも高くなり，レトルト包装の全世界的な普及遅れの要因にもなっている．

1.6　合理的なヒートシールの達成方法

　従来のヒートシール技法は半世紀以上もの長い間「温度」，「時間」，「圧力」が管理項目として挙げられている．しかし世界的にみても各項目の設定についての明快な定義がなされていなかったので，各項目はそれぞれの現場において，経験則やそれぞれの解釈によって継続されてきている．

　ヒートシールの確実な達成は，いかにヒートシーラントを適切な溶着温度に維持するかである．汎用化されている7つの加熱方法については**第3章**で詳細説明する．

　ヒートシールの完成の与件は加熱方法に関係なく，温度と時間をパラメータにした次の4条件の計測確認が必要である．

　(1) 溶着層の溶着温度
　(2) 溶着層が溶着温度に到達した確認
　(3) 溶着層が溶着温度に到達する時間
　(4) 被加熱材料の熱劣化温度

この4項目の計測対象の図解説明は**第3章**で詳述する．

　合理的な加熱方法について本書では以下の新解析法について（**第4章および各章**）で詳述する．

1．ヒートシールの解析と検討に不可欠な厚さの数 $10\mu m$ の熱接着面の温度を高速，高精度で簡易に計測する溶着面の温度計測技術
2．溶着面温度の計測技術を利用して，
　(1) 定着している従来法の定量的な検討
　(2) 高精度，高速の溶着面の計測技術を利用して，破れシール（tear seal），剥がれシール（peel seal）の特性解析と溶着現象の適正利用法の検討
　(3) 熱接着の「最適加熱範囲」を適用した加熱方法の最適化によるヒートシールの信

頼性の確立
(4) 溶着面温度をパラメータにしたヒートシール技法の改善
(5) ヒートシール技法による包装資材の有効利用と省資源
(6) コスト低減による包装技法の全世界への平等活用の提言

　加熱温度の最適化の課題は，加熱温度の定量的把握と熱接着に剥がれシール（peel seal）と破れシール（tear seal）領域の共存状態を作り出すところにある．

参考文献

1) 日本包装技術協会，平成17年日本の包装産業生産出荷統計，「包装技術」，第44巻，第6号 p.3, (2006)
2) VDVM, interpack 2005 プレス資料, April (2005)
3) JIS, JIS Z 0238; 7項 (1998)
4) ASTM Designation: F88-00
5) C&E News, Oct. 29, 8 (1979)
6) 菱沼　一夫, 特許出願；2007-26377 (2007)
7) G.L.Hoh 等, U.S. Patent, 4,346,196, Aug. 24 (1982)
8) 大森　浩, ポリオレフィン材料の基礎（その2），第33回日本包装学会シンポジューム要旨集, p.33 (2004)
9) 味の素（株），品質管理重点事項, (1980)

第2章　ヒートシールの化学

プラスチックには加熱によって固体から液状化し，再冷却によって元の固体状に戻る熱可塑性と，加熱により軟化して流動性を起こした後に縮合，硬化して不溶融となる熱硬化性を示すものがある．熱可塑性プラスチックは，加熱により溶融し，冷却すれば元の状態に戻る．ヒートシールは母材界面が溶融状態で接着し，冷却して強固な接着となる．

2.1　プラスチック材料の熱可塑性の利用

プラスチックの熱的特性による分類を表2.1に示した[1]．

表2.1　プラスチックの種類（加熱による挙動分類）

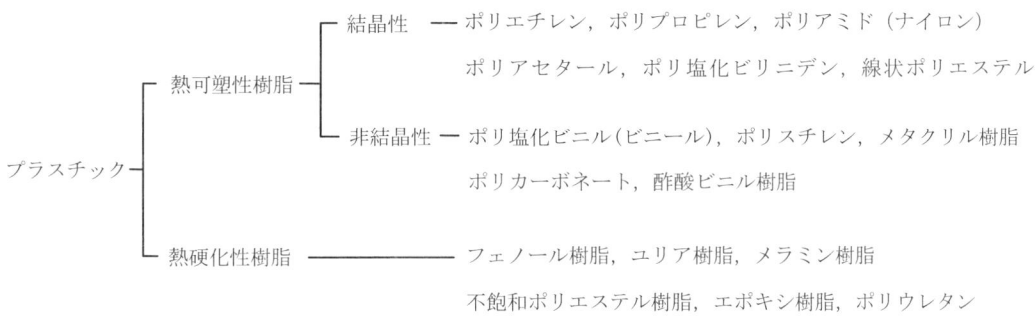

ヒートシールに利用されるのは熱可塑性プラスチックで結晶性と非結晶性に分類される．結晶性のプラスチックは分子が三次元的に規則正しく配列しているが，非結晶性のプラスチックは不規則に並んでいる．一般的に非結晶性のプラスチックは非結晶の隙間が可視光線の波長よりかなり大きいので透明である．

プラスチックが有する容積，熱膨張，比熱，熱伝導，弾性率の物性は温度によって顕著な変化が現れる．非結晶性ではガラス転移温度（Tg），結晶性では液状化する溶融温度（Tm）が特異点である．この発現温度は材料によって異なっている．包装材料では結晶性と非結晶性のプラスチックを混合したり複合して利用することがあるので，材料の中にTgとTmが共存する．液状化する溶融温度（Tm）は最も強い接着を発現させる「適正加熱温度」とリンクする．弾性率の変曲点のTgはヒートシール線の壊れ易さに関係するものである．表2.2に代表的な熱可塑性プラスチックの融点を示した．Tg，Tmと接着が発現する溶着面温度帯の事例を表2.3に示した．

表 2.2　代表的な熱可塑性プラスチックの融点

高分子名	繰り返し単位	融点（℃）
ポリエチレン	$-CH_2CH_2-$	140
ポリプロピレン	$-(CH_3)CH\ CH_2-$	180
ポリ塩化ビニル	$-CH_2CHCl-$	273
ポリスチレン	$-CH_2CH(C_6H_5)-$	250
ポリビニルアルコール	$-CH_2CH(OH)-$	270
ナイロン6	$-(CH_2)_5CONH-$	228

表 2.3　代表的なプラスチック包装材料の[Tm]とヒートシール強さが発現する溶着面温度帯

材料名	溶融温度 (Tm)	ガラス転移点(Tg) 軟化温度	ヒートシール強さが発現する溶着面温度帯（℃）
ポリエチレン（低密度）	102〜115℃	75〜86℃（軟化温度）	100℃〜
ポリプロピレン（レトルトパウチ）	155〜170℃	150〜155℃（軟化温度）	140℃〜
ポリプロピレン co-polymer "ニホンポリエース"	—	—	116℃〜
生分解性プラスチック（PLA）	165〜170℃	57℃(Tg)	62℃〜

　熱接着層（ヒートシーラント）としてよく利用されるポリエチレ，ポリプロピレンの溶融は100〜150℃で起こるが，ポリアミド（ナイロン）やPETは170℃以上である．

　廉価が要求される場合には，ポリエチレンやポリプロピレンが単体で使われることも多いが，機能を増すために，この温度の違いを利用して，ナイロン，PETを表層材料として使用し，接着層にポリエチレン，ポリプロピレンを使うラミネーションが行われる．

2.2　ヒートシールの接着

2.2.1　ヒートシールの接着結合力

　接着のマクロな分類は**図 1.1**に示した．接着強さの発現に関係するミクロな要素は次の項目である．

　① 化学結合力
　② 水素結合力
　③ 分子間力
　④ 投錨効果
　⑤ 相互拡散

2.2 ヒートシールの接着

一般の接着では化学結合が主となり，その他の結合が複合的に作用して強固な接着を生み出している．熱可塑性プラスチックを利用したヒートシールは分子間力が主体的に作用する接着であり化学結合に比して弱い．分子間力（van der waals force）は分子間距離の6乗に反比例するので，分子間距離が離れると大きく減少する結合力である[*1]．

2.2.2 ヒートシールの接着面モデル

ヒートシールの接着面は，熱可塑性プラスチックが物理的に溶融して，接着面の高分子が"絡みあう"か"めり込む"現象を起こしている．

ヒートシールの接着面は一様ではなく微細な島状スポット結合の集合体である．温度の上昇と共に結合スポットが増加する．接着層が溶融し，溶着が発生する加熱温度付近では，加熱温度の上昇と共に接着面の溶融面積が増加し，溶着強さが増大して一定になる．

温度上昇と共に接着強度が立ち上がる部位の採取試料の接着面に力を加えると界面から剥がれるので，剥がれシール（peel seal）と呼ぶ．接着強度が一定になった領域では，分子が相互に混じりあって接着界面は明確には存在しないため，大きな接着強度が発現する．破れシールの引張強さは材料の伸び応力と同等か少し大きく，接着層は破壊されていない．破れシールの破壊は接着部の周辺で起こるので，破れシール（tear seal）と呼んでいる（**図1.5**参照）．剥がれシールと破れシールの接着面の模式図を**図2.1**に示した．

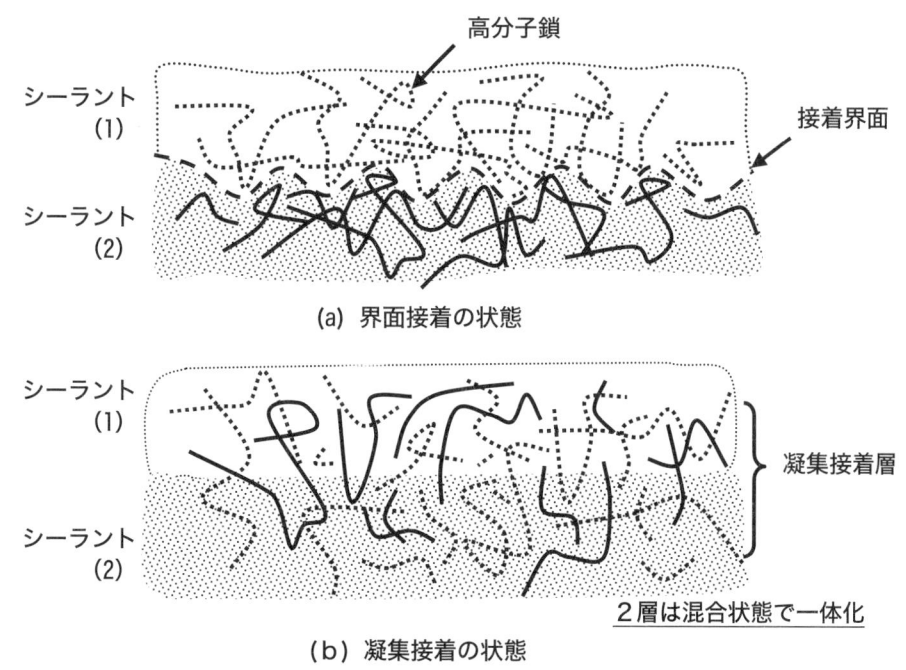

図2.1 剥がれシールと破れシールの接着面の模式図

[*1] van der waals force は双方の分子間距離で定義され，距離の6乗に反比例するとされてきたが，接着面は面/面，球/球，平行な円筒，直行する2つの円筒があり，石英ガラスの平面の25～300nmの間隔の引力を原子間力顕微鏡（AFM）で計測した事例では，その引力が距離の3乗に反比例し，分子間力は van der waals force の定説よりも遠方までの相互作用が及んでいる報告がある[2]．

剥がれシールのメカニズムの解析は［8.5］で実測データを元に詳述する．接着界面および凝集接着層は数μm以下で成立する．［8.2］参照．

2.3 ヒートシールを利用するプラスチック材料（包装材料）の特徴

ヒートシールは軟包装（flexible package）の代表で，省エネ型包装としてフイルムやシートを利用した多くの袋や容器の包装に用いられている．包装の重要な機能は，封緘（シール）と外部からの酸素の侵入防御，被包装品の香気成分やガス化成分の透過飛散防御（ガスバリア）である．（表1.1参照）

包装材料には内部，外部からの物理的応力により破損しない強度が要求される．

ヒートシールの加熱の方法（図1.2参照）はヒートジョー，インパルス方式等は材料の表面から加熱して接着面を溶融する．加熱面の材料の表面の方が接着面より高温になる．

単一フイルムの場合には，表面から溶融状態になるので（図3.5参照）加熱後は表面が固結するのを待たなければならない．一般の包装材料は，表層にヒートシーラントより溶融温度の高いプラスチックを用いた共押フイルムや溶融温度の異なるフイルムを貼り合せたラミネーションフイルムが作られ，ヒートシールの作業性の改善，自動化，高速化が図られている．ラミネーションフイルムにはガスバリア機能を加えた多層フイルムも近年多く用いられている．代表的なフイルムの構成例を**図2.2**に示した．レトルト包装のパウチに使用される包装材料の断面の電子顕微鏡写真を**写真2.1**に示した．

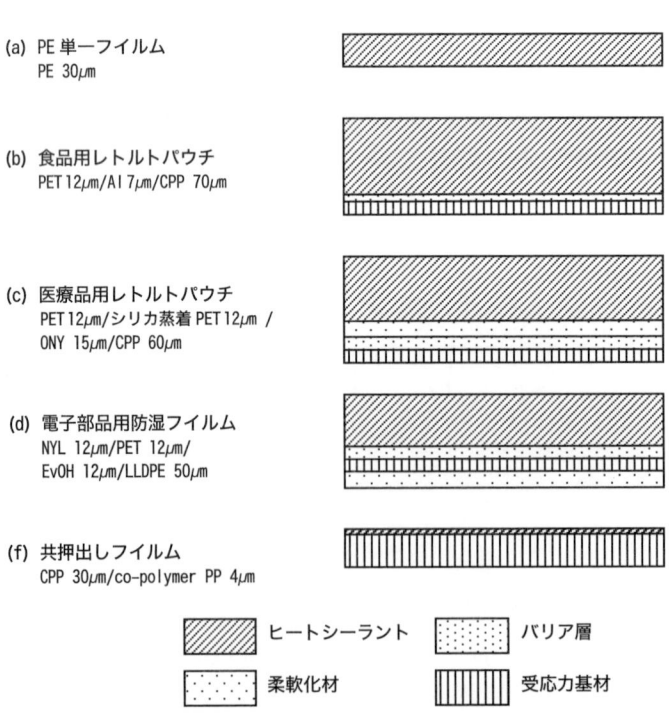

図2.2 代表的な包装用プラスチックフイルムの構成例

― 14 ―

参 考 文 献

×500 レトルトパウチ食品の包装容器の断面
「(独法) 農林水産消費技術センターホームページ」より引用

写真 2.1 食品用レトルトパウチの電子顕微鏡写真

参 考 文 献
1) 日本包装技術協会編, 包装技術便覧, p.372, (社)日本包装技術協会 (1995)
2) 小野擴邦, 接着の技術, Vol.26, No.3, p.3, 日本接着学会 (2006)

第3章　ヒートシールの加熱の基本

　ヒートシールは接着層（ヒートシーラント）を溶着状態となる温度帯に加熱して直ちに冷却することで完了する．ヒートジョー方式のヒートシールでは，所定の温度の加熱体を一定時間押し付けて熱伝導を利用して加熱する．接着面の加熱温度の調節は上昇の途中で圧着を止めて調節する．二つの加熱体を一対にしたヒートジョー方式の加熱方法と溶着面温度の様子を**図**3.1に示した．これを基本にした溶着面温度測定法の説明をする．

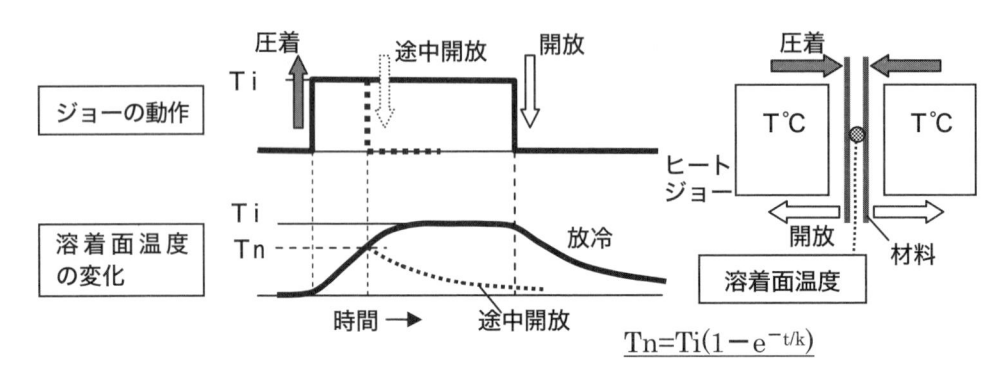

図3.1　ヒートジョーの加熱と溶着面温度の応答モデル

3.1　ヒートシールの溶着面温度の応答の様子
3.1.1　加熱温度と溶着面温度変化の基本
　一定温度の加熱体を押し付けた時の被加熱材の中心部の温度は，ステップ応答の1次遅れと模式化される．中心部を溶着面として，加熱温度(T_i)，溶着面温度(T_n)，時間(t)，材料の熱特性(k)とすると

$$T_n = T_i(1 - e^{-t/k}) \tag{3.1}$$

の関係となる．この式で溶着面温度の上昇速度は，加熱温度(T_i)と材料の待機温度（室温）との差と材料の熱特性(k)で決まる．

　材料の熱特性(k)は，①被加熱材の熱容量/熱伝導性，②加熱面との接触熱抵抗，③加熱体の熱供給能力で決まる．

　加熱後の冷却速度は加熱表面からの大気中への放熱量によって決まるが，常温の金属等で圧着すれば，加熱と逆パターンの同じ速度で急冷することができる（実測例**図** 9.15）．

3.1.2 加熱温度の変化と溶着面温度応答の関係

加熱体の温度変化に応じて溶着面温度も変化する．加熱温度を変化させた時の溶着面温度の応答変化の様子を**図 3.2**に示した．目標温度を（T_S）として，加熱温度を順次（T_S+1～2℃），ヒートシール下限温度（T_L），標準温度（T_H）に上昇すると，目標温度（T_S）への到達時間が t_S から t_L，t_H のように短くなる．温度を上げると到達時間は短くなるが，(溶着面温度)/(加熱時間)が大きくなるので，時間精度の高いジョーの動作が必要となる．

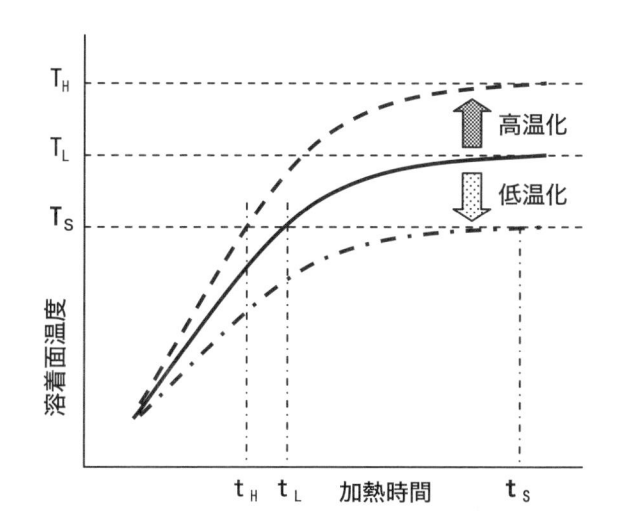

図 3.2 加熱温度をパラメータにした溶着面温度応答モデル

高温の加熱をすると，材料の表面温度と溶着面温度の差が 10℃以上になり，材料表面の熱劣化が大きくなるので注意が必要である．この温度差は材料の厚さが大きくなると顕著に現れる．

被加熱材料の材質と厚さが同一ならば（3.1）式は時間(t)のみの関数になって，加熱温度と溶着面温度の関係は指数関数パターンに（T_i/T_n)の係数を乗じた相似形になる．この関係を利用すると１つの実測溶着面温度データから任意の加熱条件の応答パターンをシミュレーションすることができる（[9.4] 参照）．

3.1.3 接着材料の厚さと溶着面温度応答の変化

加熱温度を一定にして材料の厚さを変えると溶着面温度の立ち上がりが変化する．

材質が同一材料ならば，厚さが増すと溶着面への熱伝導が遅れ，溶着面温度の応答は遅くなり，所定の温度に到達する時間は長くなる．一方薄くなれば応答は速くなる．**図 3.3**にこの関係を示した．もし，加熱温度（T_H）が熱劣化の上限を超えない設定ならば，目標温度（T_S）を超える時間より長い範囲を自由に選べる．生産速度を高める目的で加熱温度(T_H)を高めると，前項で説明したように表面/溶着面温度の差が大きくなるので留意が必要となる．このことから次のことが言える．

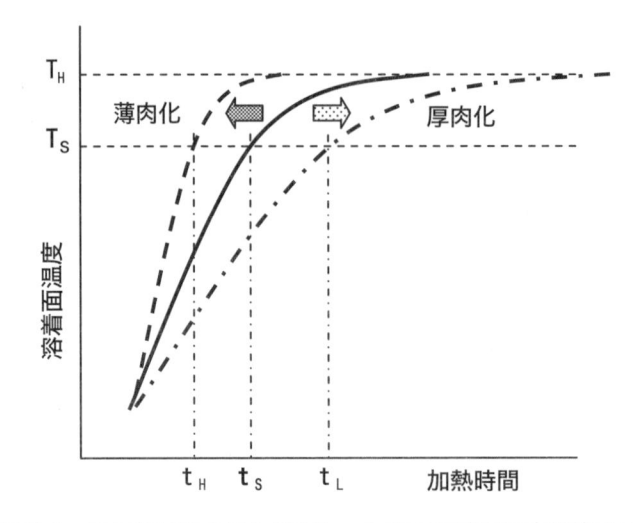

図 3.3　被加熱材料の厚さが変わった時の溶着面温度応答モデル

① ［加熱温度］と［材料の熱特性］は溶着面温度応答に関連する．
② 表面と溶着面温度の差の発生は材料の熱抵抗と熱容量で決まる固有の特性であり，加熱操作によって変更ができない要素である．
③ 加熱温度と加熱時間の設定は、材料の特性から要求される加熱温度の範囲と熱伝導速度を考慮して設定する．

3.2　合理的なヒートシールの条件設定
3.2.1　従来のヒートシール確認の欠陥

　従来は「温度」,「時間」,「圧力」をヒートシールの3要素として扱ってきた．

　ヒートシールは分子間結合力の発生を操作することであり，主たる操作要素は温度である．温度は接着層（ヒートシーラント）の溶着面温度を調節するのが合理的である．しかし，溶着面温度の汎用的な測定法がなかったので，温度指標は加熱体の温度調節値を使用している．接着の是非は材料の伸び強さを元に，接着面を 15～25mm の幅にカットしたサンプルの引張強さによって判定している［JIS Z 0238, ASTM F88-00］．

　圧着力は接着面を分子結合が発現する距離に接近させる操作であり，適正な実測値は 0.08～0.2MPa である．0.08MPa 以下では伝熱不足が起こり接着は不安定になる．溶融温度以上の加熱で 0.2MPa を超すと液状化した接着層は押出されてヒートシール線にはみ出しポリ玉を作る（[**写真 7.2，図 5.2**] 参照）．

3.2.2　確実なヒートシールは溶着面温度の確認

　ヒートシールの完成メカニズムの解析から，ヒートシールの確実な達成には溶着面温度に着目する必要があることが分かった．具体的には次に示した4条件である．

3.2 合理的なヒートシールの条件設定

(1) 溶着層の溶着温度
(2) 溶着層が溶着温度に到達した確認
(3) 溶着層が溶着温度に到達する時間
(4) 材料の熱劣化温度以下の制限

実際には，使用する各材料の「溶着温度」と熱劣化の「制限温度」を把握した上で，この4条件を**図3.4**に示した手順で確認する．グラフ中に白抜き文字で示した数字は4条件の番号に相当している．各数字の添え字は加熱温度条件に相当する．

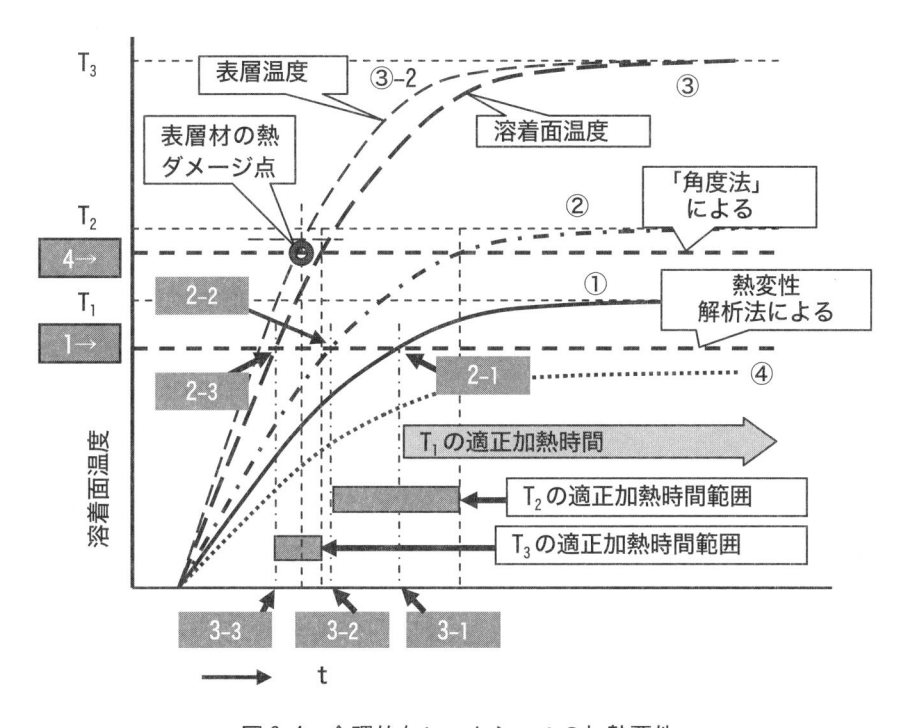

図 3.4 合理的なヒートシールの加熱要件

(1) の溶着温度は溶着面温度ベースで測定した引張強さデータから剥がれシールと破れシールの領域を考慮して選択決定する．適正溶着温度の決定方法は [4.3.2] の「熱変性解析法」で詳述する．

(4) の被加熱材の熱劣化温度は，ヒートシーラントが液状化してヒートシールエッジにはみ出す"ポリ玉"や接着層の発泡でエッジ切れが発生し易い温度領域から設定する．

この定性法は**第7章**の「剥がれシールと破れシールの識別法」[7.2] で詳解する．

(3)，(4) は溶着面温度での高速，高精度の実測検証が必要である．**第4章**で詳述する溶着面温度測定法 **"MTMS"** を適用して確認ができる．**図 3.4** を使って最適条件の確認手順を説明する．④ではいくら時間をかけても，加熱温度が低いので，規定の溶着温度に到達せず不適である．縦軸に示した [T_1]，[T_2]，[T_3] は設定変更したそれぞれ加熱体の

温度に相当する．[T_1]，[T_2]，[T_3]の溶着面温度応答は①，②，③である．加熱温度[T_1]では，時間（3-1）以降で溶着面温度は適正加熱の範囲にあり，加熱時間の下限を守れば，どの時間を選んでも適正加熱ができることになる．

　加熱温度［T_2］では，(3-2)以降と応答曲線②の熱劣化制限温度線との交点の間が適正加熱の範囲となる．加熱温度［T_3］では，時間（3-3）以降と応答曲線③の熱劣化制限温度線との交点の狭い範囲が適正加熱の範囲となる．③の応答には，表面温度の様子（③-2）を付記した．高温で高速加熱を行うと溶着面温度と表面温度との差が広がるので熱劣化制限は表面温度に対しても検証が必要となり，この場合には適正加熱範囲は更に狭くなる．

　ラボで得られたこれらの基本診断データから包装材料を基準にした設備設計，生産計画の定量的検討が事前に行える．

3.3　加熱方法の特徴と使い分け

3.3.1　加熱方法の種類

　ヒートシールを完成するためには接着面を溶着温度以上に加熱する必要がある．

　現在，汎用的に利用されている加熱方法を**表3.1**に示した．

表3.1　ヒートシールの加熱方法の特徴

方　法	加熱面 両面	加熱面 片面	加熱原理	特　徴	用　途
(1)ヒートバー	○	○	表層から伝熱	・熱容量：大（両面加熱） ・受け側の温度変動の影響あり（片面加熱）	・複合フィルム全般 ・単一フィルム
(2)熱線（インパルス）	(○)	○	表層から伝熱	・熱容量：小 ・ヒートシール幅：狭くなる ・簡便・廉価	・単一フィルム ・薄手の複合フィルム
(3)熱風	○	○	熱風の吹き付け	・溶着面への直接加熱 ・基材の熱伝導の影響が少ない	・紙パック ・チューブの熱溶着
(4)超音波	―	○	伝播境界面のエネルギーロス	・包装材料の熱伝導の影響を受け難い ・金属膜複合フィルムには不適	・厚手の単一フィルム ・単一シート
(5)磁力線	―	○	電導膜のジュール熱	・金属箔が必要 ・円の周辺のみの加熱	・金属複合フィルム ・円形シールが原則
(6)電界	○	(○)	誘電ロスの発熱	・（水分）の含有量の影響がある	・紙シートの複合材
(7)熱細線／熱溶断（hot wire）	―	○	表層から伝熱/溶解	・熱細線の加熱による溶解と溶断後のエッジの線状溶着の利用 ・高速製袋	・単一フィルム ・買い物袋 ・フィンの無い包装

加熱は発熱体を接触させた伝熱と，電磁波を照射し無接触で特別の層に発熱を起こしてヒートシーラントを加熱する方法がある．どの方法を適用するかは，使用する包装材料と包装形態の特徴を検討して選択する必要がある．

3.3.2　両面加熱と片面加熱の特徴

ヒートシールの加熱は接着面の両面から行うのと片面から行う二通りの方法がある．両面と片面の加熱方法の選択は次の要素が関係する．

① 超音波やインダクションシールのように1面のみの発熱する機能からの制約
② 適用する包装材料が単層フィルムでは表層がまず溶融するので，他方を溶融状態にせずに基材とする場合（例：インパルスシール）
③ 表層に溶着温度では溶融しない材料がラミネーションされたフィルムでは溶着後の移送も容易であるので，両面加熱で時間の短縮化を図る
④ 周囲温度や受け台の温度変化の影響を排除して，加熱の安定化を図る両面加熱の利用

実施に当たっては，方法の特徴と要求される仕上げを優先して選択する．

両面加熱と片面加熱の特徴をヒートジョー方式を例にして解析したものを図3.5に示した．図3.5（a）は両面加熱のモデルである．加熱直前の材料の表面，溶着面温度は室温になっている（図では短破線）．材料が加熱体で圧着されると表面からの熱供給によって接着面を最下点にしたV字状の温度分布で上昇する．2つの加熱体が同一なので接着面

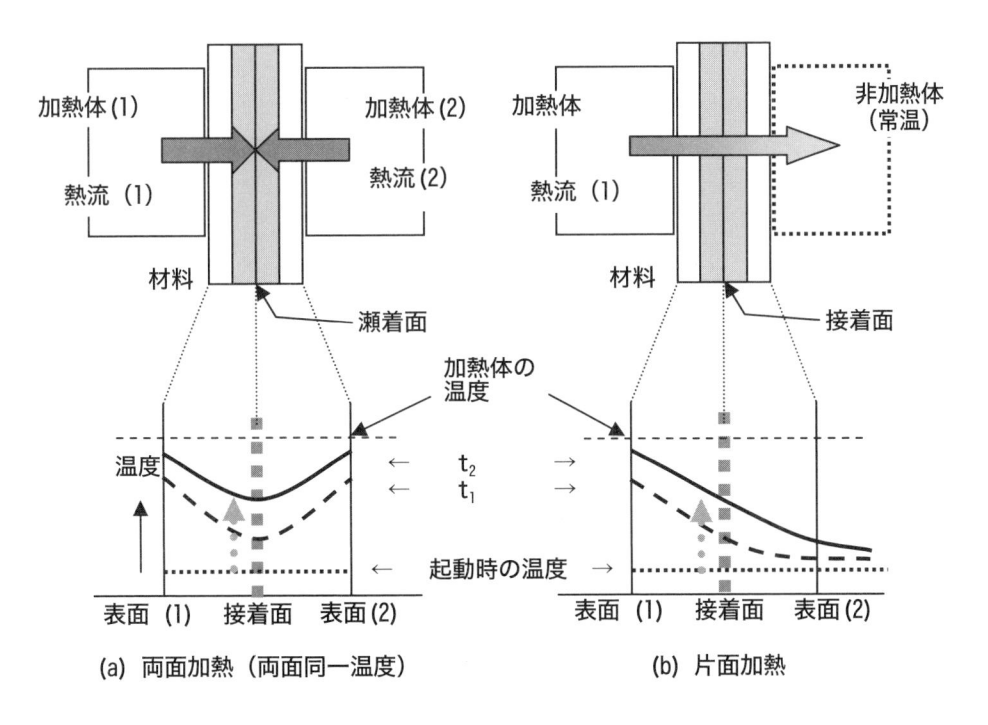

図3.5　両面加熱と片面加熱の特徴

が終点になるので，溶着面温度は加熱温度と材料の熱伝導性によって決定される．加熱時間が長くなると材料内の温度分布は加熱温度に漸近して均一になる（図では細破線）．加熱温度が材料の溶融温度より高ければ，材料の加熱帯は軟化または液状になる．材料が単一材の場合には，加熱帯は液状化状態になるので加熱体に粘着したり，移送で破損するので，両面加熱は不適となる．両面加熱には表層部分に接着層の溶着温度より高い材料を使って，表層材を腰材（剛体）にしたラミネーション材に適している．

片面加熱の熱流解析を図 3.5（b）に示した．片面加熱は一方が加熱体，他方が普通は常温の受け台で構成される．熱流は加熱体温度と受け台との温度差で決まり，加熱側から受け台に向かう一方向になる．接着面は熱流の一通過点になるので受け台の温度が決定要素になる．片面加熱では接着面が溶融温度になった時に加熱を停止すると，受け台側の材料は少し軟化はするが，液状化に至らず剛性を維持している．片面加熱では単一層の材料でも加熱直後に2層が液状化していないのでの取扱いは容易である．片面加熱は一方からの加熱になり，接着面への熱供給は半減するので，接着面の温度上昇は両面加熱よりも遅くなる．処理量の減少を加熱温度の高温化で補完しようとすると，材料の加熱面の熱劣化は増大することになる．

3.3.3 ヒートシールの加熱法の特徴

表 3.1 に示したヒートシールの加熱方法、構造，特徴を解説する．

（1） ヒートジョー加熱方式

ヒートジョー方式はヒートシールの加熱操作で最もよく使われる方法である．基本的な構造は図 3.6 に示したように，発熱体（ヒータ），温度センサが組み込まれた加熱体（ヒートバー）が一対で構成される．そして加熱体の表面温度の分布を小さくするためにヒートパイプがヒータと加熱面の間に装着される．ヒートパイプの挿入で表面温度の分布を 0.2℃程度に抑えることができる．

温度センサはヒータに近接した位置に挿入し，ヒータの発熱温度を調節温度より高めないようにすばやく検知して，ヒータを焼損しないようにするのと調節の振れを小さくする．

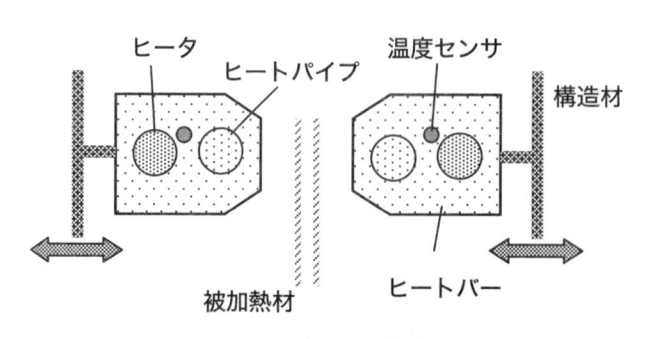

図 3.6 ヒートジョーの構成と動作

温度調節センサは加熱体の中心部に挿入するので表面温度はセンサ付近の温度（調節計の指示）より遅れて変化する．逆に表面温度が変化しても調節動作は遅れて反応する．「比例」，「微分」，「積分」動作を適用すると調節温度の振れ（ハンチング）を抑制できる．加熱体の表面からの熱放射と構造物への熱流出があるので，表面温度は調節温度より数℃低くなるが，表面付近に温度センサを追加して表面温度を検知して，所定の調節値との差分の設定値を補正すれば[1]，表面温度を微小変化に調節することができる．表面温度の精密な調節法は［9.3］に記述した．

　ヒートジョーの加熱面の高さ短辺寸法は製品のヒートシール代（幅）に一致するように設計する．ヒートジョーの長さは製品の幅から決定されるが，両端の温度差を考慮して，製品の幅の1.3倍以上に設計すると良い．

　ヒータの発熱容量は次式を満足するように設計する．

　　必要発熱量＝(吸収熱量/1個)×(単位時間の操作回数)/(発熱と伝熱ロス)
　　　吸収熱量/1個 ＝(熱容量/単位面積)×加熱面積

　一対のヒートジョーは生産機械に組み込まれて自動的な機械動作をする．溶着面温度パターンは図3.1に示した．

(2) インパルス加熱方式

　インパルスシールは幅が2～5mm，厚さが0.1～0.15mmの抵抗線にテフロンシートのカバーをし，もう一方は加熱をしない圧着体（プレスバー）で構成する．被加熱材を挟んで，20～50Aの電流を短時間（インパルス状：0.2～数秒）流して加熱させ，電流を停止した後も数秒間圧着したままで冷却を行う．構造の概要を図3.7(a)に示した．冷却を速めるためインパルスシールの発熱体は，細く薄くして，発熱源の熱容量を小さくしている．発熱量は（温度）×（時間）となるので，短時間で加熱するには発熱体温度を高くしなければならない．インパルスシールでは0.1～0.2mmのテフロンで抵抗線をカバーして，熱流調節を行っている．通常のインパルスシーラーでは加熱量の変更は抵抗線に流す電流を一定にして通電時間の調節で行う．したがって時間を長くすると発熱温度は高くなる．インパルスシールの溶着面温度と材料の表面温度の様子の測定事例を図3.7(b)に示した．この図の通電時間は0.4s（①）と0.75s（②）である．表面温度はカバー材のテフロンと被加熱材の間にセンサを挿入，溶着面温度は接着面にセンサを挿入して温度応答を観測したものである．表面温度/溶着面温度共に温度上昇はヒートジョー方式と同じ応答パターンを示しているが，溶着面温度のピーク点は被加熱材料の熱伝達で遅れが出ている．0.4sの加熱では，ピークの溶着面温度が92.5℃の時，表面は135℃に達している．同様に0.75sでは溶着面温度が145℃の時，表面温度は198℃になっている．温度差は43℃，53℃となっている．この状況では，表層部は熱劣化を起こす過熱状態になっている．電流が過大で材料内の熱供給が大きすぎるので電流値を下げて時間を長くする調節を必要とし

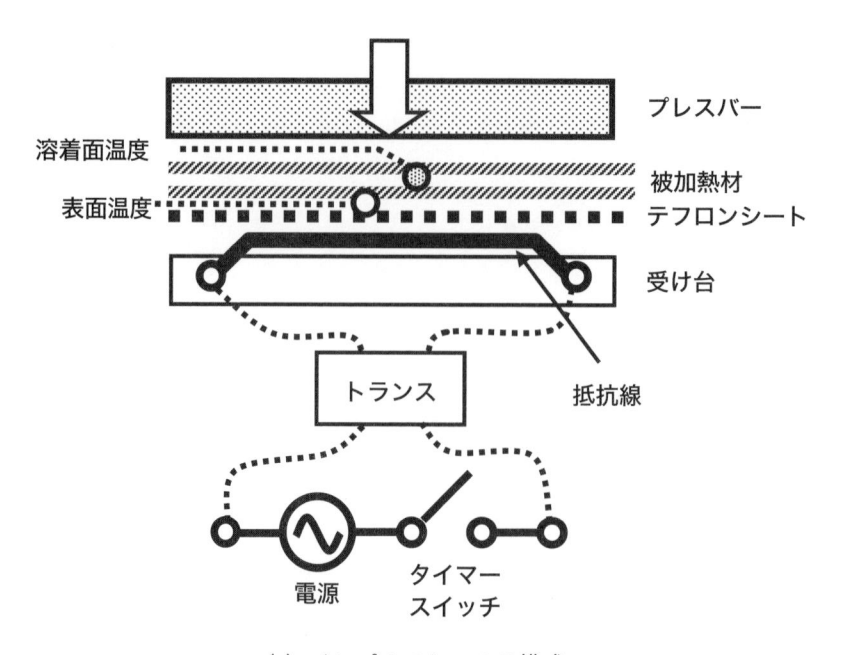

第3章　ヒートシールの加熱の基本

(a) インパルスシールの構成

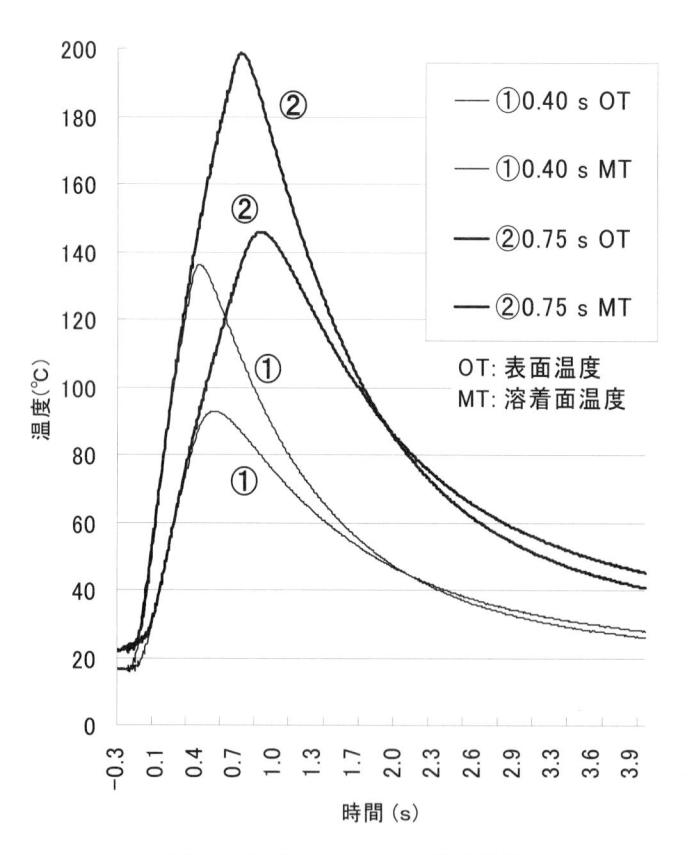

(b) インパルスシールの温度応答

図 3.7　インパルス方式の構造と溶着面温度応答

ている．インパルスシールでは加熱後圧着したままで冷却するので，繰り返し操作を速くするためには，加熱系の熱容量の小さい 5 mm 以下の熱線を使用する．ヒートシール幅が 5 mm 以下だと剥がれシールの剥離エネルギーは破れシールの破断エネルギーより小さいので，インパルスシールでは破れシールの温度帯を選択する必要ある（[8.1.5] 参照）．

(3) 熱風加熱方式

ミルクカートン，チューブ容器のような厚手の材料を表面からの伝熱加熱で行うと接着面を溶着温度に加熱するのに長時間が必要となり，生産性が良くない．このような場合には，高温に加熱した熱風を接着面に吹き付けて加熱する．

熱風加熱は圧縮空気を高温に加熱したラジエーターを通過させて 400〜500℃の熱風を作る．この熱風をヒートシールしたい局部の表面にスリットやピンホールから噴出して加熱する．その後，速やかに冷却ジョーを用いて圧着接着を完成させる．チューブのヒートシールに適用した例を図 3.8 に示した．熱風加熱では，高温の空気の吹き付けを行うため加熱ムラが発生し易いので非加熱物を回転して加熱の均一化を図っている．

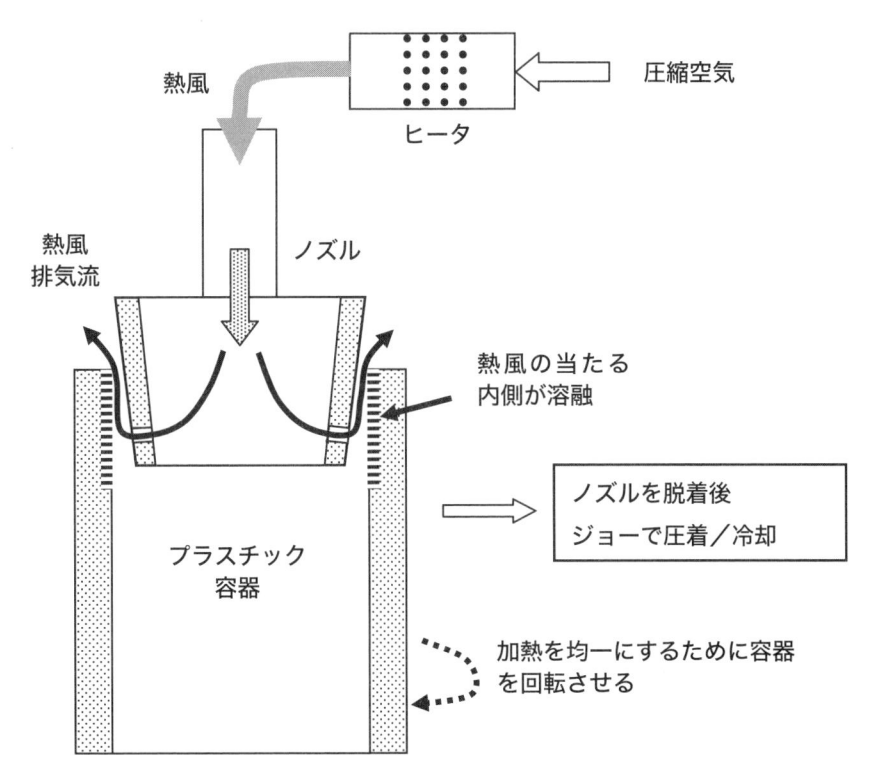

図 3.8　熱風方式によるチューブ容器のヒートシール

(4) 超音波加熱方式

物質に音波を与えると，その伝播速度は物質の質量によって異なる．質量の異なる材料を貼り合せた面に直角に超音波をかけると貼り合せ面に反射が起こり不規則な振動となりエネルギーロスが発生して発熱する．この発熱を利用したのが超音波シールである．超音波シール機は磁気や電界をかけると機械的に変形する磁歪，電歪素子を振動源に使用する．振動素子の面パワーを指数関数ホーンを使って集束し，加熱部を圧着する．超音波シールの構成と材料による発熱層の相違例を図3.9に示した．超音波シールの発熱は材料の内部ではなく密度の異なる合わせ面であるのと，音波の進行途中に空間があることにより，この部位でのエネルギー伝播はほとんど減衰される．密着させるために大きな圧力をかけて加振する必要がある．図3.9(b)に材料の構成毎の発熱面を例示した．単一層材の場合は発熱面の数が少ないので比較的容易に目的を達成できるが，ラミネーション材の場合は不連続面が多数あり，加振側から順次発熱するので接着面に必要な発熱をさせるのが難しくなる．アルミ箔等の金属箔がラミネーションされるとほとんどの音波は金属面で反射されるので接着層がアルミ箔の裏側の場合は加熱は不可となる．

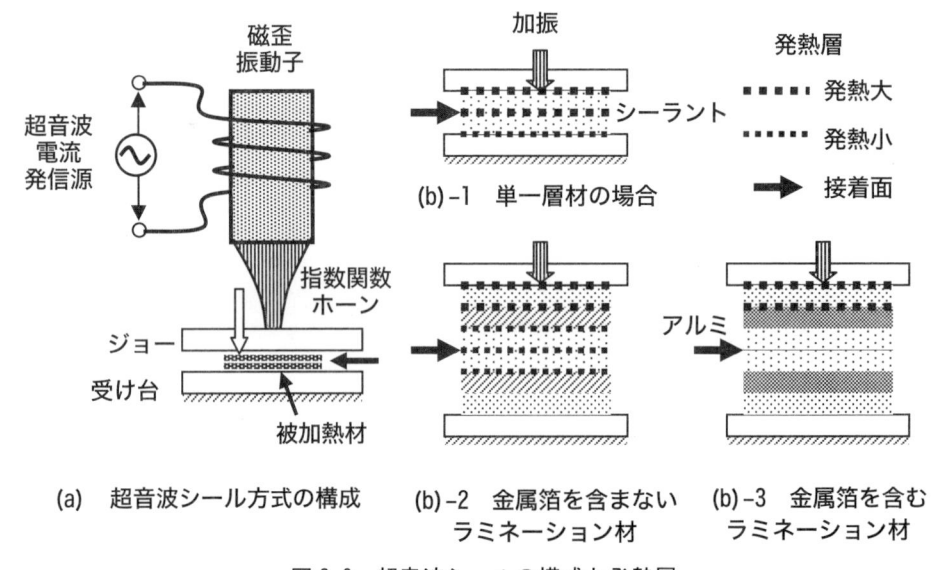

図3.9 超音波シールの構成と発熱層

(5) インダクション加熱方式

インダクションシールは交流磁界を金属箔に放射して，箔内に電気誘導電流を発生させ，発生電流のジュール熱を利用して，隣接の接着層の溶融と相手側の材料を加熱する．

瓶口のインナーシールに使われ，技法としては古くからあったが，材料設計や装置の調整が難しく余り利用されなくなっていた．しかし，包装の封緘に対するセキュリティー性の要求が高まってきて，キャップと共に予め装着してから非接触でシールで切るので，

いたずら防止機能が再評価され，新たな注目を集めている．インダクションシールは円形の外周のみの加熱ができる電気現象の特殊性がある．インダクションシールを実施するには，コイルに数10KHz の交流電流を流して磁界を作り，その磁界中を所定の加熱時間で通過させて接着を行う．

金属箔面に対して垂直の磁界が作用すると薄膜面に磁力線 1 本毎に円形状電流が発生する（**図 3.10(b)** では模型的に大きく表現した）．発生した電流の大きさは同じで，隣との方向は逆になるので打ち消しあって円の内側では電流の発生はない．しかし最外周はこのバランスが成立しないので円周電流の発生が起こる．インダクションシールはこの円周電流を利用して円形の瓶口の加熱に適用している．

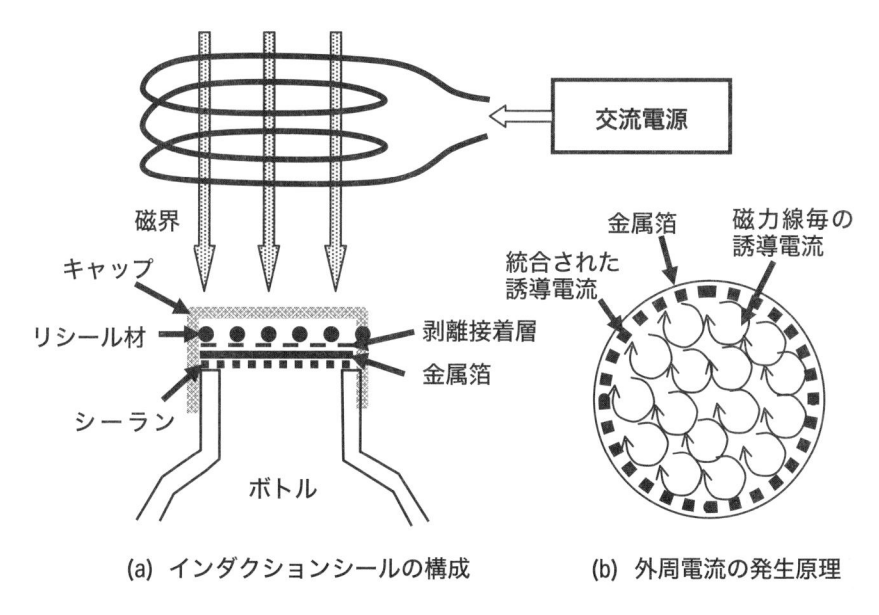

(a) インダクションシールの構成　　**(b) 外周電流の発生原理**

図 3.10　インダクションシールの構成と発熱の原理

この説明を**図 3.10(b)**に示した．インダクションシールの特徴を利用したボトルのインナーシールの方法を**図 3.10(a)**によって説明する．包装界では発熱用の金属箔にはアルミニウムが良く使われる．アルミ箔に予めヒートシーラントを塗布しておく．このインナーシールは開封時には瓶口に残るようにして，利用者が自ら確認して開封することが求められているので，開封後の再封止に利用されるキャップ内のパッキン材に軽い接着（ソフトラミネーション）で装着するようにしている．インナーシール材は中身の充填後のキャッピングで締め付け装着されてからインダクションシール機にかけられる．瓶口の接着部位とヒートシーラントの溶着面に**MTMS**センサを挿入して測定した温度挙動を**図 3.11**に示した．励磁時間が加熱温度操作量になっている．インダクションシールは円形の周辺の加熱方式なので，ボトルやカップの瓶口シールに限定された適用になる．

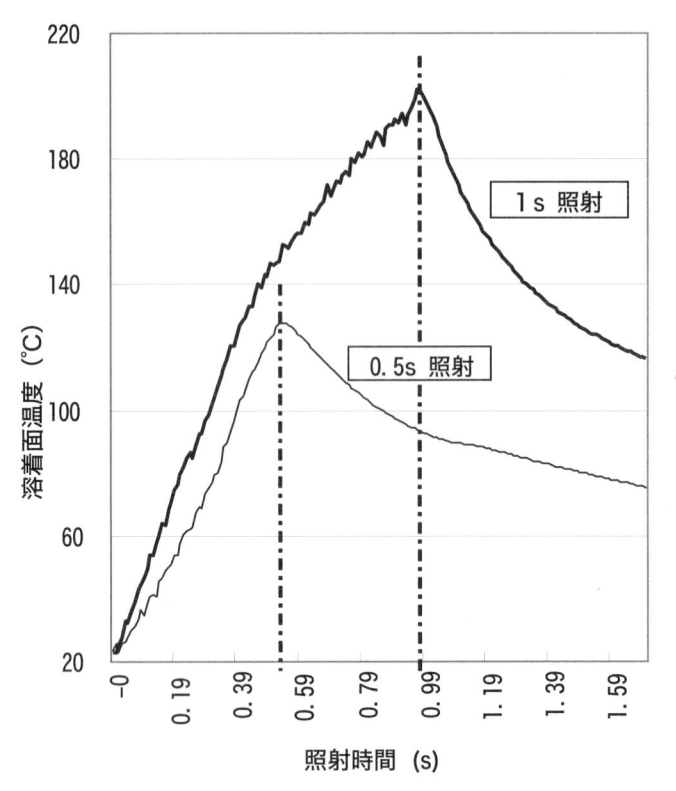

図3.11 インダクションシールの溶着面温度応答の事例

インダクションシールの達成に関係する要素は以下のものがある．
① 被加熱体の受ける磁束密度：励磁源のパワー，磁束の収束，励磁コイルから被加熱体迄の距離
② 励磁時間：励磁ゾーンの通過時間，励磁装置の作動時間
③ 金属箔発熱能力：金属箔の電気抵抗，厚み
④ ヒートシーラントの熱容量：ヒートシーラントの厚さ，物性
⑤ 被接着側の熱容量：ガラス，プラスチック

インダクションシールのオーバーヒート（過励磁）は金属箔も溶解するので，シール材に大きな穴が開き重大な欠陥になる．

(6) 電界加熱方式

表面を絶縁処理した2つの電極板に材料を挟んで高周波電圧をかけると電極間に高周波電流が流れる．この電流には電圧と同じ位相（同相）成分と90°の位相成分がある．高周波電流に同相成分があると発熱する．同相成分の割合を誘電体損失（$\tan \delta$）で表わしている．誘電体損失は材料の絶縁性（分極性）の大小でもあり，絶縁体の誘電体損失（$\tan \delta$）は0であり，導体は∞となる．加熱に利用するためには誘電体損失；$\tan \delta > 10^{-2}$ が必要である[3]．ヒートシールに利用される単体材料では PVC，セルロース，紙が対象と

なる．電界加熱方式はもっぱら材料中の水分の発熱を利用してヒートシールを行う方式である．電界加熱方式の構成と発熱面の説明を図3.12に示した．電界加熱方式の機械的な構造はヒートジョー方式と同様であるが発熱部はヒートシーラント（絶縁物）以外の材料の内部である．発熱量はもっぱら被加熱材料中の水分量によって決まるので，水分含有量や斑が加熱の均一性，再現性に影響する．100℃以上の加熱にはその温度の蒸気分圧相当以上に加圧（最大0.8MPa位）をしないと気化熱で温度が上がらない．高圧着力になるので，電極部は頑丈な構造を要求する（[10.5] の揮発成分，発泡制御参照）．電界分布は被加熱側の電導ムラ（水分斑）の影響を受けるので，広い接着面の均一な加熱は難しいので，ヒートシール面積に制約がある．

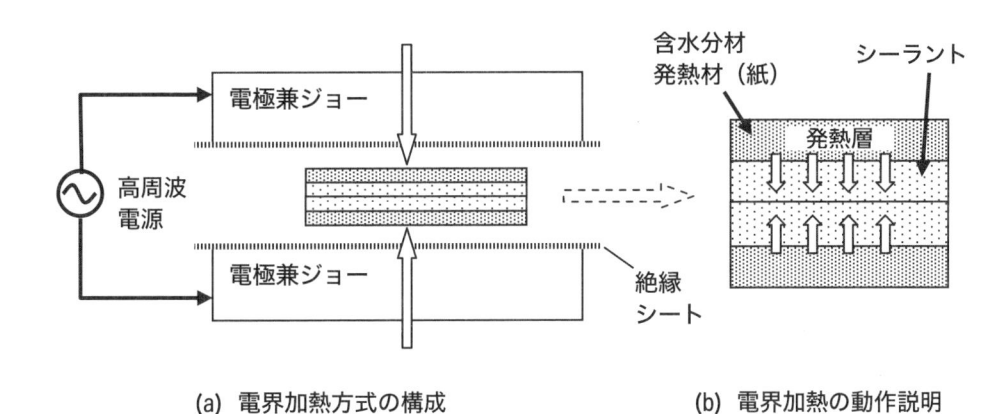

(a) 電界加熱方式の構成　　　　　　(b) 電界加熱の動作説明

図 3.12　電界加熱方式の構成と発熱層

(7) ホットワイヤー（溶断）加熱方式

汎用のホットワイヤーの加熱装置はインパルスシールと同一で，板状の加熱線の代わりに 0.2〜0.5mm の抵抗細線を使用する．操作上の相違は抵抗線にパルス状の電流を流して 400〜500℃に加熱し，材料を接触溶断させる．材料が溶断する熱の伝導で接着面を溶着させる方法である．接着と切断が簡易な方法で同時にできる便利な方法である．

熱線の接触速度で溶着と破断がほぼ同時に行われるので加熱時間は極めて短い．

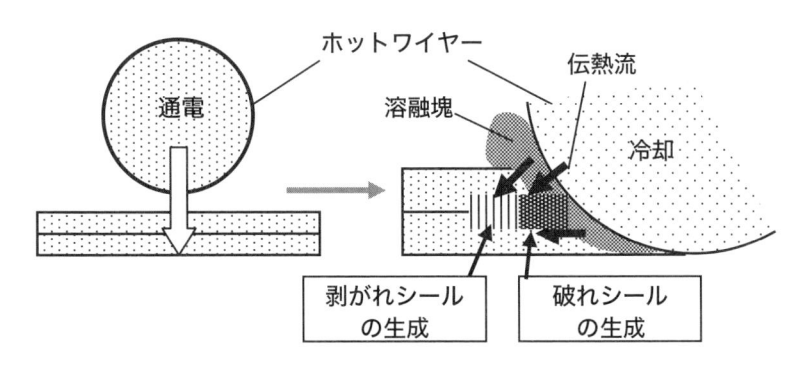

図 3.13　ホットワイヤー（溶断シール）方式の構成と動作過程

第3章 ヒートシールの加熱の基本

　高温の熱線が材料を溶かしながらめり込んでいくので，溶着面には圧着圧ほとんどかからない．動作過程を図 3.13 に示した．拡大図で示したようにホットワイヤーは線の太さ分を溶融する．接着面はホットワイヤーで直接加熱されるのではなく"溶融塊"が熱源になって合わせ面を接着する．接着面は非常に狭い範囲であるが破れシールと剥がれシールが連続した接着になるので，破袋の原因になるポリ玉の生成や接着エッジの損傷がなく，単層材料のヒートシールが確実に完成している．買い物袋の製袋に適用されている高速用では，常時電流を流して連続加熱した熱線をテンションを掛けた材料に押し付けて溶着/溶断を行っている．

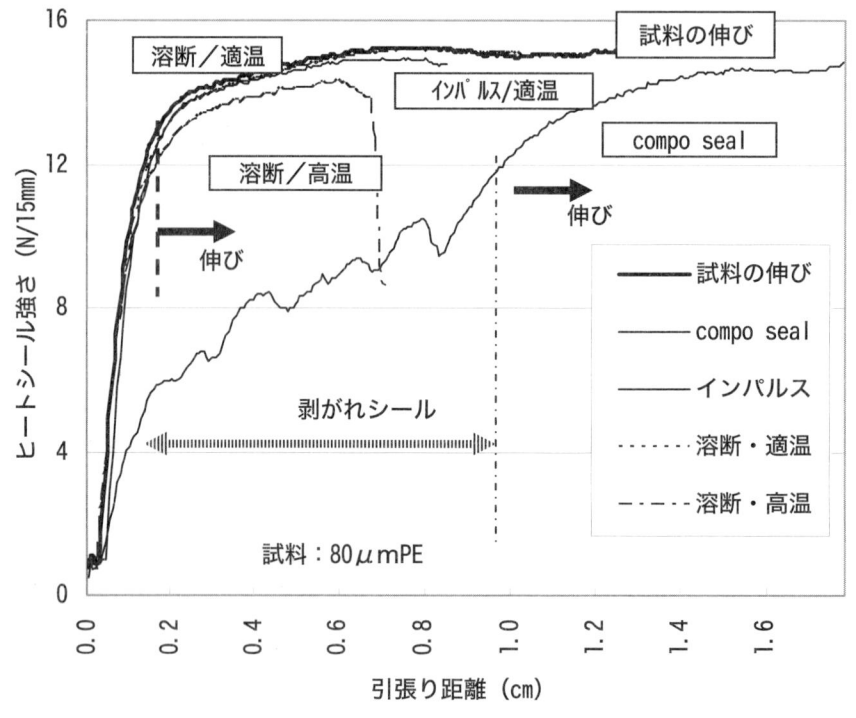

図 3.14 ホットワイヤーシールのヒートシール特性の評価

　汎用の PE 材のホットワイヤーシールとインパルス方式と最新の"compo seal"（剥がれと破れの混成ヒートシール方式)[3] のヒートシール強さの比較を図 3.14 に示した．高温（材料が焦げる）のホットワイヤーシールでも材料の固有の伸び強さ，5mm 幅のインパルスシールとほぼ同じ強さと引張パターンを示している．

　剥がれシールから始まり外端に破れシールを 10mm 程度の幅の接着面に理想的に形成する"compo seal"の引張試験パターンを添付して比較した．ホットワイヤーシールの伸びの開始値が"compo seal"の 1.4～1.6cm 付近の引張強さと同等の結果を示していることから，ホットワイヤーシールは 1mm 以下の細いヒートシール線にもかかわらず材料の持つ固有の強さと同等な性能を発揮していることが分かる．

3.4 従来のヒートシールの評価方法と課題

従来の熱溶着（ヒートシール）の解析/評価方法の規範としてよく使われている日本のJISや，各国が参考にしているアメリカのASTMの概要と課題を概説する．

3.4.1 ASTM Standards の解析/評価法

ヒートシールの評価/解析に主に関連している規格には，

F 88 Test Method for Seal Strength of Flexible Barrier Materials

がある．

関連または波及する規格の番号を列挙すると，

　D 882, D 903, D 996, D1898, D3078, D4169,

　E 171, E 515,

　F 88, F 1140, F1585, F 1608, F 1886, F 1921, F 2054

がある．

3.4.2 JIS の解析と評価法

日本においては JIS Z 0238；「密封軟包装袋の試験方法」の解析/評価法が広く利用されていて，関連の規格では Z 0238 を準じて設定されている．

ヒートシールの関係する JIS は以下のようにな規格がある．

Z 1702 包装用ポリエチレンフィルム

Z 1707 食品包装用プラスチックフィルム

Z 1711 ポリエチレンフィルム製袋

3.4.3 ASTM と JIS の相違

ASTM*Standard* と JIS の試験方法については類似性があるが，互換性はない．

JIS Z 0238 はヒートシールの統合的な規格になっていて，ASTM のいくつかの項目も包含されている．　JIS Z 0238 を元にして相違を比較する．

JIS Z 0238（密封軟包装袋の試験方法）[1998版]の構成項目と ASTM の関係を以下に列挙する．

1. 適用範囲
2. 引用規格
3. 定義

    a)ヒートシール軟包装袋, b)ヒートシール半剛性容器, c)ヒートシール強さ,

    d)破裂強さ, e) 落下強さ, f)耐圧縮強さ, g)漏えい　等

4. 試験項目

    a) 袋のヒートシール強さ試験　　　［ASTM　F88-00］

    b) 容器の破裂強さ試験　　　　　　［ASTM　なし］

    c) 落下強さ試験　　　　　　　　　［ASTM　D 4169］

d) 耐圧縮試験　　　　　　　　［ASTM　F2054-00］

e) 漏えい試験　　　　　　　　［ASTM　D 3078］

5. 試験の一般条件

6. 試料の作製

7. 袋のヒートシール強さ試験　［ASTM　F88-00］

 7.1　試験装置，7.2　試料，7.3　操作，

 ※袋の使用目的に応じたヒートシール強さの目安の一覧表を提示

8. 容器の破裂強さ試験　　　　［ASTM　なし］

9. 落下試験強さ試験　　　　　［ASTM　D 4169］

10. 耐圧試験強さ試験　　　　　［ASTM　F2054-00］

11. 漏えい試験　　　　　　　　［ASTM　D 3078］

12. 試験数値の丸め方

13. 報告

3.4.4　JIS/ASTM の解析と評価法の特徴と考察

JIS に提示されている項目に従って，規定の特徴と規定項目の課題を列挙した．

(1) ヒートシールは熱現象の制御であるが，試験評価に加熱温度がパラメータに位置付けられていない

(2) 規格が求めているのは，**広い幅**の平均的熱溶着結果で，これは材料の基本的性能の試験となっていて，ピンホールや破れの原因検査機能はなく，現場や流通の課題を反映していない．　この不具合の原因解析は（**第6章：角度法**）で述べる．

 JIS：15mm　　［JIS Z 0238 7.2］

 ASTM：25.0，15 または 25.4mm(1″)　　［F88-00, 9.2］

(3) **図 3.15** に示したように，引張試験のグリップ間距離の長さを大きくしてヒートシール線への直角応力の付与を前提にしている設定なので，ヒートシール強さの大きい接着では，接着強さよりサンプルの伸び特性を測定している．

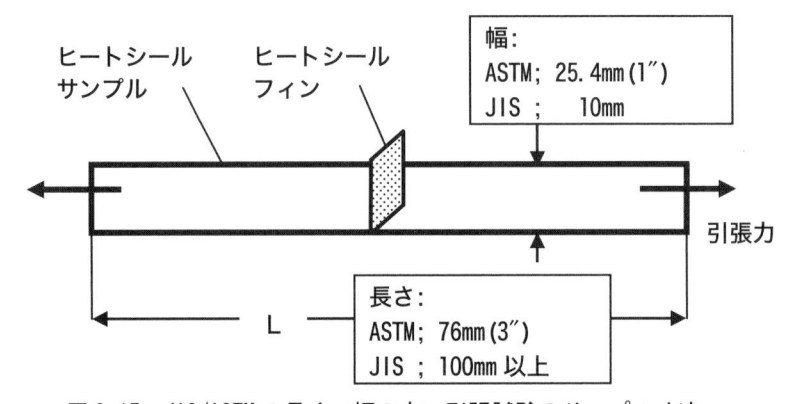

図 3.15　JIS/ASTM の長くて幅の広い引張試験のサンプル寸法

3.4 従来のヒートシールの評価方法と課題

JIS ： 100mm 以上　　［JIS Z 0238 7.2］
ASTM： 152mm（6″）　［F88-00, 9.2］

(4) 図 3.16 に示したように包装材料の固有性能を安定的に測定することを目的にサンプリング箇所を設定しているので，不具合の発生する包装袋のコーナーや合わせ目が指定されていない

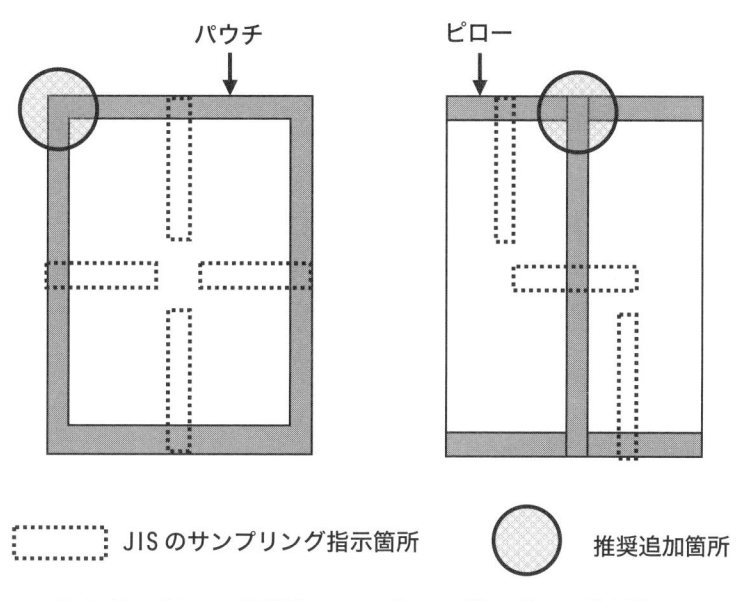

図 3.16　JIS の引張試験のサンプリング指示箇所と推奨箇所

JIS　 ：［JIS Z 0238 7.2］
ASTM ：［F88-00, 6.2］

(5) 図 3.17 に示したように引張試験において，引張パターンから強さの測定値が最大値の採用になっている．引張りパターンに含まれる有用情報が利用されていない．

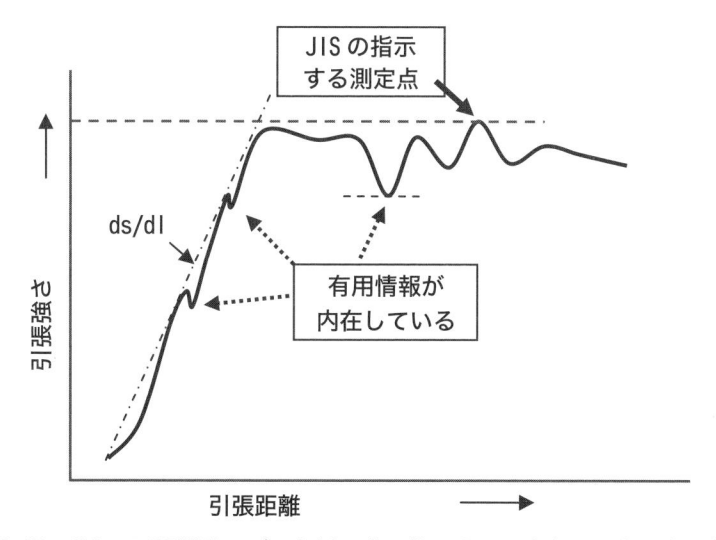

図 3.17　JIS の引張試験のデータ採取点の指示と利用されていない有用情報

包装製品における破壊は 1mm 以下の微細部分に起こっており，規格の試験結果の汎用性に課題がある．
JIS ：最大値；［JIS Z 0238 7.3］
ASTM：（立ち上がり後の）平均値；［F88-00，8.8.1］

ASTM［F88-00，10.1.14］にはヒートシールの引張試験後の壊れ状態を示しているが，この発生メカニズムを言及していない．実際の試験結果がどの破れ方に相当するかを記述するようにとのコメントがあり，ASTM の世界でも壊れの原因究明方法を求めている．
［10.6］に原因究明の結果の一覧表を示してある．

3.4.5 JIS/ASTM の評価方法で分かることと分からないこと
(1) 引張強さと加熱温度の関係の定量性が低い
(2) 広い幅平均引張強さの測定
(3) 材料の基本性能
(4) ヒートシール線の直角応力の測定
(6) 不具合発生個所が検査対象から除外されている
(7) 破れシール領域にあるかないかの判定しかできない
(8) 破れシール/凝集接着が最適方法の常識を作ってしまった
(9) オーバーヒートによる材料の劣化は検知し難い
(10) ピンホールや破れの発生状態は検知できない
(11) ポリ玉の発生検知を無視している．

3.4.6 ヒートシールを破壊する力の発生メカニズム
ヒートシールに関係する不具合は①接着の良否，②破壊力の負荷の組み合わせで発生する．破袋はヒートシール線に直角の破壊応力が負荷されることで発生する．軟包装パウチにおけるこの応力の発生モデルを図 3.18 に示した．

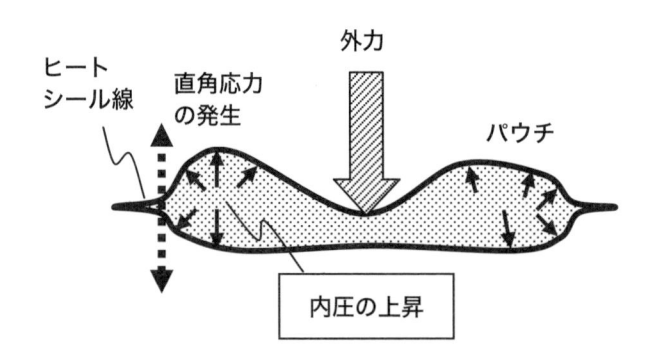

図 3.18 破壊応力の発生モデル

破壊応力の発生要素を調べると以下のようになる．

(1) 内圧の上昇応力の発生（圧縮応力）
(2) 真空包装では内圧は上がらない
(3) 衝撃で内容物がパウチの内壁に激突して引張力が発生する（落下応力）
(4) 固形の充填物は受圧緩衝機能がある
(5) 個装材は圧縮応力を緩衝する
(6) 包装形態に関係なく一元的にヒートシール強さを決めるのは理不尽

参考文献
1) 菱沼一夫, 特許出願；2006－146723（2006）
2) 菱沼一夫, 特許出願；2007－26377（2007）
3) Osswald/Menges, 武田邦彦監修, p.382, シグマ出版（1997）

第4章 ヒートシール操作の基本

プラスチックを利用した容器や袋の製袋と封緘に適用されているヒートシール技法は，分子レベルの溶着が簡易な技法で達成できて，気密性と微生物侵入の封緘がほぼ完璧に達成できる能力を有している．通常に製造されたプラスチックの熱特性の再現性は非常に高いので，ヒートシールの定量的な温度管理をすれば，信頼性の高い封緘ができる．

4.1 ヒートシール管理の基本は溶着面温度
4.1.1 従来の温度管理の課題

ヒートシールの制御要素として，「温度」，「時間」，「圧着力」が広く知られている．

主制御要素の「温度」の規定は，接着材の「溶融温度」である[1]．しかし，世界的にみても数十年の間，加熱体（加熱源）の温度調節値を管理値に使用している．製造現場での接着の確認は，加熱温度と運転速度を変化させて得たヒートシールサンプルに「引き裂き」，「加圧」等の応力を加え剥がれ，破れの状態の測定/観察で評価[2],[3]している．

このため
(1) 材料が持つ固有性能を確実に発揮させる設定ができない．
(2) 期待する封緘性能の是非の保証ができない．
(3) 条件の確認と設定に大量の資材，手間，時間を要している．
(4) 製品の良品歩留まり，封緘の安全率を高くするために資材の高級化，厚肉化等でコストアップになっている．
(5) ヒートシールのHACCP，「悪戯防御」の要求を保証する論理確立ができない．

等の課題を内在している．

現場では
(1) 経験則による条件設定のため製造設備の長時間の生産休止の稼働率ロス（品種毎）
(2) 統計的評価のため数千回に相当する大量のテスト資材の消費ロス
(3) テスト運転とテスト結果の人手評価（観察評価）
(4) 溶着面温度が直接管理になっていないので，加熱条件は高めに設定することになり，ヒートシール部分に熱劣化を与えることが多い
(5) 多層フイルムの接着層に対する熱劣化の考慮ができない（ポリ玉，発泡）
(6) 精密な温度調節が必要な"イージーピール"のような層間剥離の制御が困難
(7) 運転条件の管理が温度調節値と速度しかできないので，顧客に封緘の適否の保証範

囲の提示ができない
(8) ヒートシールの定量的品質管理ができないので何時も不安が付きまとう．
(9) 包装設備の設計，製作にヒートシール条件の仕様を事前に提示しないので，製造立ち上げに苦労する

の課題が存続している．

これを解決するためにはヒートシールの加工条件に直接的に関係している溶着面温度を直接測定する手段が求められている．

4.1.2 溶着面温度情報の必要性

ヒートシール技法の重要な点はヒートシーラントを溶着温度以上に確実に到達させることであるが，従来は温度の達成方法が見出せなかったので，加熱源の温度や超音波加熱，電磁加熱の場合は電気出力の調整と作動時間の間接的な方法によってヒートシール条件を決めている．加熱源の調整方法は適正加熱範囲の調節能力が低かったので，包装材料側では，適用加熱温度帯を広くする検討がなされてきた[1]．

従来はパラメータとなる溶着面温度の正確な情報がないので，剥がれシール (peel seal) や破れシール (tear seal)[4] の識別や加熱が原因の不具合の究明は困難であった．確実なヒートシールには，溶着面温度で 5〜10℃の範囲に調節することが要求されている．実際の加熱条件では溶着面温度が数百℃/s 〜100℃/s の割合で高速上昇する温度傾斜である．正確な加熱には，この途中の溶着が起こる 20℃程度の温度幅に，繰り返しの圧着加熱調節が必要であり，圧着時間は 0.01 秒程度の精度を要求されている．

4.2 溶着面温度測定法："MTMS"

ここでは筆者が開発した，溶着面に微細熱電対を挿入して，リアルタイムで溶着面温度の応答を測定，解析できる「溶着面温度測定法；**MTMS**」を紹介する[*1]．

本書で紹介する溶着面温度等の測定データはこの測定システムを使用している．

4.2.1 溶着面温度測定システムとは？

ヒートジョー方式では，加熱体の温度調節値をヒートシールの運転指標にしている．

溶着面温度測定法は生産設備に溶着面温度センサを直接設置するものではなく，加熱体の表面温度と接着面の溶着面温度に着目して，ラボで取得したデータを生産設備に反映する汎用化手法である．

溶着面温度測定法の基本と従来法の相違をヒートジョー方式で比較したモデルを図 4.1 に示した．特徴は加熱体の表面と被加熱材の微細な溶着面の温度計測を行うところである．ヒートジョー方式へ適用した溶着面温度測定法のモデルを図 4.2(a) に示した．図 4.2

---

*1　溶着面温度測定法；"**MTMS**" [4],[5],[6] [Measuring Method for Temperature of Melting Surface]．"**MTMS**" は登録商標登録済み；登録第 4622606 号 (2002)

(a) 従来法

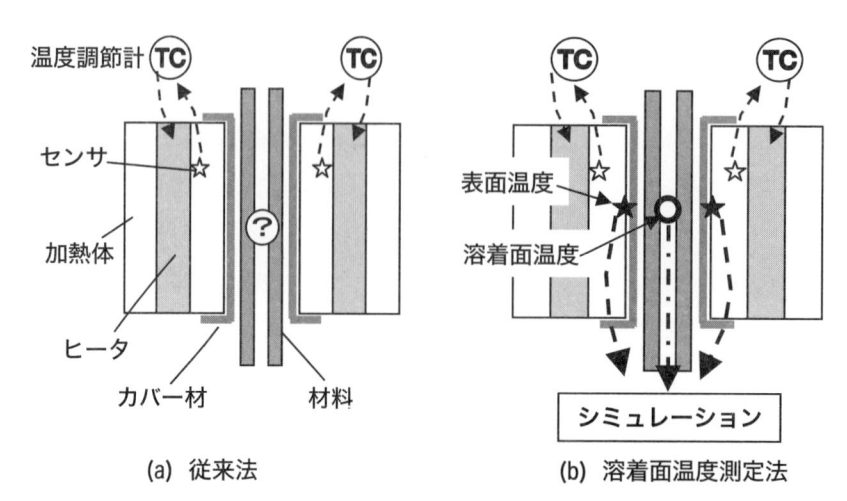

(b) 溶着面温度測定法

図4.1　ヒートシールの溶着面温度測定法と従来法の比較

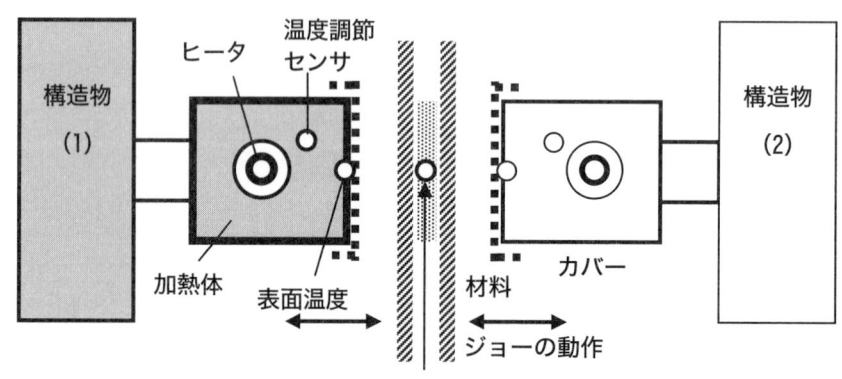

(a) ヒートシールの方法［ジョー方式］

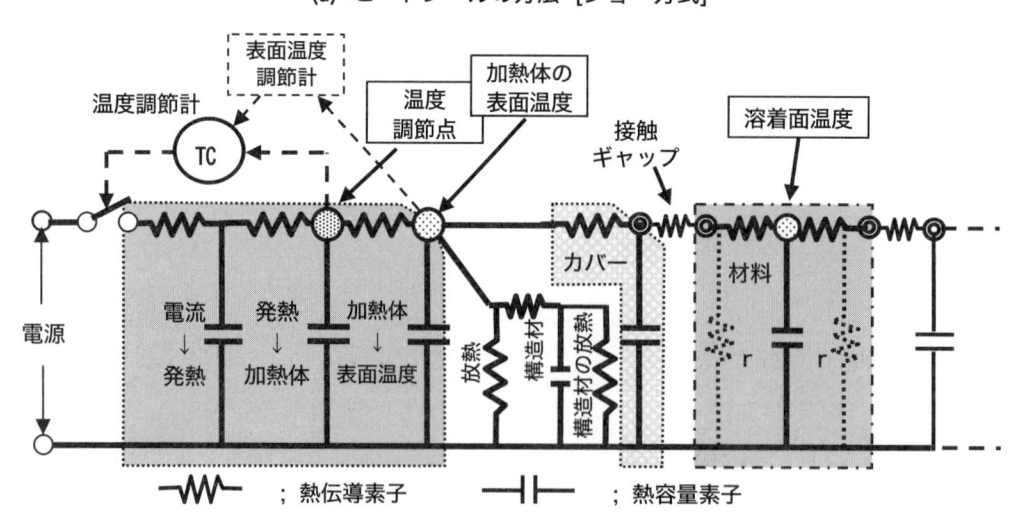

(b) ヒートジョー方式の加熱系の相似回路
　　　［片方の図示］

図4.2　ヒートジョー方式の加熱熱流解析

(a)の機構モデルの加熱系と被加熱系（材料）の熱流系を統合して，電気回路にシミュレーションしたものを図 4.2(b)に示した（図はジョーの片側のみを表現している）．加熱体のヒータから出た熱流は温度調節系と被加熱材の接着面に至る間に周辺の温度の影響を受ける多数の伝熱要素（伝熱抵抗と熱容量）があり，従来の温度調節値の調節では溶着面温度を一定にできない理由が分かる．加熱体の放熱や加熱体を支える構造体への伝熱流（外乱）は表面温度に直接反映する．調節温度ではなく，表面温度を基準に溶着面温度を取り扱えば，外乱の影響は消却できる．

放熱や伝熱の外乱による表面温度の修正には，表面温度をモニターして温度調節計の設定値を変更すれば所定の温度に調節することができる．検出した表面温度を直接温度調節計につなぐこともできるが，発熱源と表面温度の間には，時間の長い遅れ要素と放熱要素があるので，ハンチングを起こして精密な温度調節ができないのと，遅れのためにヒータが過熱して破損してしまう．

生産装置の加熱体の表面温度の自動調節には図 9.7 で示した表面温度調節システムを装着して改善できる．

カバー材と被加熱材との接触の影響が伝熱に関係するが，接触の変動は 0.1～0.2MPa の圧着圧を適用すれば材料に関係なく伝熱抵抗は一定になって定数として扱える（[6.3]参照）．

カバー材にはテフロンシートやガラス繊維にテフロンを含侵したシートが主に使われるので一元的なシミュレーションはできないが，ラボの計測の際にはシミュレーションする製造装置に使っている同一のカバー材を試験機に装着すれば，計測データにカバー材の影響を直接反映できる．

4.2.2 溶着面温度測定に必要な基本機能

ヒートシールの溶着面温度の測定に要求される温度精度と材料の熱伝導速度に対応するには次の条件が要求される．

(1) 10～50μm の微細部分の温度測定
(2) センサの挿入による熱伝導系の熱伝導の遅延と撹乱の発生の極小化
(3) 高感度温度検出：（≒0.1℃）
(4) 高速測定　　　：（≒10ms 以下）

4.2.3 溶着面温度測定システムの構成項目と仕様

(1) センサ選択

熱電対は2種の線材の接触点が検知点になるので構造が簡単で取り扱いも容易である．微細な溶着面の温度検出に 13, 25, 45$\mu m \phi$ のクロメル/アルメル（CA；"K"）の熱電対の適用性を検討した．

(2) 温度感度

"K"熱電対の温度/電圧の変換性能は小さく（≒0.04mV/1℃），ヒートシールの温度解析で要求される0.1℃の分解能を得るためには，少なくとも0.05℃の感度が必要である．これは電圧にすると $2\mu V$ $(2\times10^{-6}V)$ になる．このためには安定した120db以上の高感度の直流増幅器が必要となる．

(3) 検出速度

ヒートシールの溶着面温度の変化速度は運転操作速度に関係なく材料の伝熱速度によって決まる．実際の運転温度と材料の厚さから推定すると数百℃/s～100℃/sの高速な温度傾斜になる．温度傾斜から逆算すると0.01～0.005 s/℃となる．

(4) デジタル変換の要求

溶着面温度を直接測定するには，高感度かつ高速の信号処理系が要求される．

データをコンピュータで処理するためにはアナログの温度信号をA/D変換する必要がある．取り扱う温度レンジを常温～250℃として，0.1℃の分解能を得るには，少なくとも4桁の変換が要求される．このためにはBCD系のデータ処理では，16bitが必要となる．

(5) データ蓄積/通信機能

溶着面温度測定には，溶着面温度の他，材料の熱応答特性，加熱体の表面の温度分布等の関連周辺情報の収集，更に微細部分の温度測定にも使える機能が期待される．採取データは少なくとも200個以上（全データ量の0.5％の分解能）の採取が要求される．測定データのコンピュータへの送信，格納機能の自動化が必要である．

(6) データ処理ソフト

1つの測定では少なくとも200個以上のデータを収集し，処理することが必要である．
採取データを情報化するためには，加減乗除の演算やデータ移動，グラフ等の作図操作が必要である．パソコンによるデータ処理ができるようにする．

(7) 加熱ユニット

加熱部は加熱温度の調節性，安定性に優れた加熱体（ヒートバー）を一対にしたヒートジョー方式とする．加熱表面の温度分布小さくするためにヒートパイプを装着する．

2つの加熱体の表面温度の正確な把握と調節のずれの確認のために表面温度センサを装着し高分解能の表示計を設置する．

これらの機能を搭載した試験システム≪**MTMS**"キット≫は次のような性能が得られた．

- 加熱温度範囲：室温～220℃，
- 温度精度：±1.5℃，
- 温度分解能；0.1℃（16bit A/D変換），
- 温度調節方法；on-off PID，0.1℃単位
- 応答分解能；2/1000s

4.2 溶着面温度測定法："MTMS"

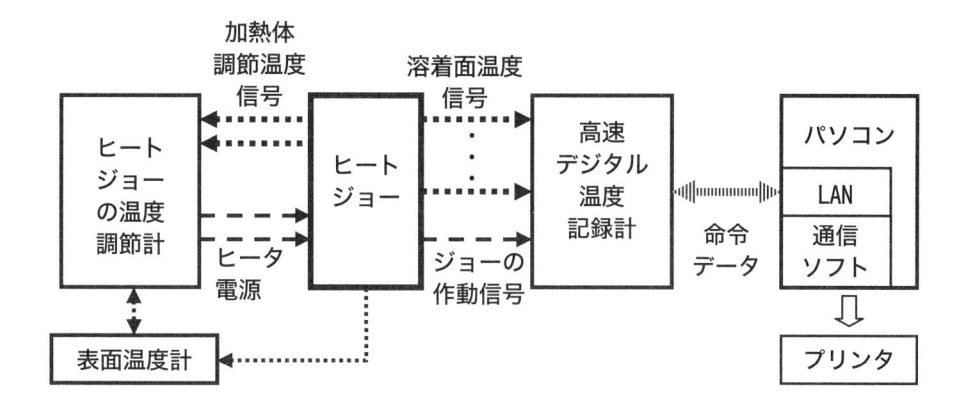

性能： 温度調節；on-off PID, 0.1℃単位，ジョーの作動；手動，半自動
　　　温度分解能； 0.1℃（16bit A/D 変換），応答分解能； 2/1000 s
　　　LAN； RS-232C （TCP/IP）

図4.3 開発した溶着面温度測定システム≪"MTMS"キット≫の構成

・ジョーの作動；手動式，半自動式
・通信機能（LAN）；RS-232C（TCP/IP）

　その構成を図 4.3 に，組み立て例を写真 4.1 に示した．(a)はキットの全体，(b)は手動式加熱操作部と操作の様子，(c)は溶着面温度の計測後のサンプルを示した．
　≪"MTMS"キット≫では1回当たりの試験サンプルは写真のように少量で済む．

4.2.4 溶着面温度測定システムの高速な応答性

　微細な溶着面の直接の温度計測には微細なセンサが必要である．開発したシステムでは，センサの応答速度の向上と太さを小さくするため被覆のない"裸線"を使用する．
　センサの応答速度を計るのに，"裸線"のまま圧着するとヒートバーの金属面との接触で「ショート」が起こるので，PET $12\mu m$ のシートで挟んで応答測定をした．線径が $13, 25, 45\mu m\phi$ の3種のセンサの応答測定の結果を図4.4に示した．
　各種の包装材料の95%応答比較を表4.1に示した．$12\mu m$ の PET のデータは図4.4の測定結果を転記した．$12\mu m$ の PET の応答結果から $13\mu m\phi$ センサの応答は 11ms 以下と言える．$25\mu m\phi$ センサと $13\mu m\phi$ センサの応答の相違は≒1ms である．これらの結果から 10ms 程度の応答遅れは $12\mu m$ の PET の伝熱の遅れとみることができる．$25\mu m\phi$ センサのナイロン材の応答は 16ms であり，この応答は 14ms ナイロンの応答遅れと見ることができる．同様にして $45\mu m\phi$ センサの応答遅れは≒20ms と定性できる．$30\mu m$ 以上の材料の場合は，$45\mu m\phi$ のセンサでも実用的には十分使用できることが分かった．ヒートシールの溶着面温度測定には，25〜$45\mu m\phi$ のセンサの適用で問題のないことを示している．

第4章 ヒートシール操作の基本

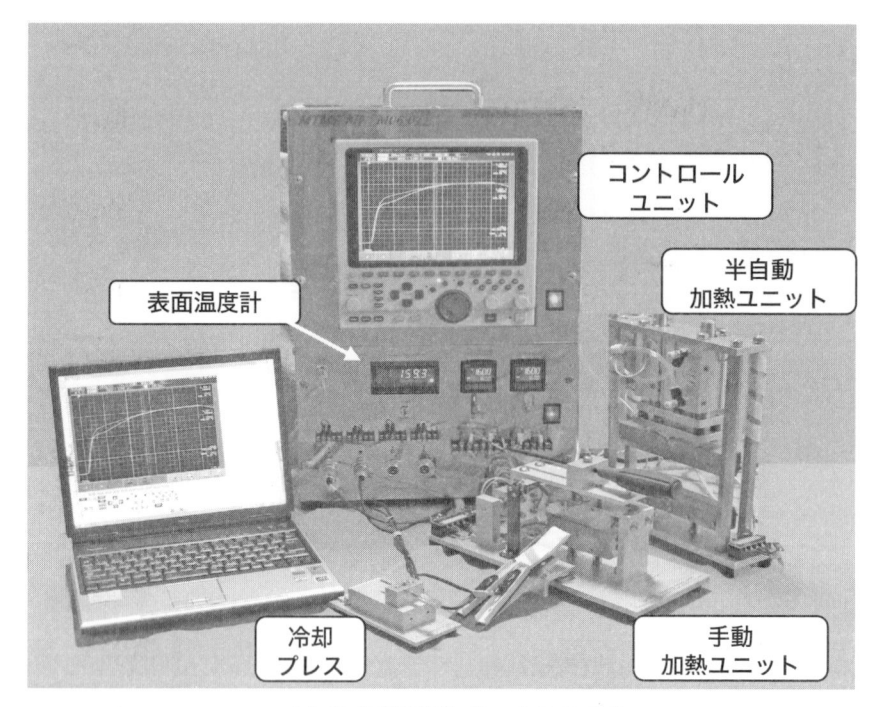

(a) ≪"MTMS"キット≫の全体

(b) 加熱部と加熱操作

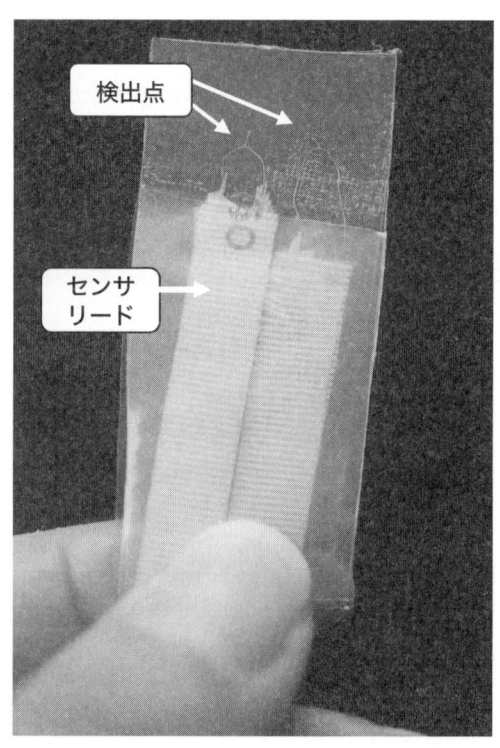

(c) テストの終了したサンプル

写真 4.1 溶着面温度の測定装置：≪"MTMS"キット≫

4.2 溶着面温度測定法：“ＭＴＭＳ”

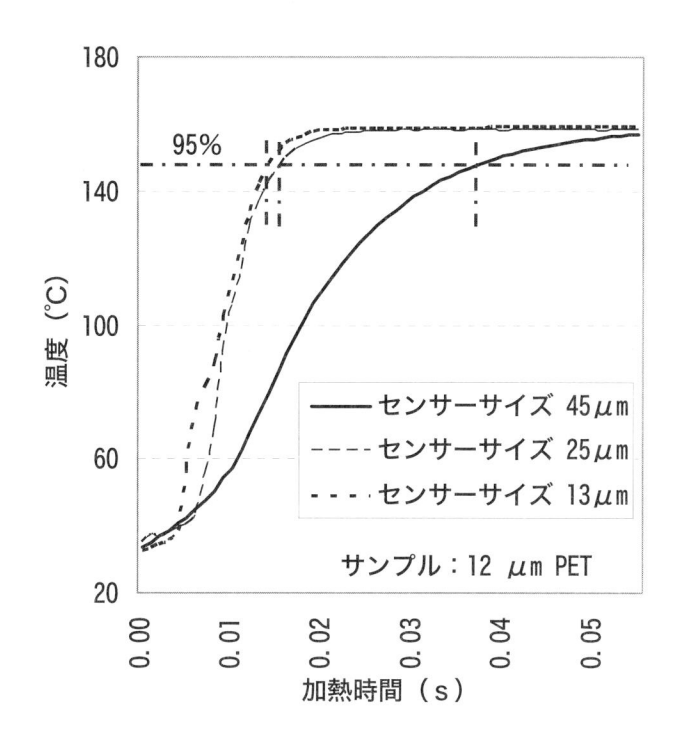

図4.4 微細センサの高速応答性の検証

表4.1 各種の材料の溶着面温度応答の比較（95%応答）

材料の種類 (厚さ/材質)	センサーのサイズ (μm)	95%応答 (s)
12μm PET	13	0.011
	25	0.012
	45	0.036
25μm ナイロン	25	0.016
	45	0.037
30μm CPP	25	0.025
	45	0.060
75μm OPP/ Al 蒸着	25	0.160
	45	0.180
100μm （乾燥）紙	25	0.130
	45	0.150
75μm テフロン	25	0.110
	45	0.130

4.2.5 ≪"MTMS"キット≫を使ったヒートシール部位の測定事例

≪"MTMS"キット≫を適用し，表面温度を137～210℃の間で約10℃毎に変化させた溶着面温度の応答の測定事例を図4.5に示した．この場合に目標加熱温度の120℃に横線を入れた．各データとこの線との交点に相当する時間軸が加熱時間となる．

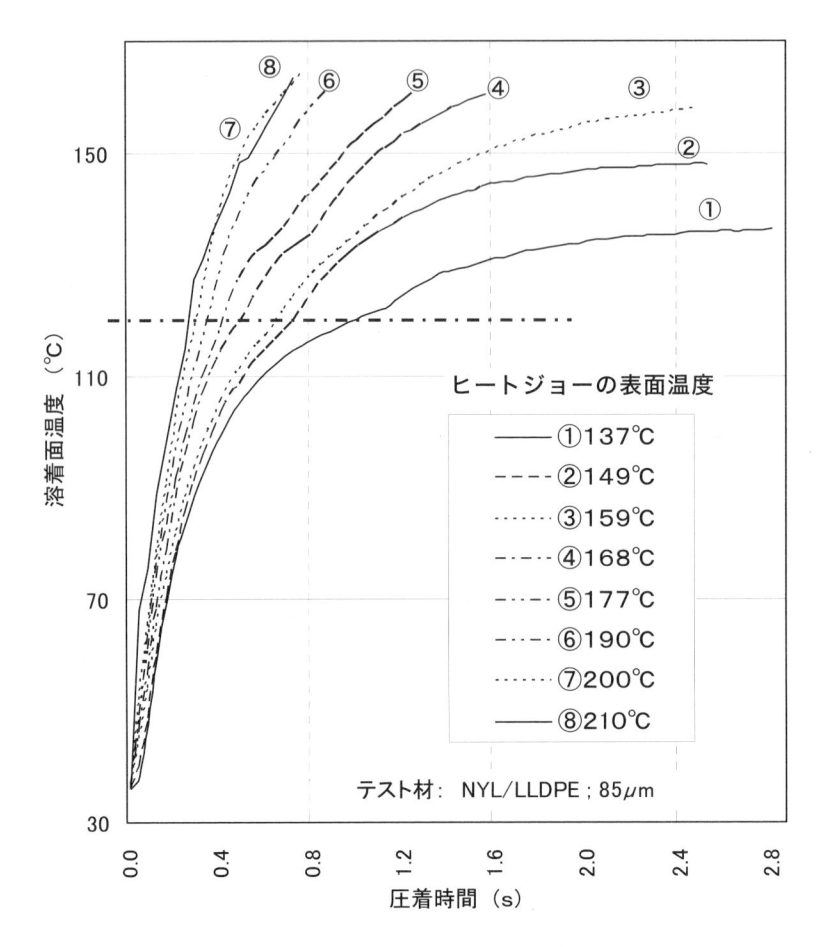

図4.5 ヒートシール条件を決める基礎となる加熱体の表面温度をパラメータにした溶着面温度測定例

センサを4点使って，4枚重ねのヒートシールの①最内層，②1-2層，③1層-カバー材，④加熱体の表面温度の4点を同時測定した例を図4.6に示した．多層の溶着面温度の計測によって加熱温度の適正性の検証ができる．

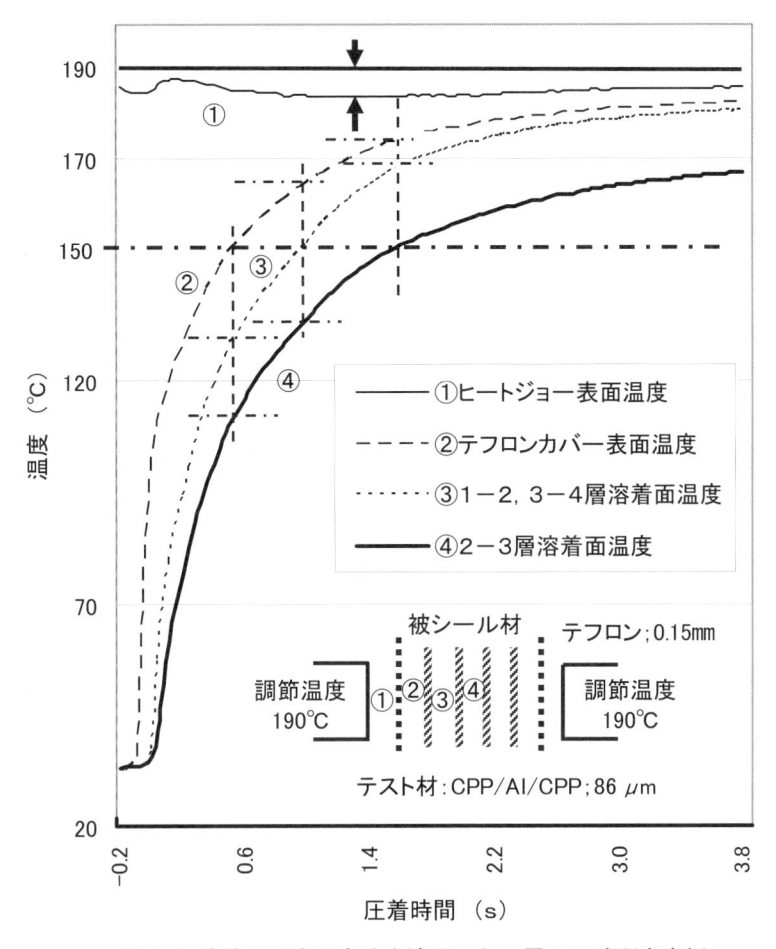

図 4.6 溶着面温度測定法を適用した 4 層の同時測定事例

4.2.6 「最適加熱範囲」の検討の仕方

溶着面温度の測定結果の図 4.6 を例にして,「最適加熱範囲」の検討の仕方を提示する. 溶着面下限温度:150℃, 溶着面上限温度:170℃を設定して, 各層の温度と到達時間の相違をみる.

【ケース:1】④が 150℃に到達した時を基準にした検討

④は 1.56 s で到達している. この時の③の 1-2 層は 168℃, ②のテフロン-1 層は 174℃であり, ④よりも 24℃高くなっていて, 上限温度を超している.

この時の 150℃に到達する時間は②は 0.52 s, ③は 0.96 s となっている.

【ケース:2】③が 150℃に到達した時の検討

この時の到達時間は 0.96 s で, ②は 164℃, ④は 133℃となる. この場合は②は上限温度の 170℃を超えないが, 最内層の④は下限温度の 150℃に達せず加熱不足となる.

加熱時間が長くなれば，各点の温度は加熱温度に漸近するから，この場合は加熱温度を190℃から順次下げて，④の温度が150℃，②－④間の温度差が20℃になる加熱体温度が最高加熱温度であり，④が150℃に到達した時間がヒートシール時間になる．

このようにして，2枚重ねや6枚重ね場合でも同様に測定データから「温度と時間のマトリクス」を作って考察できる．この手法は「最適加熱範囲」の検討の基礎になる．

加熱時間は材料の特性で決まるので，時間を優先して，2つの温度差を小さくすることはできない．

4.3 材料毎の溶融特性の測定と下限温度の決定

ヒートシール条件を合理的に設定するためには，材料毎に温度と時間をパラメータにした4条件の計測確認が必要である．

(1) 溶着層の溶着温度
(2) 溶着層が溶着温度に到達した確認
(3) 溶着層が溶着温度に到達する時間
(4) 被加熱材料の熱劣化温度

ここでは（1）の溶着温度の確定の仕方を記述する．

4.3.1 ヒートシール強さの発現温度の検出方法

プラスチック材料の熱特性の解析には，DSC（示差走査熱量計）が使われ，ガラス転移点（Tg），結晶化温度（Tc），溶融温度（Tm）が計測されている．この中でヒートシールについては溶融温度（Tg）が参照されている．**表2.3**の事例を示したように，溶着面温度を基にヒートシール強さの発現をみると，溶融温度より低い温度で開始している．

溶融温度（Tg）を参考にしたヒートシールの加熱温度の設定は過加熱になっている．

ここでは材料の溶着面温度の応答データを参考にしたヒートシール強さの発現温度の検出方法を提示する[*2]．

---

*2 DSCでは微量のサンプルの入った容器と標準物質に直線的に上昇または下降する温度を与え，生じる温度差を補正する電力量から熱変性量とその温度を知る．

筆者が提案する熱特性の測定法は，物質の表面から内面に到達する熱流を各温度の温度変化として捉える．DSCの積分型に対して **"MTMS"** は微分型の解析法である．

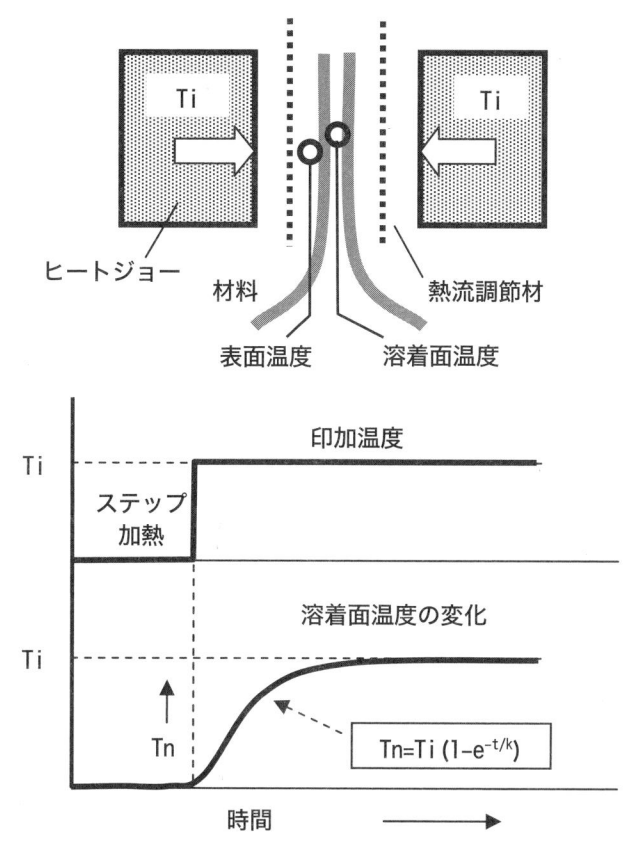

図 4.7 ステップ加熱による溶着面温度の変化

　ヒートジョーで材料にステップ状（図 4.7 参照）の加熱を行うと溶着面温度は指数関数状に上昇する．材料が熱変性を起こす温度帯にこの立ち上がりの加熱が与えられるように加熱温度（Ti）を調節する．材料の熱変曲点では，わずかに熱流が変化するのでこれを溶着面温度の変化として捉える．試験材料に発熱体を直接圧着すると供給熱量は大きいので変曲点のわずかな熱流変化は検知しにくい．テフロンシートのような熱変性が小さく熱抵抗の大きい材料でサンプルを挟んで，材料の表面と溶着面温度が 2℃以内になるように熱流調節を行う．

　テフロンシートを適用した熱流調節の例を図 4.8 に示した．80μm の PE の場合では 0.15mm×3 のテフロンシートの装着で温度差が 1.4℃になった．

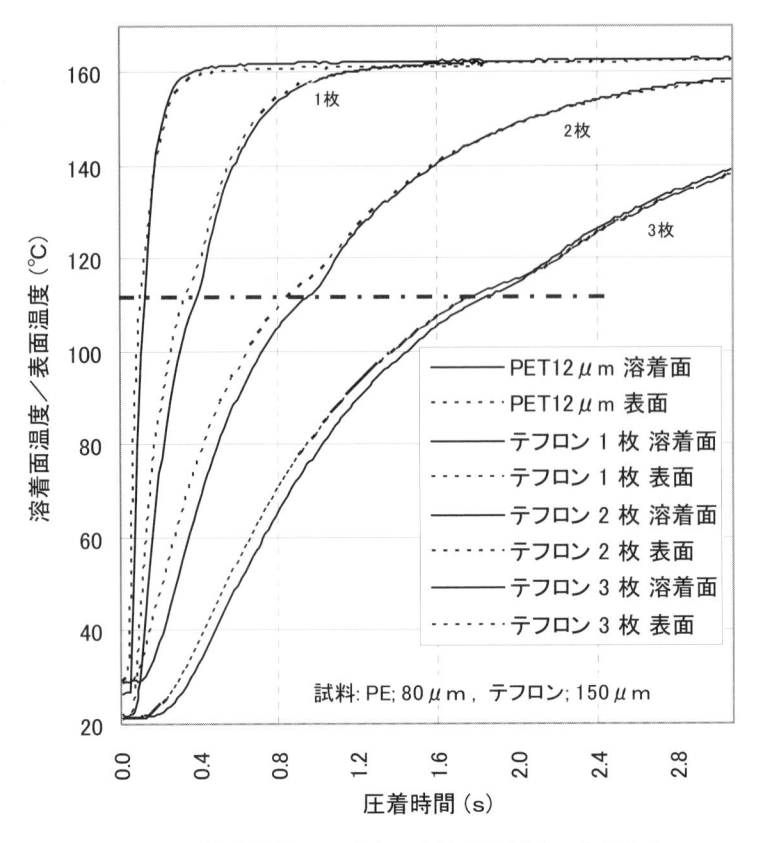

(a) 熱流調節による表面と溶着面温度の応答変化

枚数	溶着面 (℃)	表面 (℃)	温度差 (℃)	加熱時間 (s)
なし	99.5	110.8	11.3	0.08
1	105.0	111.8	6.8	0.30
2	108.5	112.3	3.8	0.84
3	110.6	112.0	1.4	1.70

(b) 熱流調節による表面と溶着面の温度差

図 4.8 テフロンシートの熱流調節効果

4.3.2 溶着面温度データから熱変性点を確定する方法[6]

ステップ状の加熱に対する溶着面温度の変化の様子のモデルは図 4.7 に示した.

溶着面温度の応答は

$$Tn = Ti(1 - e^{-t/k}) \tag{4.1}$$

で表わすことができる. この (4.1) 式を図示すると図 4.9 のようになる.

-48-

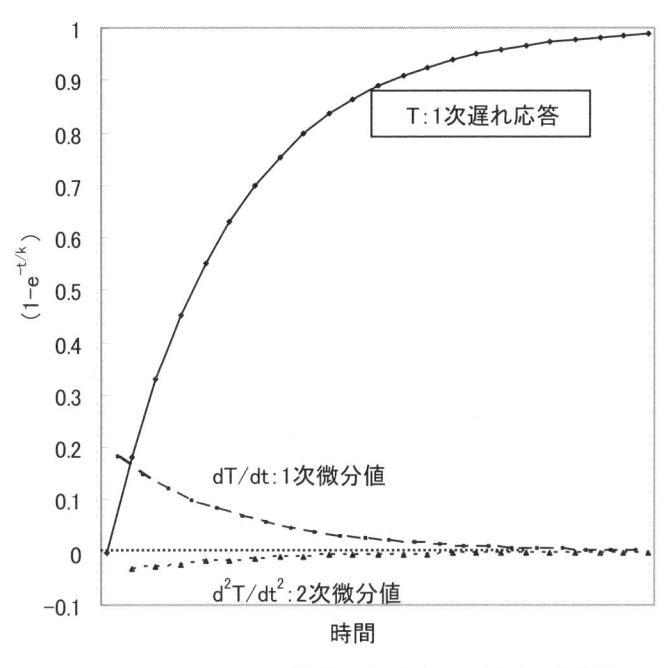

図 4.9 ステップ応答の経時変化と微分演算結果

（4.1）式の 1 次微分値は（＋）値で 0 に漸近する．2 次微分値は（－）値で，これも 0 に漸近する．いずれも微分演算結果には変曲点ができない．

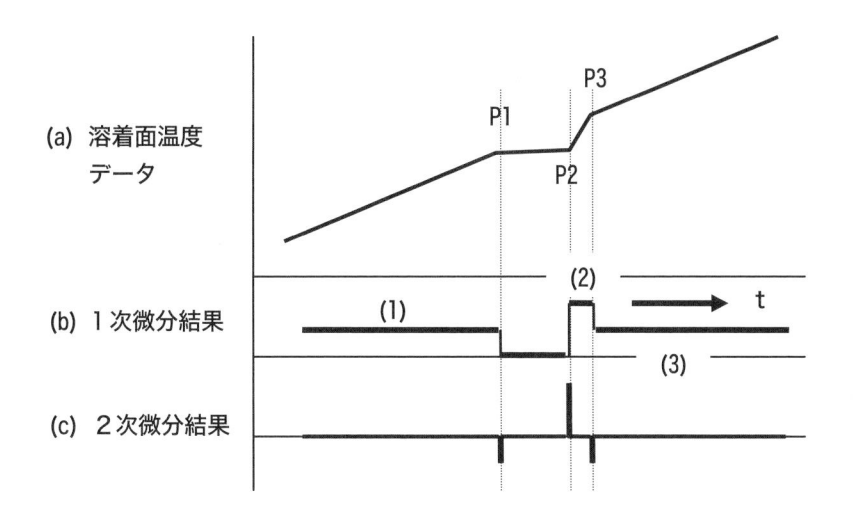

図 4.10 溶着面温度のステップ応答の微分演算処理モデル

変曲点を持った溶着面温度を微分演算処理をして，変曲点を確定する方法を**図 4.10** 示した．**図 4.10(a)**は溶着面温度の変曲点付近をモデル化したものである．変曲点を P1，P2，P3 とすると，1 次微分演算の結果，－P1 の間は傾斜に応じた一定値（1）になる．P1－P2 間は変化がないので[0]である．P2－P3 間は一定値(2)なる．P3－は（3）になる．一定値（1）～（3）中には熱変性の大きさも含まれるので熱変性の大きさの比較はできる．

しかし供給される熱量が DSC のように定量化できないので演算結果から変性量は決められない．加熱温度の傾斜が変わると１次微分値は変化する．１次微分結果を更に微分すると変曲点を（＋）と（－）に表示できるので，加熱温度の傾斜の影響を排除して正負に変換できるので，変曲点の温度を知る"点"に変換できる．

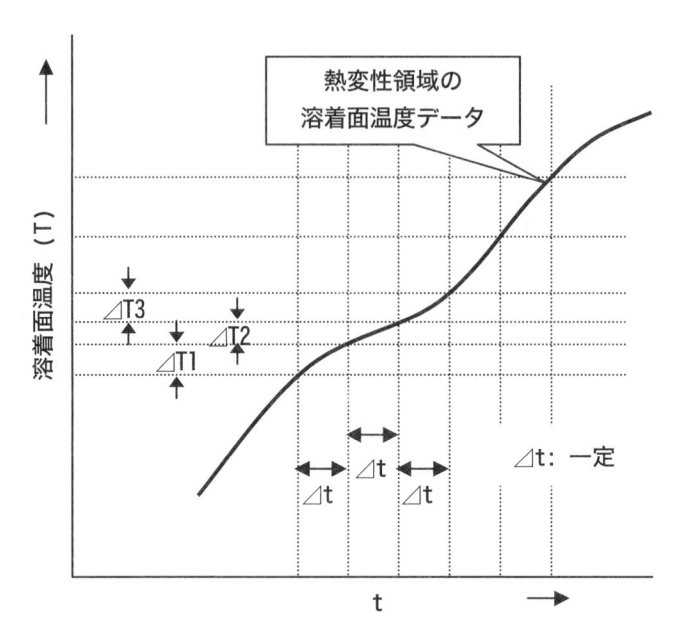

図 4.11 溶着面温度データの差分演算（近似微分）処理モデル

採取した溶着面温度データの微分演算を行うには採取したデータ間の差分をみる近似微分を行う．この方法を図 4.11 に示した．⊿t は差分区間の設定値，⊿T は差分設定区間に対する溶着面温度の差分値である．⊿t の１単位は演算適用領域の溶着面温度が 0.5 ～1℃の変化が含まれるように選択する．⊿t は溶着面温度をデジタル化するときのサンプリングタイムの選択で決定することができる．データをパソコンに取り込んで，表計算用のソフトを利用すればこの処理は容易にできる．ポリエチレンの変曲点解析した例を図 4.12 に示した．この例では，⊿t を 0.04 s として差分演算をした．118℃に２次微分の変曲点を得ることができた．110～150℃のヒートシール強さを調べた結果，剥がれシールが 116～123℃，125～140℃では接着面が剥離しなくて伸びが発生した．145℃を過ぎるとエッジの破れが発生した．

熱特性の演算処理は時間を基準に行っているので，得られた熱変性データは時間がパラメータになっている．時間と溶着面温度の変化は対応しているので X 軸を溶着面温度に置き換えて Y 軸を微分値に置き換えれば溶着面温度をパラメータにしたデータに変換できる．溶着面温度の変化はステップ状の加熱に対する応答なので，１次遅れ応答になっているから溶着面温度の目盛は直線的ではなくなる．

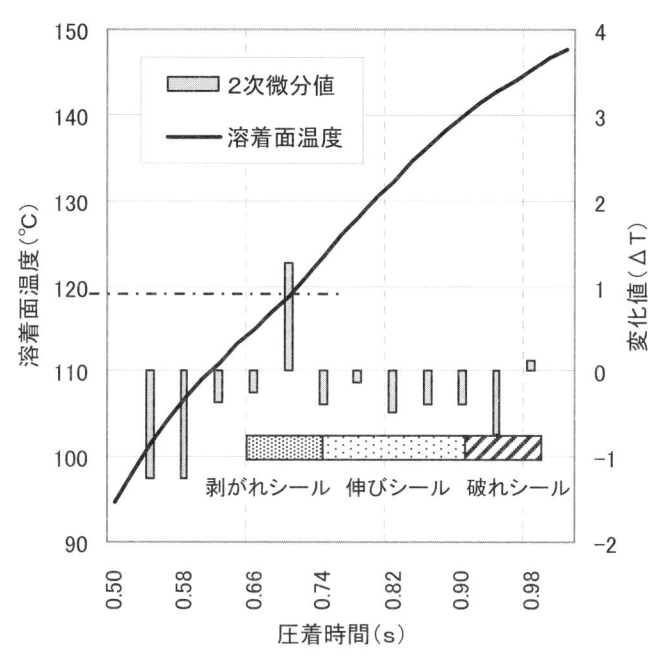

図 4.12 溶着面温度測定法による熱特性解析事例

4.3.3 変曲点が現れないケース

変曲点の発生は，ヒートシーラントが 10μm 以上で PE や CPP のように高分子の結晶性が高い場合は顕著に現れる．結晶性の低い高分子や母材フイルムの厚さに対してヒートシーラントが非常に薄い場合，co-polymer，生分解性プラスチックのように他の物質の混合量が多い場合には顕著な熱変性が検出されなかったり，ヒートシールの発現と一致しないことも見出された．このような場合でも溶着面温度をパラメータにしたヒートシールサンプルの引張試験との併用でヒートシール条件解析への適用が可能である．

4.3.4 熱変性とヒートシール強さの関係

図 4.13 には市販のレトルトパウチに適用した解析例を示した．このデータの X 軸は溶着面温度に変換してある．図には変曲点付近のヒートシールサンプルの引張試験データと DSC データを併記した．ヒートシール強さの立ち上がり部（剥がれシール：peel seal）は 2℃毎のデータを採取して，剥がれシールの様子を詳しく調べた．DSC のデータはグラフのスケールに合うように数値を変更してパターン化した．この例ではヒートシール強さは 140℃で発現して，154℃で剥がれシールが終了している．ヒートシール強さのグラフの 147-148℃に変曲点がある．これは 147℃付近に接着の発現が開始する 2 番目のヒートシーラントが混在していると推定できる．ヒートシール強さパターンから 2 つのヒートシール強さパターンを逆算すると，1 番目は 140/147℃付近の温度レンジで，最大値が約 28N/15mm の剥がれシールを発現している．2 番目は 145℃付近/154℃の温度レンジでは，

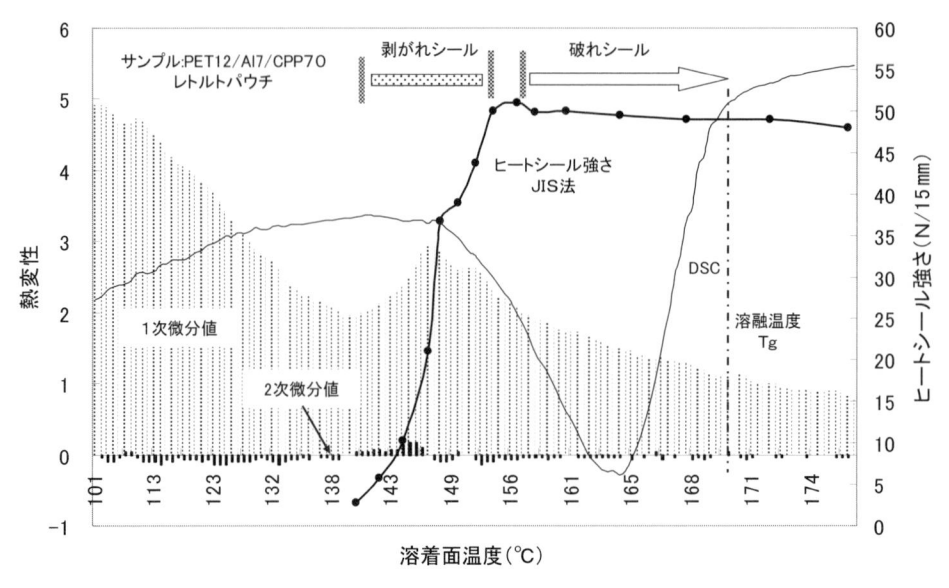

図4.13 溶着面温度測定法による熱特性分析と解析実例

最大値が約 22N/15mm の剥がれシールが発現している．熱変性データの 152℃付近に 2 番目の変曲点が観察される．引張試験では 2 つの接着状態の統合を計測している．1 番目の剥がれシール温度幅は約 7℃，2 番目は 9℃の剥がれシール帯を有している．統合した剥がれシール幅は 14℃となっている（混合による剥がれシールの拡大方法の詳解は[9.2.1]に示してある）．DSC の分析結果から溶融温度（Tg）は剥がれシールの到達発現温度より 16℃程高い 170℃となっている．溶融温度（Tg）を目安にしてヒートシール温度を設定すると加熱温度はかなり高くなる．これらの結果から，適正なヒートシール解析に溶着面温度測定法の熱変性分析法が有意であることが分かる．これらの考察で得られた加熱温度値は「適正加熱範囲」に反映することができる．

参考文献

1) Geroge L.Hoh, (Donald A. Vassallo, E. I.) Du Pont de Nemours and Company, US Patent NO. 4,346,196, p. 6, Aug. 24, 1982
2) JIS Z 0238 (1998)
3) ASTM Designation : F88-00 (2000)
4) 菱沼一夫，日本特許第 3465741 号 (2003)
   US Patent US 6,197,136B1 (2001)
5) 菱沼一夫，実用新案登録第 3056172 号
6) 菱沼一夫，日本特許第 3318866 号 (2002)
   US Patent US 6,197,136B1 (2001)

第5章　ヒートシールの不具合を発生させる要素

ヒートシールに発生する不具合はヒートシール線（内側）からの**剥がれ**，**破れ**に大別される．

この不具合の構成する次の3条件が相互に関係して発生する．

① 接着面の仕上がり
② 剥がれ，破れの応力源
③ 発生応力の集束原因

この条件を構成している要素をさらに詳しく調べてものを**表**5.1に示した．
各要素の説明を次に示す．

表5.1　ヒートシールの破れの原因要素

【1】加熱の是非
(1) 溶着温度の達成　　　★1
(2) オーバーヒート　　　★2
　1)"ポリ玉"（シール線の微細な"波状"の発生）
　2) シュリンク
　3) 材料の熱変性
　　・解重，・揮発性分の気化

【2】破袋"応力"源
(1) 落下
(2) 振動
(3) 積載
(4) 受圧部位の有無

【3】"タック"の発生原因
(1) 平面体から立体に成型
(2) 充填重量の引張り　　★3
(3) グリップ力不足　　　★4
(4) グリップ位置不良　　★5
(5) 充填率
(6) 被充填品の流動性
(7) 袋の形状
(8) シュリンク

5.1 加熱の是非

5.1.1 溶着面温度を乱す要素

(1) 溶着面温度の確実な達成（[第3章] 参照）

(2) 加熱温度の不具合の発生要因

設備の温度調節の不具合の事例を次に列挙する．

1) 設定温度が正しくない
  ① 温度計が狂っている
  ② センサーの取り付け位置が正しくない
  ③ 適正なセンサーが使われていない
  ④ 冷接点補償が正しくない（センサーが熱電対の場合）
  ⑤ 加熱体の表面の空気流に乱れがある
  ⑥ 2本以上のヒーターを1ケのセンサー，調節計で制御している（[9.3] 参照）
  ⑦ ウォームアップ不足（ヒートジョーの取り付け周辺の部材温度の上昇の不均一）
  ⑧ 室温，包装材料の保存温度の変化が大きい（夏，冬，保管温度）
  ⑨ 加熱温度とヒートシール強度の関係を把握していない（図1.3参照）

2) 加熱能力が足りない
  ① 運転速度に発熱が間に合わない（ヒーター容量不足）
  ② 加熱時に温度が下がる（加熱体の容積が不足）
  ③ 被加熱材料が加熱面に密着していない
  ④ テフロンシートと加熱体が密着していない
  ⑤ テフロンシートが厚すぎる
  ⑥ 厚いクッション包装材料が使われている（シリコンゴム，テフロン板）

3) 包装材料の熱容量を正しく把握していない
  ① 包装材料の切り替え時に設定温度を変えていない（図3.3参照）
  ② 包装材料の切り替え時に，運転速度を変えていない（図3.3参照）

(3) 加熱時間の不具合の発生要因

1) 運転速度が管理されていない
  ① 繰返し動作回数の設定が不適正
  ② 設定温度が動作速度に合っていない
  ③ 圧着動作時間にばらつきがある（ex. 空気作動の場合等）

2) 包装材料の熱容量を正しく把握していない
  ① 使用包装材料毎の伝熱時間が把握されていない
  ② 包装材料の切り替え時に設定温度を変えていない

③ 包装材料の切り替え時に，運転速度を変えていない

3) 装置の調整がうまくできていない

① ヒートバーの圧着面の平行出しが悪い

③ 相互の圧着エッジが合っていない．(**図 5.1 参照**)

④ ヒートジョーの表面が錆びていたり汚れが焼き付いている

⑤ ヒートジョーが歪んでいる

⑥ 動作タイミングが合っていない

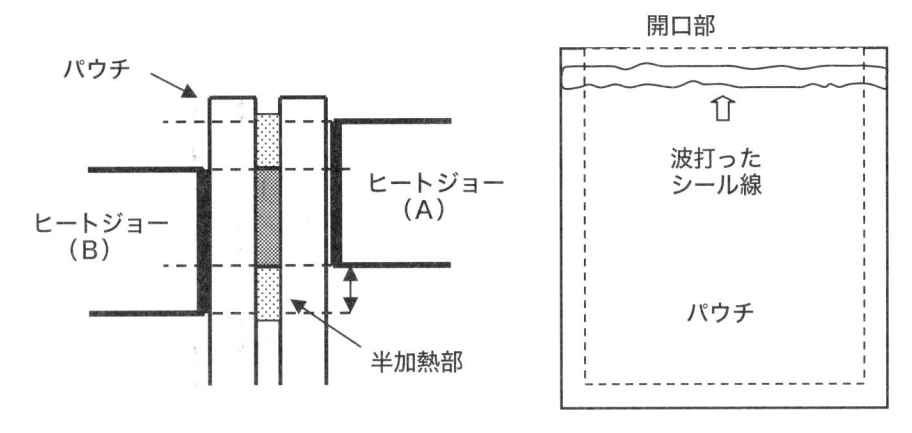

図 5.1 ヒートシール線の波うちの発生

5.1.2 オーバーヒート（過加熱）で起こる不具合

(1) "ポリ玉"

ヒートシーラントは加熱温度の上昇と共に軟化から液状化する．

ラミネーション材で，ヒートシーラントが液状化した状態で，高い圧着圧（0.3MPa 以上；[6.3] 参照）をかけると非加熱部との境界ライン上（ヒートシール線）にはみ出して"ポリ玉"を形成する．この図解を**図 5.2** に示した．この状態の接着面には接着層が薄くなってしまうので面の接着力は著しく低くなる不具合も発生する．

(2) シュリンク

プラスチックをフイルムにする際に平面性や透明性を出すために，フイルム状に押出して後の徐冷中に張力をかけながら巻き取る延伸がある．延伸のかかったフイルムを溶融状態に再加熱すると容積は元に戻り小さく（シュリンク）なる．延伸のかかったフイルムをオーバーヒートすると，ヒートシール線に無数のタックが発生し，袋にかかった応力の集束機能となり，ピンホールの発生原因を構成する．

(3) 材料の熱変性

一般的に熱劣化と称されているが，代表的な熱変性には「解重」と，含有している揮発性分の気化がある．

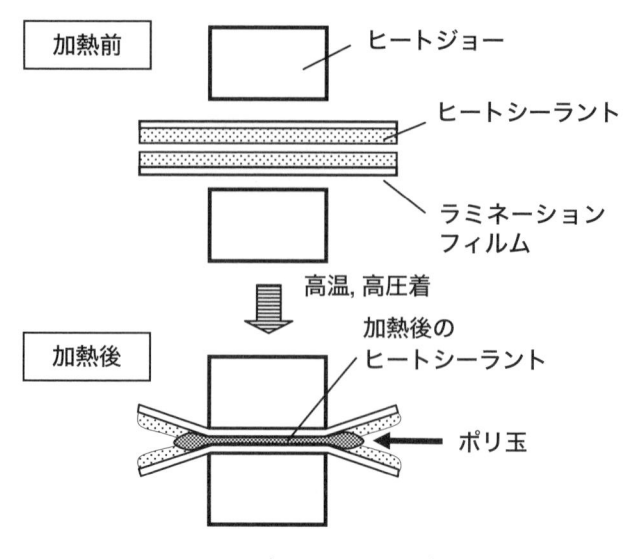

図5.2 ポリ玉の生成モデル

　「解重」は加熱によって高分子鎖の途中に水素や酸素が結合する「ラジカル現象」が起こり，高分子鎖が短くなることである．この状態が起こると弾性が低下して固く，もろくなる．
　発泡は揮発性分の気化によって発生する．
　揮発性物質には，未重合のモノマーと空気中から吸収した水分がある．揮発成分は加熱温度に相当する蒸気分圧を発生し，容積は大気圧下では1000倍にもなるから微量でもヒートシーラント中に気泡となって，白濁の視認状態となる．発泡状態は圧着圧と加熱温度，さらに溶融状態の粘性（ホットタック性）によって状態は変わる．発泡の制御方法は［8.6］で論ずる．

5.2　破袋応力源

　ヒートシールに剥がれや破れの不良があっても破壊力が作用しなければ不具合に結びつかない．ヒートシールの破壊力は落下，振動，積載によって発生するが，最終的にはヒートシール線の直角方向に作用する応力成分の大きさである．応力を内容物で受けたり，変形を外装で受けたりすると破壊力は軽減する．パウチの破袋応力の発生メカニズムは［図 3.18］に示してある．ヒートシール強さは一元的に選択せずに包装形態によって設計すればよい．

5.3 タックの発生原因

プラスチックを利用した包装では平面状のフイルムやシートの2方または3方をヒートシールして袋を作り，製品を充填して充填口をヒートシールで封緘する．平面を重ねて作った袋に容積がある製品を充填するので，応力の分布が不均一になるので，袋の表面には必ず"タック"ができる．このタックは袋のかかった応力の集束機能を果たす．このタックは充填重量，袋を開口する時のグリップの位置，グリップ力，充填物の容量と流動性，袋の形状そして延伸フイルムのシュリンクが要因になって加熱接着時のヒートシール面にも発生する．

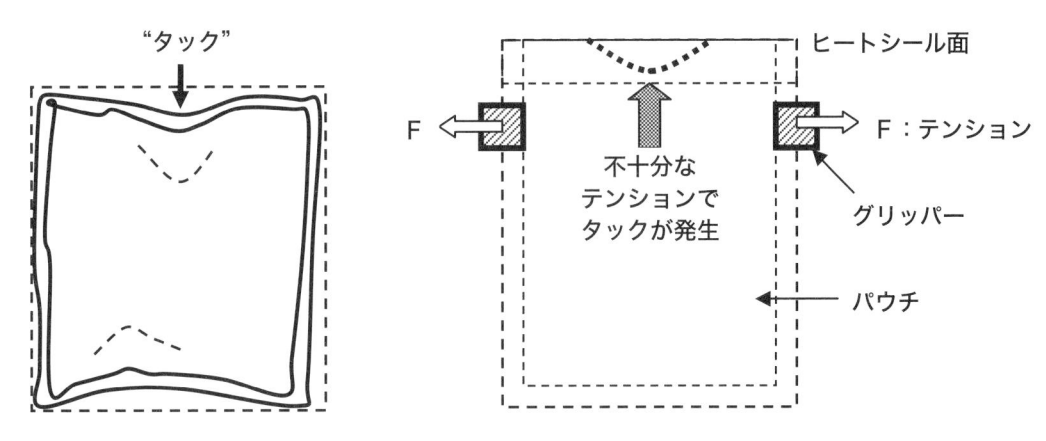

図5.3 充填物による"タック"の発生　　図5.4 ヒートシール面へのテンション

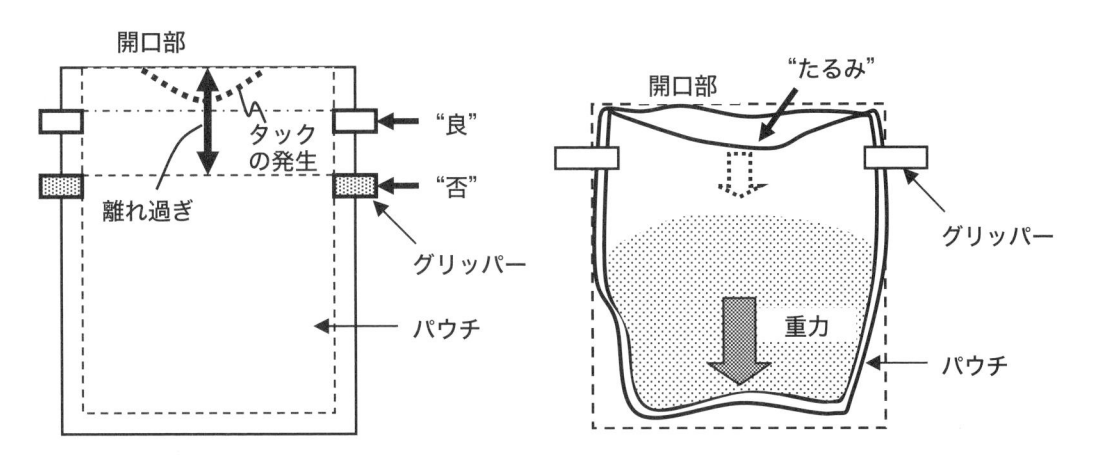

図5.5 グリッパーの正しい掴み位置　　図5.6 充填物の重量による"たるみ"の発生

① 充填物によって発生する"タック"（図5.3参照）
② 包装材料の"しわ"を矯正できる力を与えていない
③ ヒートシール面が平坦になるようなテンションが与えられていない（図5.4参照）
④ グリッピング位置がトップから下方に離れ過ぎている（図5.5参照）

写真 5.1　ヒートシール線に発生しているタック

⑤　充填物の重量をグリッパーで支えている（**図 5.6 参照**）
商品に発生している様子を**写真 5.1** に示した．

5.4　ヒートシールの不具合の解決はオーバーヒートの制御
　ヒートシールの剥がれと破れの原因要素の分類とメカニズムを考察した．さらに各項目を直接的な制御要素と付随要素に分けてみると**表 5.1** 中に★マークを付けた
（1）溶着温度の達成
（2）オーバーヒート
（3）充填重量の引張り
（4）グリップ力
（5）グリップ位置

が制御要素として関係していることが分かる．(3)(4)(5)の不具合はヒートシールの結果には関係するが，加熱とは直接的に関係ない項目であるから，ここでの検討から外して考えてよい．接着状態と破壊応力の要素は複合的に関係して不具合の発生になっている．2つ要素が同じタイミングで発生しないと不具合には結びつかない複合起因特性である．ピンホールや破袋の発生原因の1つ目の接着は失敗すれば継続するが，破壊力がなければ不具合にはならない．不具合の防御はどの要素を制御しても防御は可能であるが，突発的な現象を扱うより定常的に現れている要素のオーバーヒートを取り扱った方が改善は確実である．溶着温度とオーバーヒートは個別のものではなく「適正加熱」と「オーバーヒート」は表裏をなしている関係であるから，≪適正加熱をする≫/≪オーバーヒートをしない≫は同義語である．すなわちオーバーヒートのメカニズムを解明すれば，ヒートシールの不具合の抜本的対策が可能になる．

第6章 ヒートシールの従来法の合理性の検討

6.1 緒　　言

プラスチックの包装資材のほとんどの封緘にはヒートシールが使われる．従来のヒートシール管理は「温度」,「時間」,「圧力」が指標として取り上げられている．しかしこの３要素の定義は曖昧なので，制御要素としての信頼性は保証しにくいものであった．

本項では，[4.2]で提示した溶着面温度測定法を用いて，従来から行われているヒートシールの調節項目の温度関連要素を溶着面等の直接測定で，従来法の不具合点を解明する．

本章では次の事項の検討を提示する．

(1) ４重のヒートシールの各部位の温度応答
(2) ヒートシールの圧着圧と溶着面温度の関係
(3) 揮発成分を含んだヒートシールの溶着面温度の挙動
(4) 発熱体にテフロンシートを装着した場合の被加熱体との接触面の温度挙動
(5) 発熱体の表面の温度分布の計測
(6) 加熱体の表面温度の精密な調整法
(7) 片面加熱の不具合解析

6.2　４重のヒートシールの各部位の温度応答の計測

スタンドパウチ，袋，縦ピロー等の包装袋では図 6.1 に示したように単純な２枚重ねのヒートシールでなく４重のヒートシール部位と２重のヒートシール部位が混在する．

(a) スタンド，ガセットパウチ　　**(b) ２重バッグ**　　**(c) 合掌貼りバッグ**

● ヒートシールの溶着面

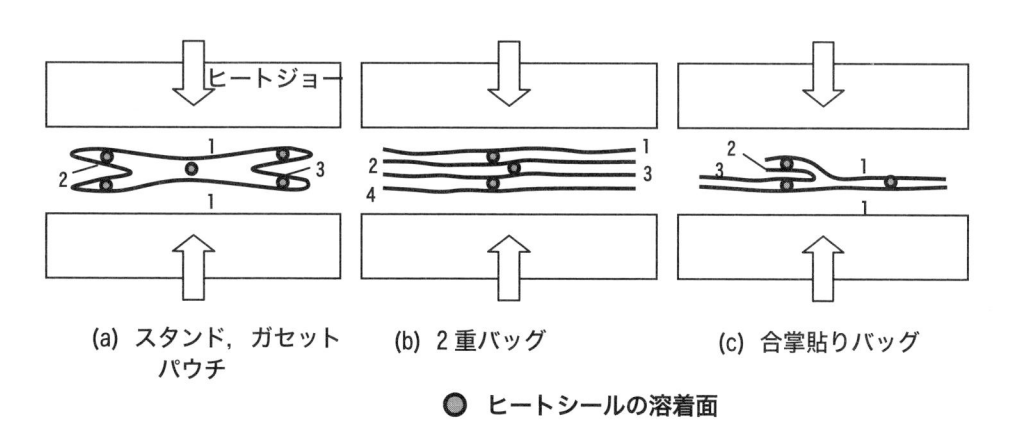

図6.1　袋の形体別の溶着面

両面同一温度加熱の場合でも4重の1-2, 2-3層, 2重の1-1層の溶着面温度の応答は異なる．加熱温度の適正化には各部位の温度応答の測定確認が必要である．

同一の包装材料を4枚重ねた1-2, 2-3層の溶着面温度と加熱体の表面にコートしたテフロンシート/包装材料の表層の接触点とテフロンシート/加熱体の温度の4点を両面同一温度で加熱した場合の計測結果の事例は図4.6に示してある．

6.3 ヒートシールの圧着圧と溶着面温度の関係

ヒートジョー方式の加熱を観察してみると，伝熱は被加熱材との接触によって行われる．ヒートシールの完成は数 μm の伝熱ギャップにも影響を受けるので，接触状態によってヒートシールの完成に変化が生じる（[8.2]参照）．

しかし強すぎる圧着圧は[5.1.2]で論じたようにヒートシーラント層が溶出するので，避けなければならない．

包装材料のミクロな"しわ"を除去して溶着面を確実に接触させる適正加圧条件の測定が期待されている．圧着圧の機能を図6.2に図解した．

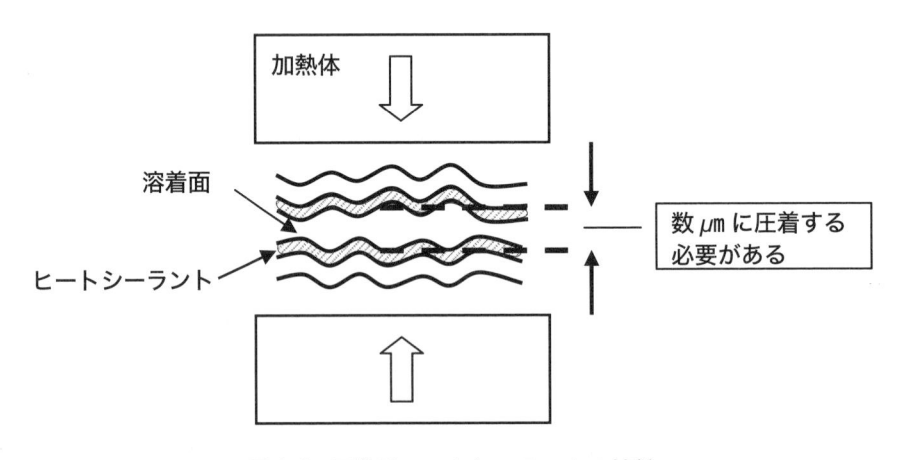

図6.2 圧着はヒートシーラントの接触

サンプルにかかる圧着圧［MPa］（ヒートジョーの作動空気圧ではない）をサンプルの両面の接触が始まる微小圧着圧の0.05MPaから0.30MPaまで変化させて溶着面の温度応答を計測した．その結果を図6.3に示した．圧着圧が低い領域（P1, P2）では溶着面温度の応答が明らかに遅れて，熱伝導が不完全であることが分かる．圧着圧が0.08MPaになると応答は非常に速くなる．更に圧着圧を増加させても応答の変化は見られない．この結果から圧着圧が0.08MPa付近以上で，熱伝達状態がほぼ一定になることが分かる．0.30MPaの応答結果を注意深く観察すると溶融温度以上の温度域（130℃付近）で応答が早くなる異常を呈している．高い圧着圧で液状化した溶融層の流動が起こっていることが推察され，高い圧着圧操作に留意が必要であることを示唆している．ヒートシーラントの溶出を抑え

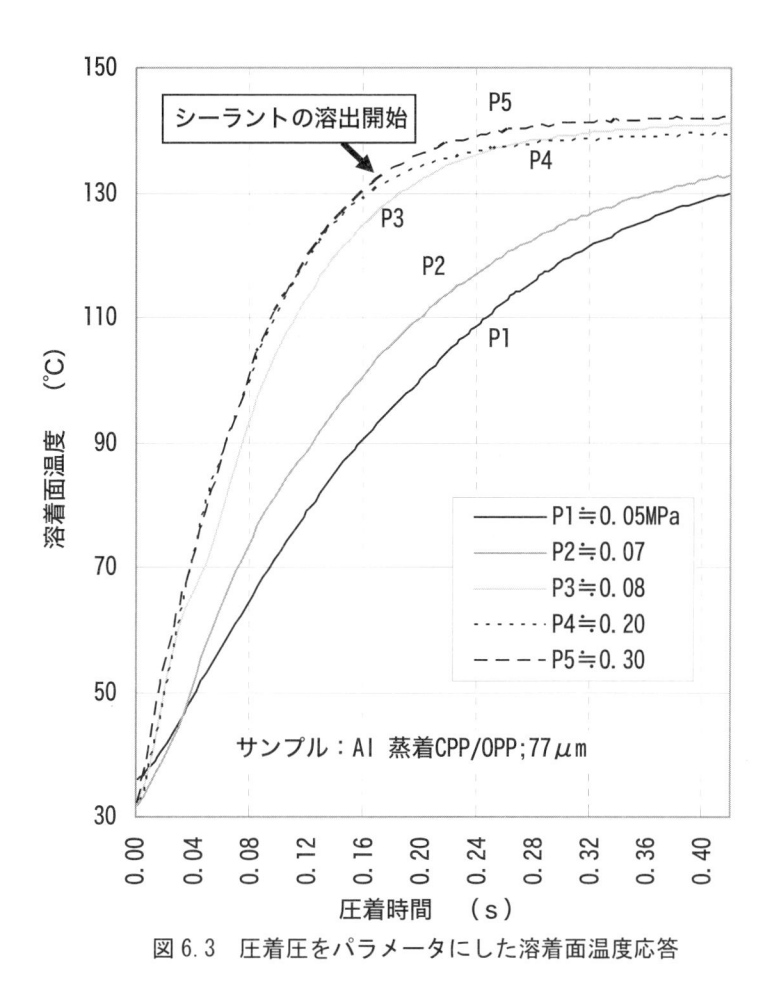

図6.3 圧着圧をパラメータにした溶着面温度応答

(グラフ内凡例: P1≒0.05MPa, P2≒0.07, P3≒0.08, P4≒0.20, P5≒0.30　サンプル：Al 蒸着CPP/OPP;77μm　矢印注記：シーラントの溶出開始)

るためには，0.1～0.2MPa に適正加圧がある．

6.4　揮発成分を含んだヒートシールの溶着面温度の挙動測定と考察

　ヒートシールの溶着面には被包装品の液等が付着したり，使用した包装材料の溶着面が持っている未重合物質や外気から吸収した水分等の揮発性物質が存在すると加熱によって揮発が起こるので，溶着面温度は揮発成分が系外排出されるまで蒸気圧温度に留まる．層内に留まった場合はヒートシール面に発泡が残る．揮発成分挙動の推定を図6.4に示した．

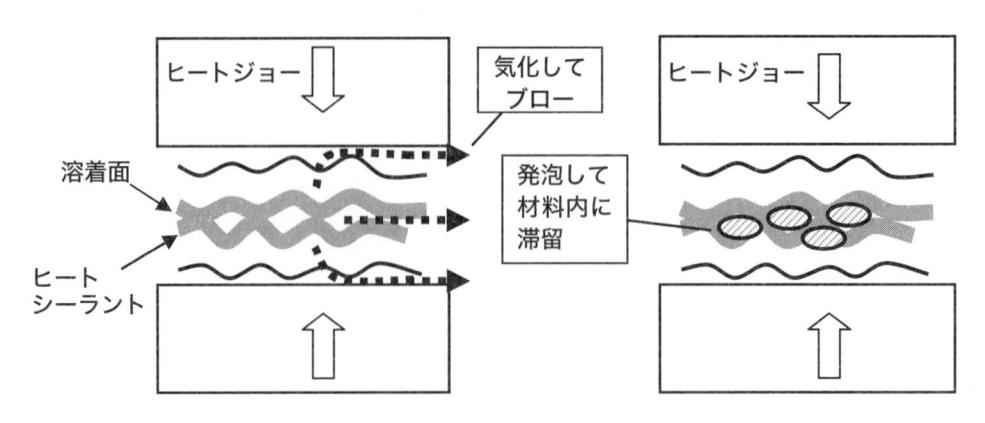

第6章　ヒートシールの従来法の合理性の検討

(a) 通気性材料の場合　　　(b) 非通気性材料の場合

図6.4　ヒートシール面の揮発成分の挙動モデル

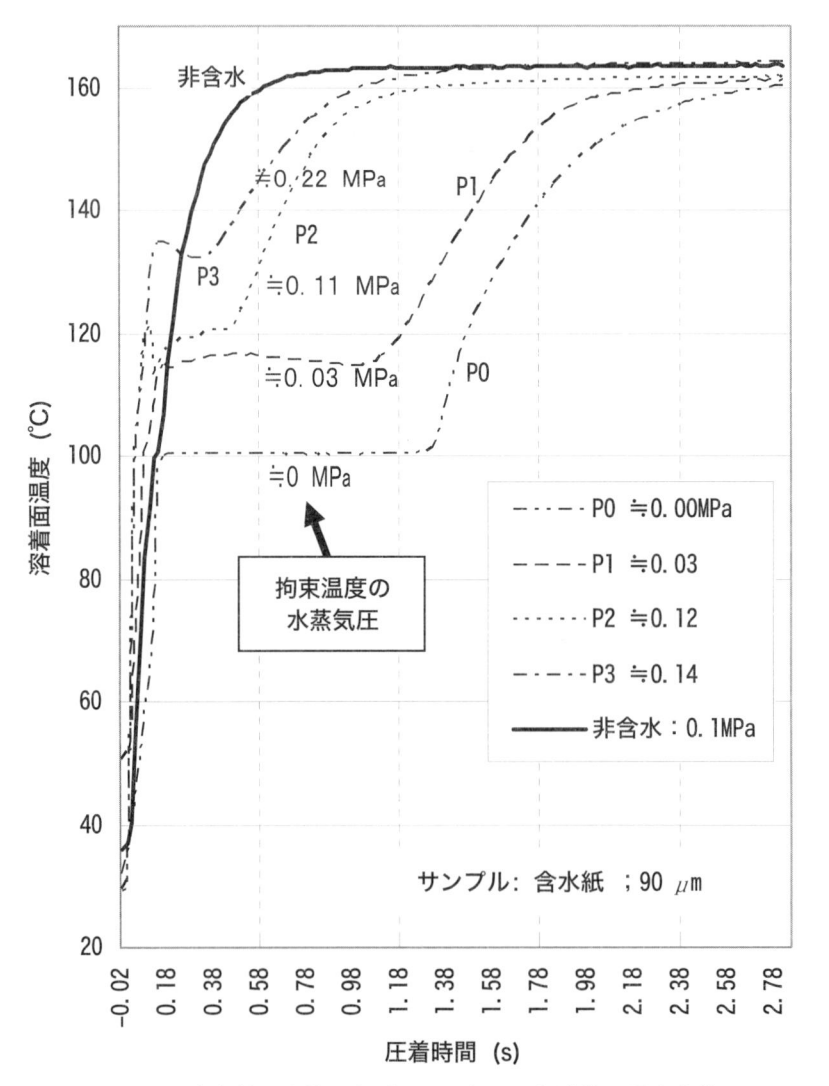

図6.5　含水紙の圧着圧をパラメータにした溶着面温度応答

6.4 揮発成分を含んだヒートシールの溶着面温度の挙動測定と考察

　揮発成分のヒートシールに及ぼす影響について含水した紙を使って，圧着圧と溶着面温度の関係を調べた．サンプルとしてコピー用紙を湿したタオルで包み含水させた（各テスト片は同一の含水量にしてあるが定量化していない）．圧着圧はかけた応力を試験片の受圧面積で除して求めた．この測定結果を図 6.5 に示した．含水したサンプルの溶着面温度の応答は立ち上がりは速いが，加熱温度への到達時間は含水していないサンプルの応答と比較して明らかに遅れる．溶着面の拘束温度は圧着圧によって異なることがはっきり分かる．グラフ中の圧力値は拘束温度の水蒸気圧である．拘束温度と蒸気圧の関係を当てはめてみると，蒸気圧と圧着圧がほぼ一致していることから拘束温度と圧着圧の関係が有意になっている．この試験の場合，サンプルは紙で繊維状なので，内部の水分は加熱によって系外に沸騰排出したことが温度上昇から分かる．

　牛乳の紙パック容器材料の含水分が溶着面温度に及ぼす影響を3レベルの加熱温度で調べた実測例を図 6.6 に示した．溶着温度と気化の拘束温度が一致しているケースで目標温度は気化温度よりも上にあり，気化の時間の影響がヒートシールの圧着圧と時間に強く影響している．

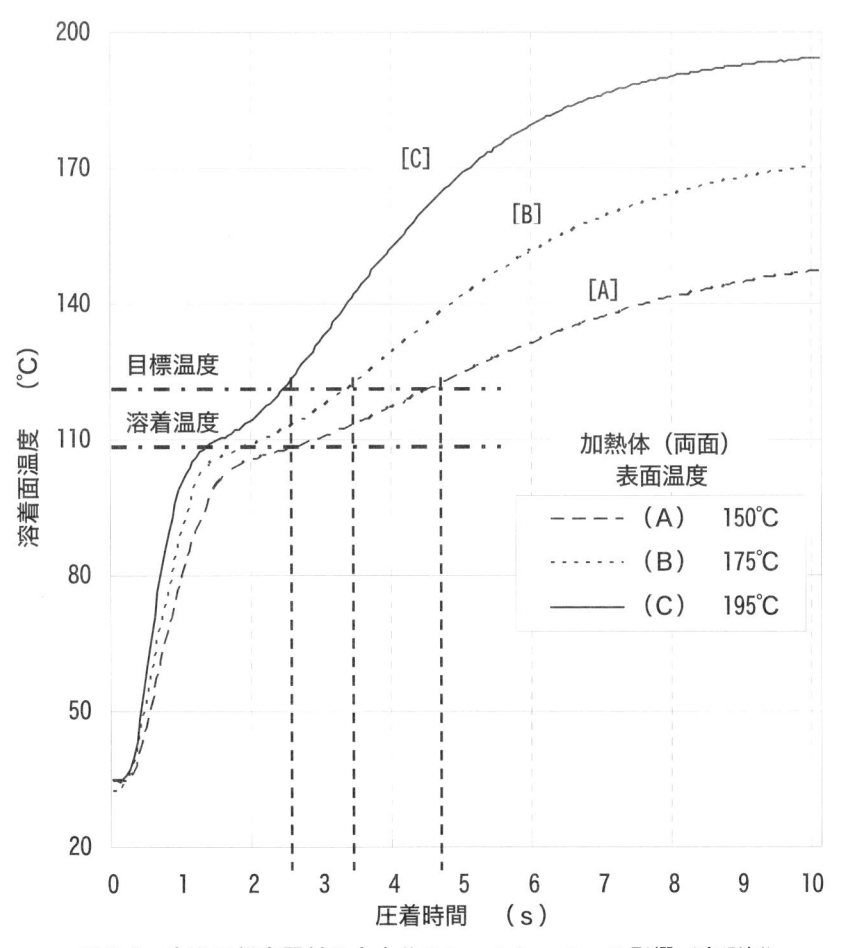

図 6.6　牛乳用紙容器材の含水分のヒートシールへの影響（実測例）

第6章　ヒートシールの従来法の合理性の検討

　ラミネーションフイルムの内側層に揮発成分が存在する場合は気化したガス体は発泡体として層内に残る．ラミネーション層にナイロンを使ったレトルトパウチ材料の"発泡"例を**写真 6.1** に示した．145℃では剥がれシール状態であり，外観は透明である．接着状態は界面剥離である．150℃加熱は外観からも発泡状態が視認でき，剥離は破れシール状態であり発泡によって溶着面に気泡の仕切りができている．

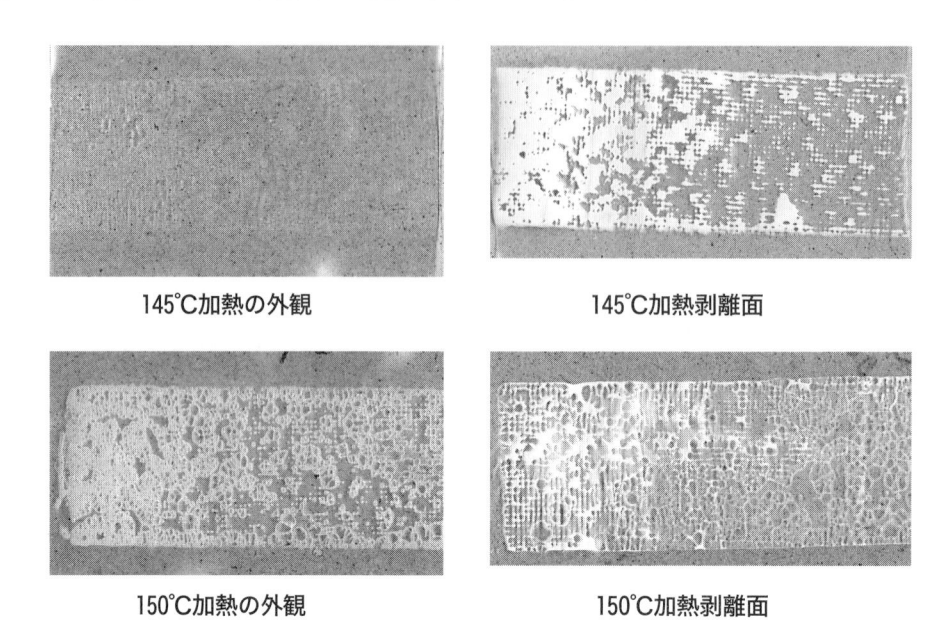

145℃加熱の外観	145℃加熱剥離面
150℃加熱の外観	150℃加熱剥離面

写真 6.1　ヒートシール面の発泡

　揮発成分を含んだ系では「揮発温度」，「加熱温度」，「溶着温度」と「圧着圧」の四者の関係に注目する必要がある[1]．発泡の制御方法に付いては[8.6]で詳述する．

6.5　発熱体にテフロンシートを装着した場合のヒートシール操作への影響

　発熱体の表面にテフロンシート（ガラス繊維の編物にテフロンを含浸）のカバーを装着することが習慣的に多用されている．導入目的の習慣的な理由を列挙してみると次のようなものがある．

① 充填物の付着の容易な掃除性；液だれ，粉立ち
② 包装材料の焦げ付きの軽減　；高温加熱によるヒートシーラントの溶出対策
③ ヒートシール面の布目仕上げの"美粧性"；習慣的感覚
④ クッション性；不詳
⑤ 表面温度の均一化；不詳
⑥ オーバーヒートの抑制；不詳

　③の包装材料の焦げ付き以外の期待機能の多くは，工程上の他の不具合によって起こる対症療法的目的で適用されているが対処の論理性が乏しい．テフロンシートの装着がど

んな機能を有しているかの検討をした．

6.5.1 発熱体にテフロンシートを装着した場合の表面温度の挙動

テフロンシートは熱絶縁性を持っているので，発熱体表面にテフロンシートを装着すると熱流抵抗（抑制）となる．

図 4.8 で示したように，熱流抵抗の効果は熱流を小さくするから，加熱時間は長くなるが，包装材料の表面と溶着面の温度差を小さくする機能がある．

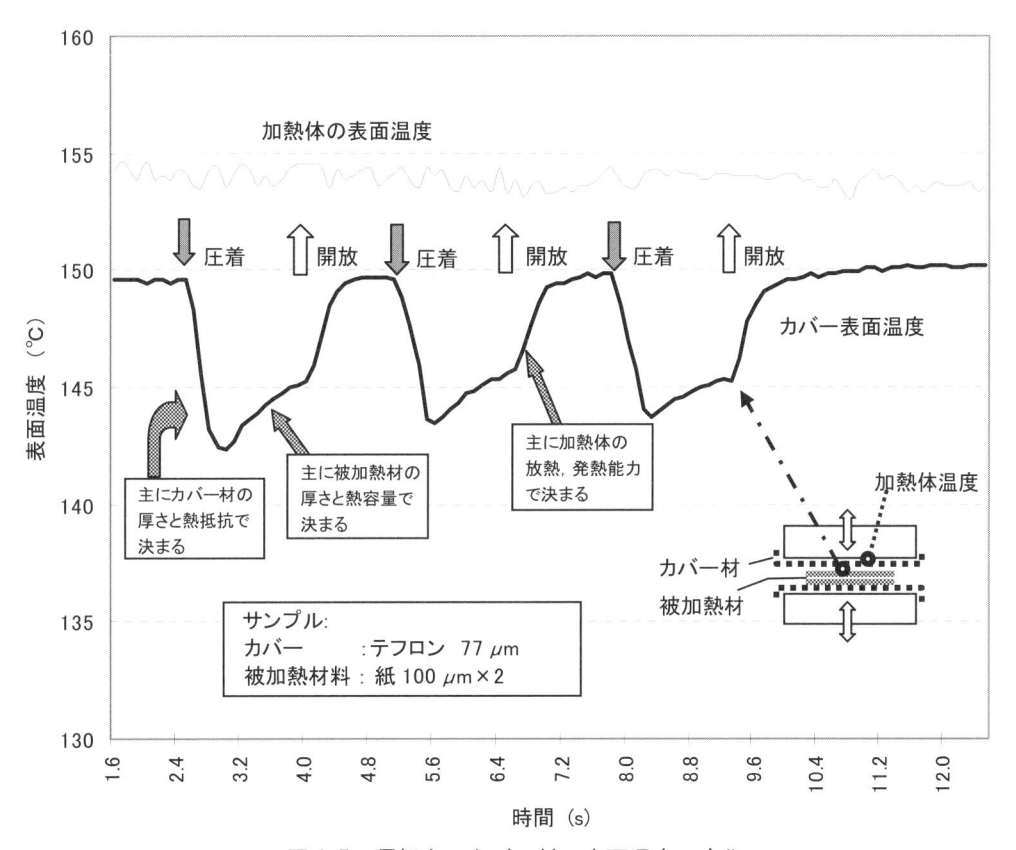

図 6.7 運転中のカバー材の表面温度の変化

自動運転の繰返し操作におけるテフロンカバーの表面と被加熱材の接触面の温度変化の実測例を図 6.7 に示した．測定点の温度は被加熱材の接触によって，まず被加熱材の表面温度に向かって急激に低下する．低下速度は主にカバー材の熱抵抗（厚さと伝導性），被加熱材の初期温度と熱容量で決定される．熱流は温度差に比例するので，蓄熱で材料の温度が上がれば熱流は小さくなるから，（吸収熱量＜供給熱量）となると表面温度は上昇に転じる．上昇は主に被加熱材の厚さと熱容量で決まる．加熱体が被加熱材料から離脱するとテフロンシートの表面温度は待機温度に向かって上昇する．この上昇は発熱体の発熱能力と放熱によって決まる．加熱体が被加熱材料から離脱する瞬間の溶着面温度が所定の温度でなければならない．

"**MTMS**"キットを使って，シミュレーションデータを採取する時に実際と同じテフロンシートを装着して行えば適正な離脱時間を取得できる．この系で表面温度が定常状態に復帰する時間よりも早い時間に次の動作に入ると，その時のテフロンの表面温度が始発温度となり動作温度基点は低温側にオフセットして行って加熱不足の事態となる．市販の表面温度計を使って表面温度を計測すると，この原理でテフロンの表面温度はセンサへの伝熱と放散で5℃程度低く出てしまうので熱容量の小さいセンサを使う必要がある．

6.5.2 発熱体にテフロンシートを装着する効用の是非

テフロンシートは熱流の調節機能を有しているので，これを利用して被加熱材の伝熱能力に見合った熱供給で表面（加熱体との接触面）と溶着面の温度傾斜を小さくすることができる．

ここでは，テフロンシートで熱流調節した場合と温度を下げた加熱体（金属）の直接圧着による伝熱の比較を行い，テフロン装着の効果の是非を検討する．

溶着面目標温度：140℃，過熱制限温度：160℃の条件における最速加熱条件の検討例を図6.8(a)，(b)に示した．

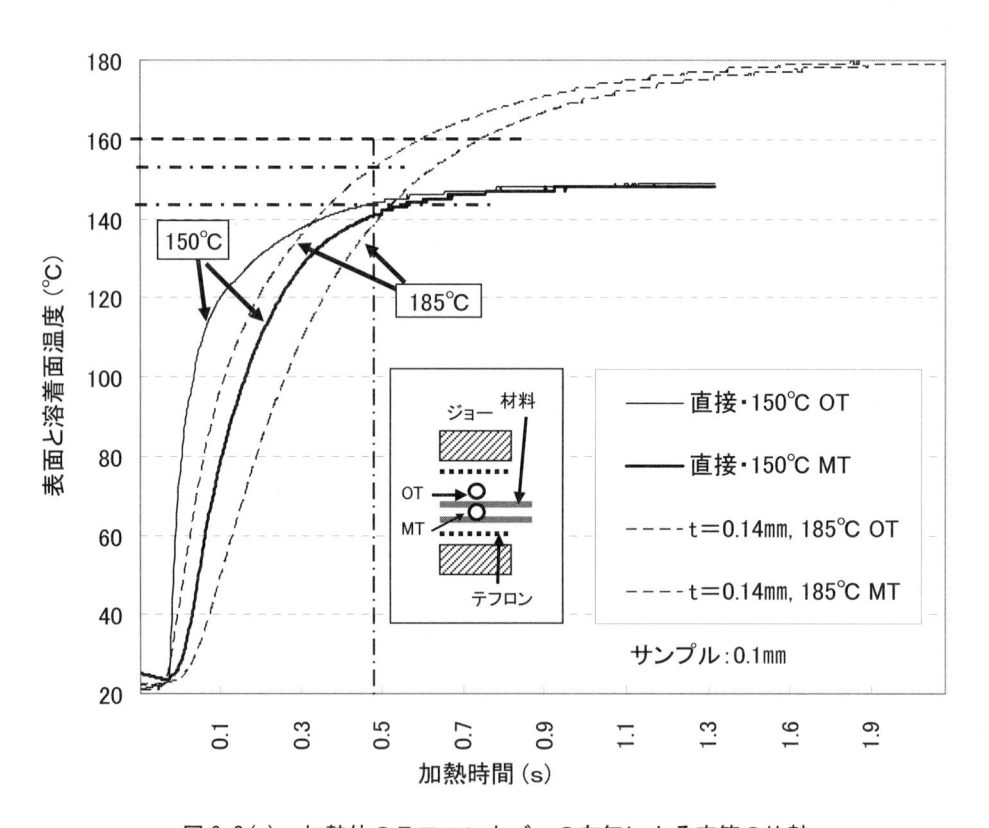

図6.8(a) 加熱体のテフロンカバーの有無による応答の比較

6.5 発熱体にテフロンシートを装着した場合のヒートシール操作への影響

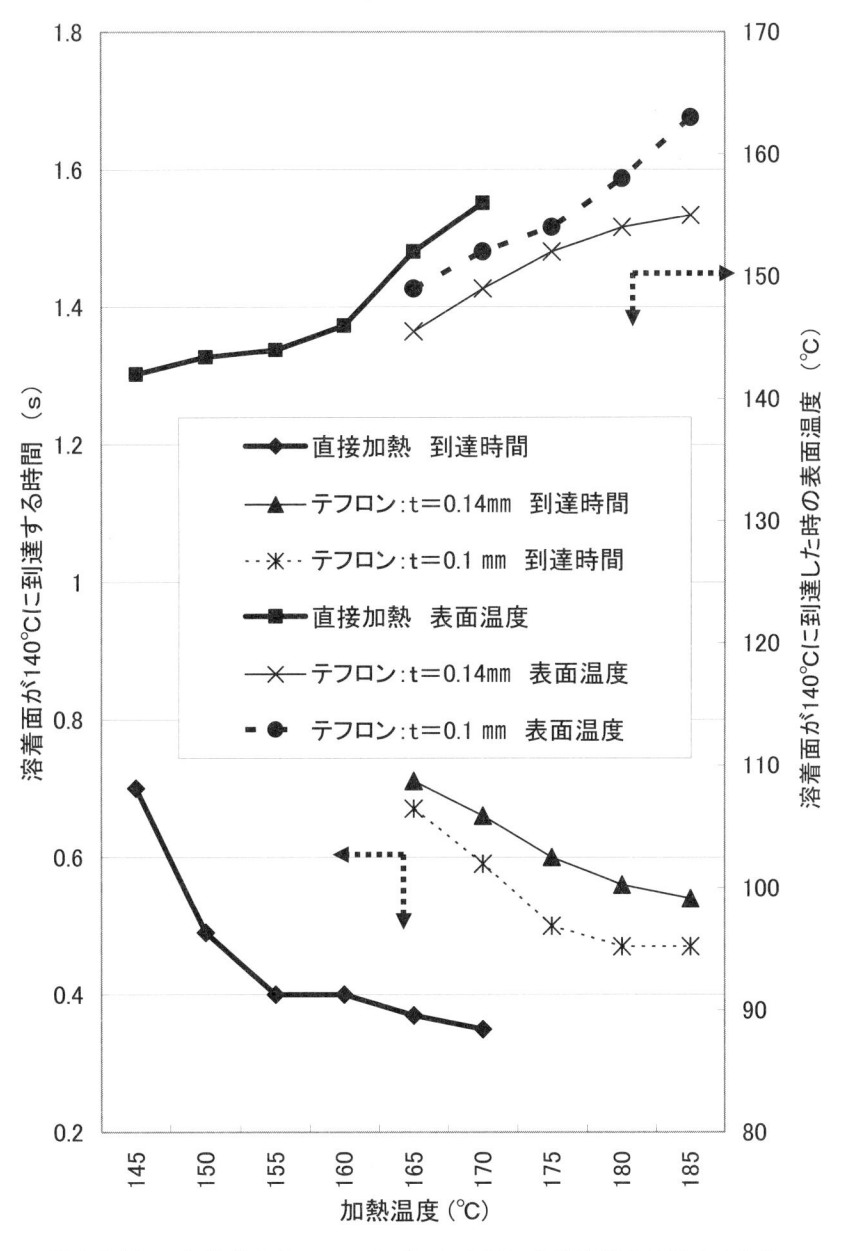

図6.8(b) 加熱体のテフロンカバーの有無による応答の比較のまとめ

　図 6.8(a)は加熱体の表面温度を 150℃に設定してテフロンなしと，t＝0.14mm のテフロンカバーしたほぼ同一の到達応答を示した 185℃加熱のデータを併記したものである．150℃加熱で目標の 140℃の加熱には≒0.5 秒を要した．この時の表層温度は 143℃である．
　テフロンなしの場合の加熱条件では上限制約温度が 160℃なので，加熱時間の上限の制約はなく，長時間加熱になっても過加熱の危険は本質的にない．一方，[t＝0.14mm]のテフロンカバーの同等の加熱時間を得るためには 185℃の加熱が必要であることになる．この時の表層の加熱制限条件の 160℃とのマージンも大きく，温度傾斜の途中での正確な加

－67－

熱停止を要求していることが分かる．図6.8(b)には図6.8(a)に示したのと同一の方法で，少し薄い［t＝0.1mm］のテフロンカバーの効果を加えた実験結果を加熱温度をパラメータにして，溶着面温度が140℃に到達する時間とその時の表層温度データをまとめて示した．この結果からテフロンカバーの効果は，①加熱時間が遅延する，②応答を速めるためには加熱温度を高くする必要がある，③加熱が高温側に移動するので表層の熱劣化のリスクが増加する，等が分かった．ヒートシールの安定化の視点から見るとテフロンを装着する有意性は見出せなかった．

6.6　発熱体の表面温度分布の計測と考察

　ヒートシール面の均一完成の最大の不安定要素は加熱面の温度ムラである．
　被加熱材側から見ると加熱ムラの原因要素は次のものがある．
① 加熱体面の温度ムラ：発熱体の長手方向の製作上の発熱ムラや直角方向の加熱体の構造によって発生するムラ．
② 加熱体の圧着動作の圧着ムラ：加熱体の表面仕上げムラ，ジョー動作の平行性／ガタ，加熱による熱変形で発生する．
③ 加熱体の中央部と周辺の温度傾斜：長手方向と直角方向の温度傾斜，加熱体の形状によって発生する．
④ 放熱ムラ：加熱体周辺からの熱放射，加熱体の保持構造物への伝熱，周辺空気流のムラで発生する．加熱ムラの発生は上記の要素が複合して起こるので，加熱の適正化解析には個別要素別の特性検証が必要である．

　"**MTMS**"の微細点の温度測定機能を適用して，ヒートジョー方式の加熱体の表面温度分布の測定を行った．
① 圧着時のX軸方向（長辺）の表面温度
② 中央部の圧着時のY軸方向（短辺）の表面温度

　長さ100mm，幅30mm，圧着部15mmのヒートジョーを両面同一温度加熱（調節感度0.1℃）の圧着時の表面温度の測定結果を中央部（150℃）との温度差を図6.9に示した．本実験の計測対象のヒートジョーにはX軸方向にヒートパイプが装着されているので温度ムラは非常に改善されているが，ヒータのリード線引き出し側の発熱不足が観察された．リード線引き出し側は20～30mmのゾーンの使用は避けた方が良いことが分かる．
　一方，Y方向の温度差は加熱体の構造から決まる放熱が影響し，周辺に行くに従って低くなるのは自然現象として捉える必要がある．本試験対象では，中央部との温度差は0.2℃以下の良好な結果を示した．Y軸方向はヒートシール強さを保証する方向になり，温度差の大小の把握は加熱条件の許容範囲を決めるのに重要である．この知見はヒートシール幅の選択と加熱体の形状の設計の参考になる．

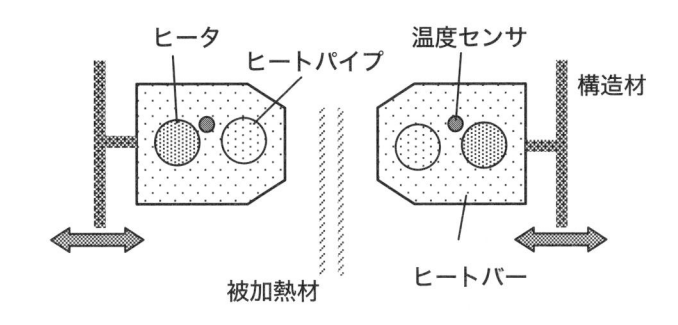

(a) ヒートジョーの構成と動作

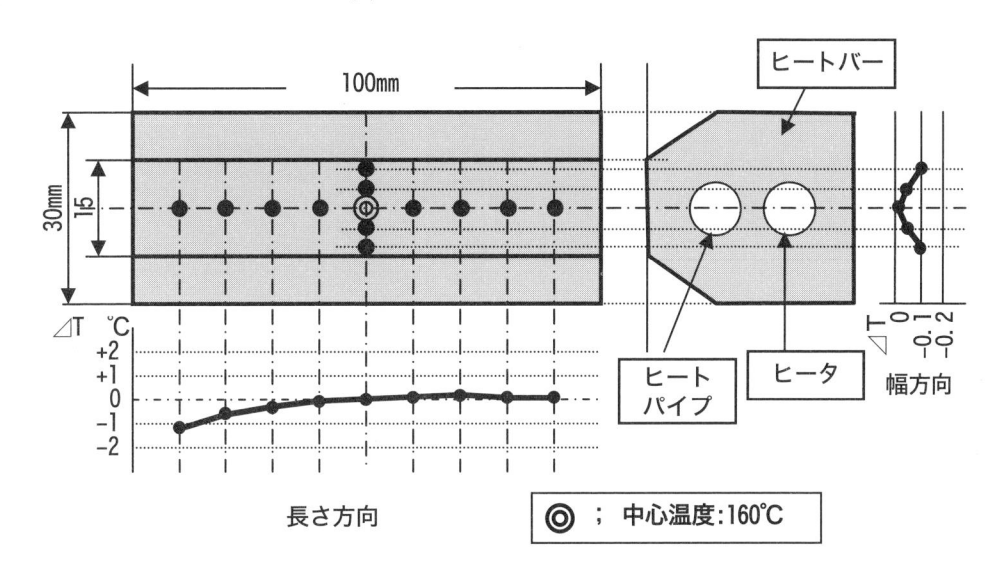

(b) ヒートパイプによる温度ムラの改善例

図 6.9 ヒートジョー方式の構造とヒートパイプの装着

6.7 片面加熱でよく起こっている問題の解析

　カップの蓋材の溶着のように両面の加熱が困難な場合が少なくない［表 3.1 参照］．
片面加熱では被加熱体の熱容量と伝熱特性によって加熱側から非加熱側への熱流量が変わり，非加熱側の受け台の表面温度が変化する．非加熱側の受け台の表面温度の上昇は溶着面温度上昇に影響するので，加熱のバラツキになり適正加熱を阻害する．片面加熱は加熱側の温度，圧着時間，インターバル，包装材料厚さ等が変動要素なので，操作の標準化が難しく，条件毎の加熱応答の測定が必要とされている．厚手と薄手では正反対の影響になることがある．受け台に熱抵抗の大きいシリコンゴムを使った薄手の材料の起動時の受け台の温度変動を観測したものを図 6.10 に示した．操作のインターバルは ≒ 1 回/s である．

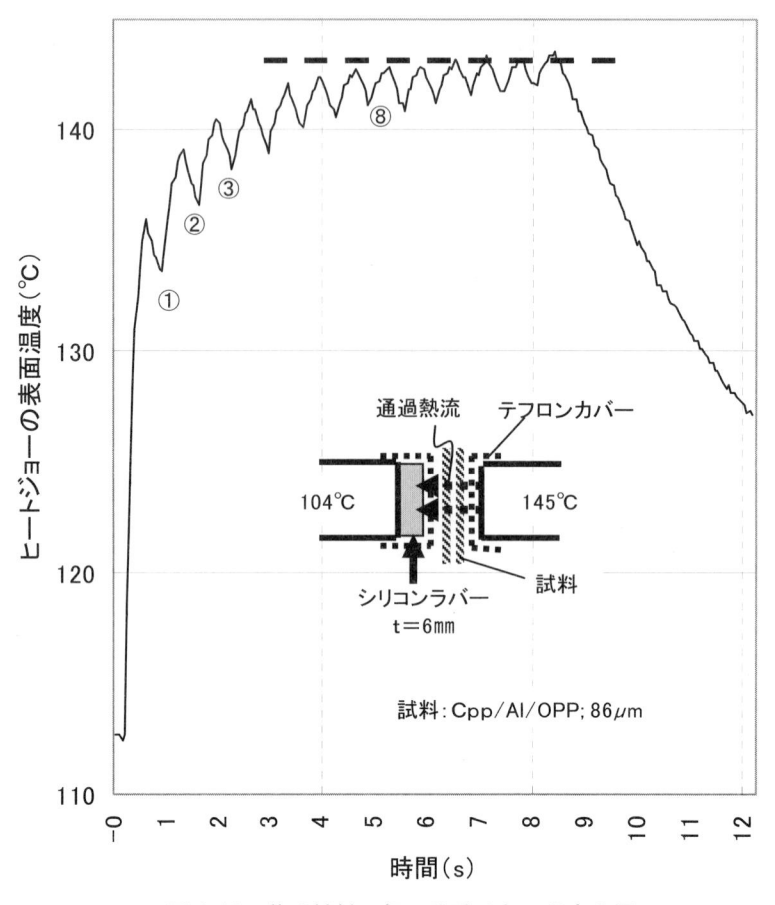

図6.10 薄手材料で起こる受け台の温度上昇

　加熱条件は図中に示してある．受け台の表面温度は予熱温度に近い状態で待機している．繰り返しの加熱動作が開始されると，圧着時には高温側の加熱体から加熱流が材料を通過して，受け台の表面に到達，蓄熱するので温度が上昇する．間欠動作の加熱が終了してヒートジョーが開放されると，伝熱と放熱で表面温度は低温側の調節温度値付近まで低下する．運転が元の状態に戻る前に次の加熱が行われると，順次上昇して，蓄熱で受け台の温度上昇がバランスする8回目当たりから定常状態となる．運転開始後数ショットの製品をサンプリングして熱接着を試験をすると加熱不足が検出される．したがって，運転者は加熱温度を高温側に設定変更することになり，変更後の数ショットは適正加熱となるが連続運転になると過加熱になってしまう．

　熱容量の大きい厚手の被加熱材の場合は，加熱体の表面カバーのテフロンシートの伝熱性能によって熱流は加熱側も受け台側も不足して，表面温度は低下する．

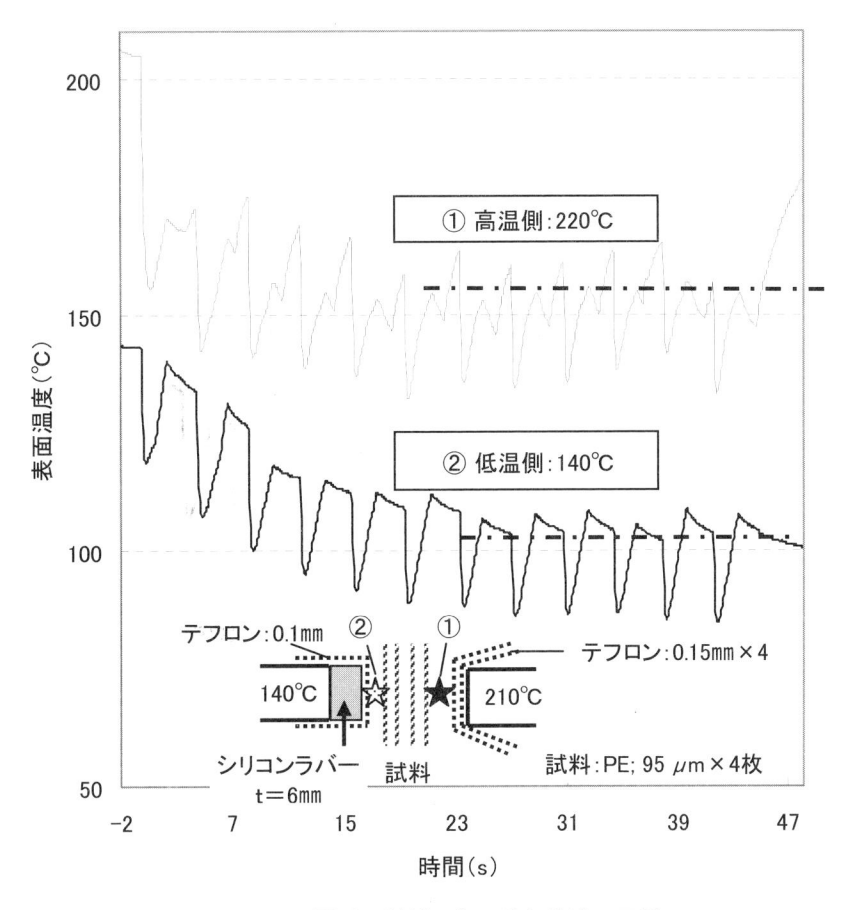

図 6.11 厚手の材料で起こる加熱流の不足

数回の繰り返し後に供給能力とバランスして定常状態になる．この例を図 6.11 に示した．いずれの場合も起動直後と定常状態になった時の加熱温度に大きな開きができて管理値外になっている．これらの事例の不具合の原因は加熱側と受け台側にシリコンゴムや二重化して熱抵抗を大きくしたテフロンシートを使ったことにある．受け台の温度変化は接着面温度に影響するので，熱伝導性のよい材料を使って，放熱，強制冷却，あるいは 40～50℃になるように温度調節をする必要がある．

片面加熱の最適条件は何ショット後が定常状態であるかの検証が必要である．

6.8 流出熱によるヒートシール面に発生する温度分布

ヒートシールの加熱には加熱体の表面温度と溶着面温度が重要な因子である．表面温度が同一でも溶着面温度の到達温度が材料の熱容量（厚さ）と伝導性の相違によって同一にならない．

その要因は

① ラミネーション材の表層部材の熱伝導率が内層より小さい
② 内層部に熱伝導性のよい金属箔が貼り合わされている
③ 厚いテフロンシートで加熱体がカバーされている

これらの要因によって浸透熱流と流出熱流が発生するので，均一温度面で加熱してもヒートシール面のフィン方向には温度分布が発生する．加熱面の置き方を変えたサンプルAとBの5点の溶着面温度の様子を図6.12(a)に示した．溶着面温度は流出熱量に応じて

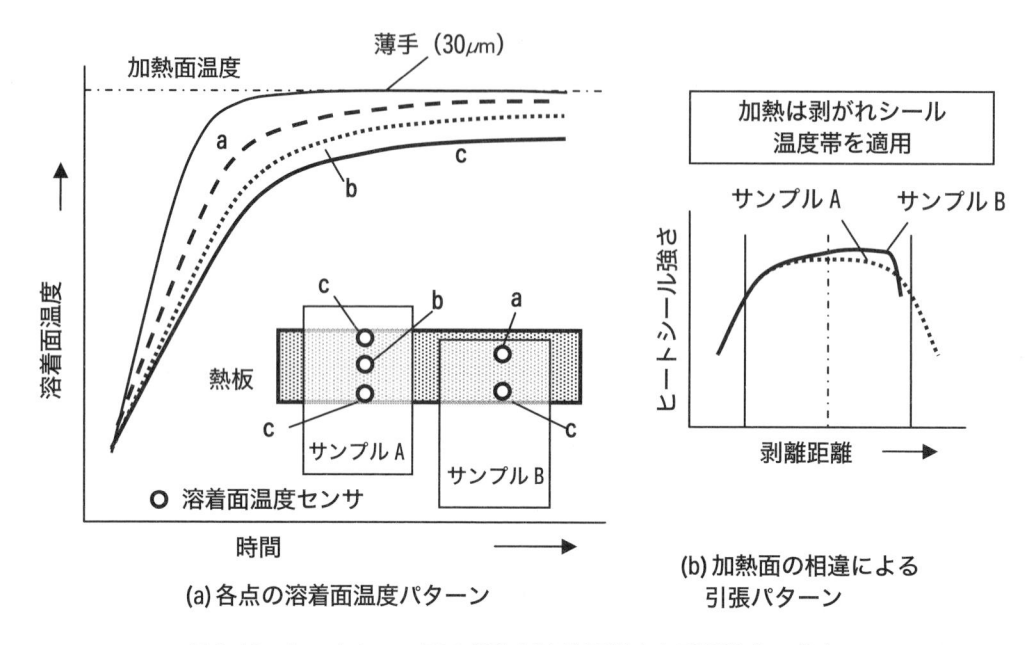

図6.12 ヒートシール面の部位別溶着面温度と引張強さの分布

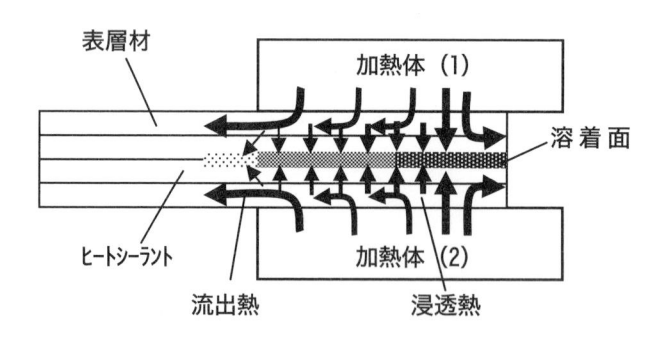

図6.13 流出熱によるヒートシール面の温度分布の発生説明図

最高到達温度が変わる．30 μm 以下のフイルムでは伝導流出の影響はなく，溶着面温度は表面温度に漸近する．図6.12(b)には剥がれシールをしたサンプルAとBの引張試験した時のパターンを示した．Aは両端から熱流出があるので剥離距離の中点で対称なパターンを示す．Bの立ち上がりはAと同じであるが引張強さは終端まで上昇して終わる．図6.13

は図 6.12(a) のサンプル B の熱流を模式化して表わした．ヒートシール面の先端は熱流出がないので加熱温度に近い温度まで上昇する．一方袋側は自由な熱流出が起こるので材料の面に沿って熱流が発生する．アルミ箔をラミネーションしたフイルムの場合，この現象は顕著に現れる．

6.9 ローレット仕上げの功罪

写真 6.2 に示したようにヒートシール面にローレット仕上げが常態化して適用されているが，有意性を見出す根拠は見当たらない．不具合原因を列挙すると次のものがある．

ピンホールを起こし易い箇所

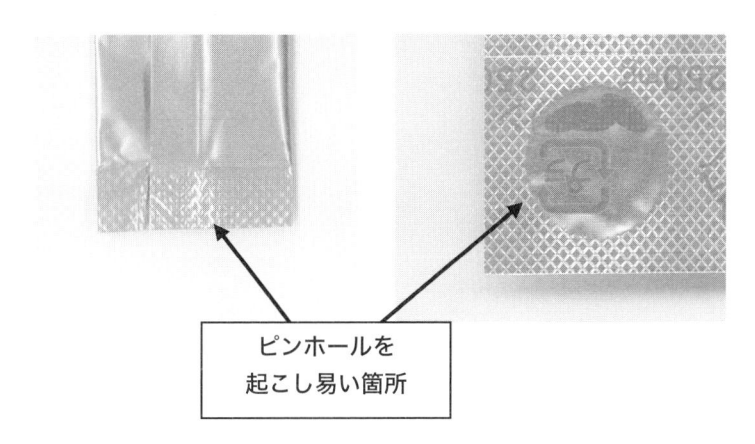

写真 6.2 ローレット仕上げの包装製品

(1) 加熱圧着面が平坦でないので加熱伝熱効率が劣化
(2) 微小な凹凸に集中応力がかかり，ピンホールの生成につながっている
(3) 表層材を突き破ってしまうことがある．
(4) 凹凸の圧着なので接着面が"スポット"の間引きになり，本来のヒートシール強さが出ない．
(5) 不均一面の平準化操作として利用されている．

ローレット仕上げがピンホールの発生源になった解析事例を図 6.14 に示す．

この例は合掌貼りの付け根にピンホールの発生が多発した例である．ヒートシールの適正性を調べるためにヒートシール前後の各部の寸法を測定した．フイルム 1 枚の厚さは 78 μm である．この場合問題となるのは，2 枚重ねの [a] が 0.159 mm，4 枚重ねの [d] が 0.330 mm であるから，0.171 mm の段差がある．この段差を潰さないと [a] 部の接着は成立しない．1 番荷重を受けるのは [c] 部である．[c] 部は 0.335 − 0.370 ＝ − 0.035 mm の圧縮が行われている．総計 80 μm のヒートシーラントは約半分が圧着面から押出されている．[c] 部は 0.335 mm まで圧縮されても [a]，[b] の圧着は不十分である．これを補うためには加熱温度を相当高くする必要があり，[c] 部はシーラントが流出してアルミ箔だけになってローレットのエンボスがアルミ箔を破損してピンホールを作っている．

ピンホールの発生

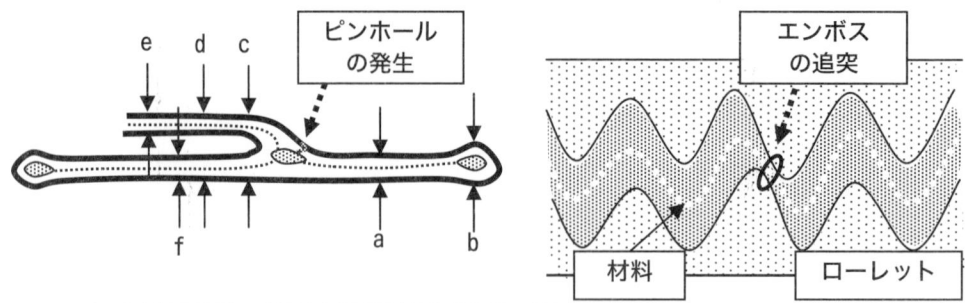

エンボスの追突

包装材料仕様：PET14/PE15/Al9/PE40；78μm

(a) 厚さの計測点　　　　　　　(b) ローレットのエンボス追突

(c) 各部の寸法の測定結果：　　　　　　　　　　　　　　　（単位：mm）

測定個所	a	b	c	d	e (a)	f (a)
試験サンプルの厚さ	0.159	0.210	0.370	0.330	0.159	0.210
ヒートシール後	0.154	0.213	0.335	0.373	0.182	0.241
圧着差	-0.005	+0.003	-0.035	+0.043	+0.023	+0.031

(d-a) = 0.330 - 0.159 = 0.171 (mm)　　段差

cの前後 0.370 - 0.335 = 0.035 (mm)

図6.14　ローレット仕上げの不具合解析（各部の寸法変化）

6.10　圧着面の粗さでヒートシール強さが変わる

　図 6.15 に圧着面が平滑な金属面と 0.1mm の編みテフロンで加熱したヒートシールサンプルの引張試験結果を示した．圧着面の粗さに反応してヒートシール強さの立ち上がりが 20NT（シーラント；3.5μm）では約6℃，50NT（シーラント；6.4μm）では約4℃の規則性のあるシフトが現れている．平滑面の圧着では発現した接着子が全面に渡って剥がれシール結合を起こしているが，0.1mm の編目の突起部分の圧着が有効になって約半分の"間引き"接着になっている．

　テフロンカバーの接着はグラフからみると剥がれシールになっているが，加熱温度からみると破れシールの領域になっている．衝撃的な引き裂き力にはエッジ切れを起こすことが観察されているので破れシールの間引き接着である．この特徴は目的を変えればイージーピール等への面白い利用法が考えられる．

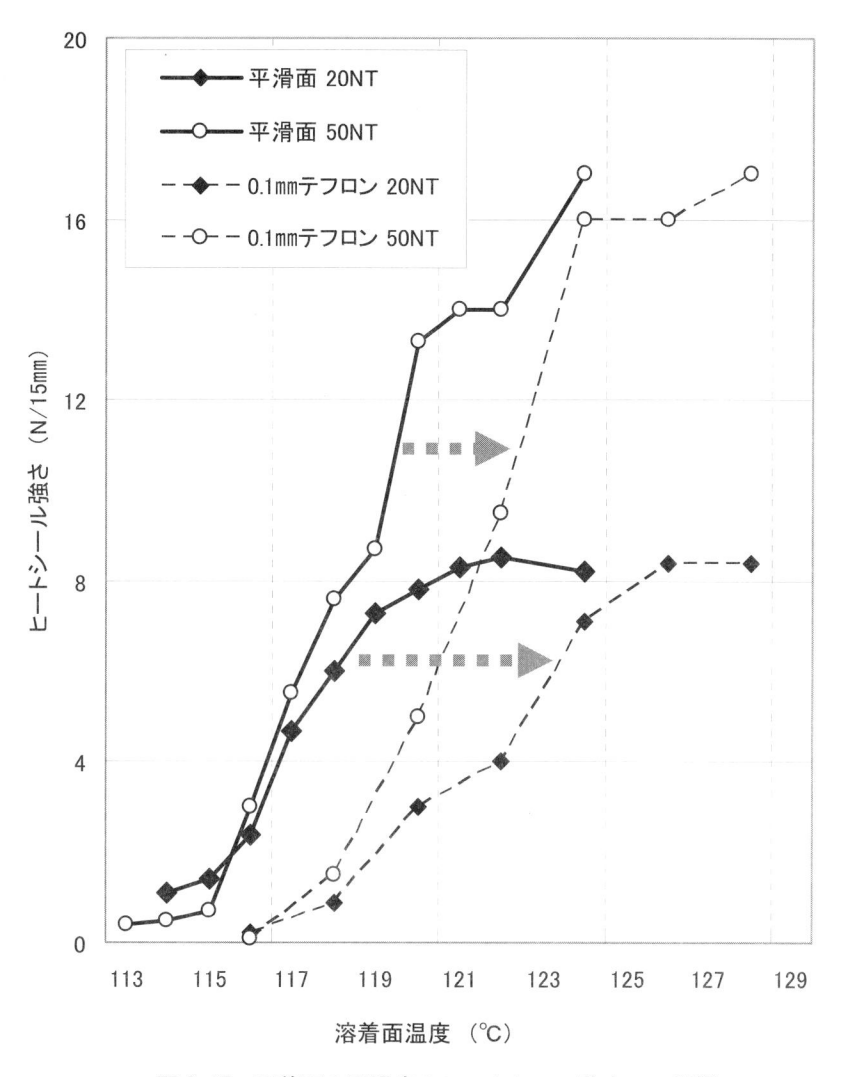

図 6.15 圧着面の平滑度のヒートシール強さへの影響

参 考 文 献
1) 菱沼一夫，特許公開 2003-1708（2003）
2) 菱沼一夫，特願 2006-146723（2006）

第7章　剥がれシールと破れシールの識別方法

7.1　破袋の発生原因の"ポリ玉"の解析

　熱可塑性プラスチックは溶融温度以上に加熱されると軟化を経て溶融状態になる．加熱が溶融温度を超えるとヒートシーラントは液状化して，"混合"状態となり材料の持つ固有の溶着になる．これをJIS法（Z 0238）の引張試験で問題のない結果が得られても**写真7.1**に示すよう破袋が発生する問題がある．このサンプルの破断面付近の詳細を観察してみると，破断線に**写真 7.2**に示したヒートシーラントがはみ出した"ポリ玉"が見られる．ポリ玉のはみ出しは均一にならないので微細な凹凸ができる．微細部に応力が集中すると，切り込みを入れて開封を容易にする"ノッチ"効果でまずピンホールができ，ここが起点となって破袋が起こると推定できる．

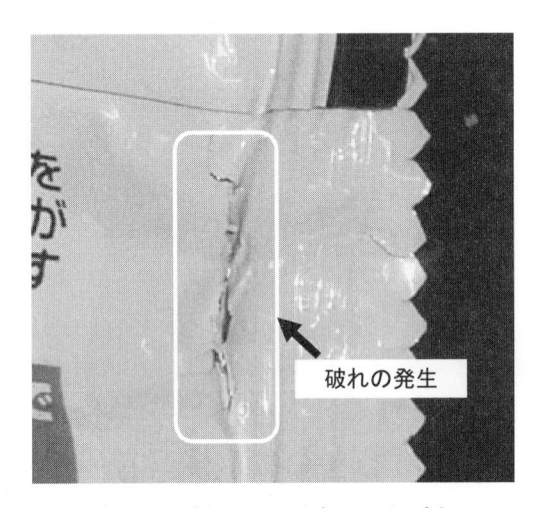

写真 7.1　破れシールを起こしたパウチ 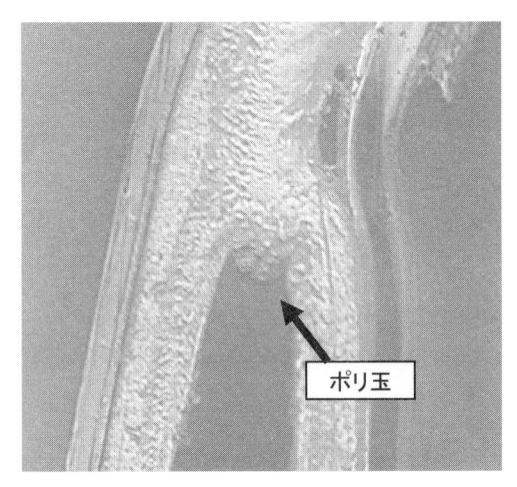　　　写真 7.2　ポリ玉の顕微鏡写真

　JIS法（Z 0238）の試験法は15mm幅の引張強さを測定している．30N/15 mmの接着強さを示す材料をとして微細部分の単位応力を計算してみる．**写真 7.1**からポリ玉は30〜50 μm と推定できるので，この部位の単位応力は$(0.03〜0.05/15)\times 30N$ となるから応力の分担は0.06〜0.1Nと非常に小さくなり，ポリ玉の発生を引張試験で検知するのは困難であることが分かる．この解析モデルを**図 7.1**に示した．引張試験では引張力は波状のヒートシール線のピークから順次負荷されるから引張試験の当初（剥離距離が1mm程度）に表れ，図のグラフの(1),(2)が相当する．剥がれシールでは界面接着になるので，15 mm幅の平均剥離を示しほぼ一定値になる．空気の抱きこみや発泡があると(3),(4)のような変化

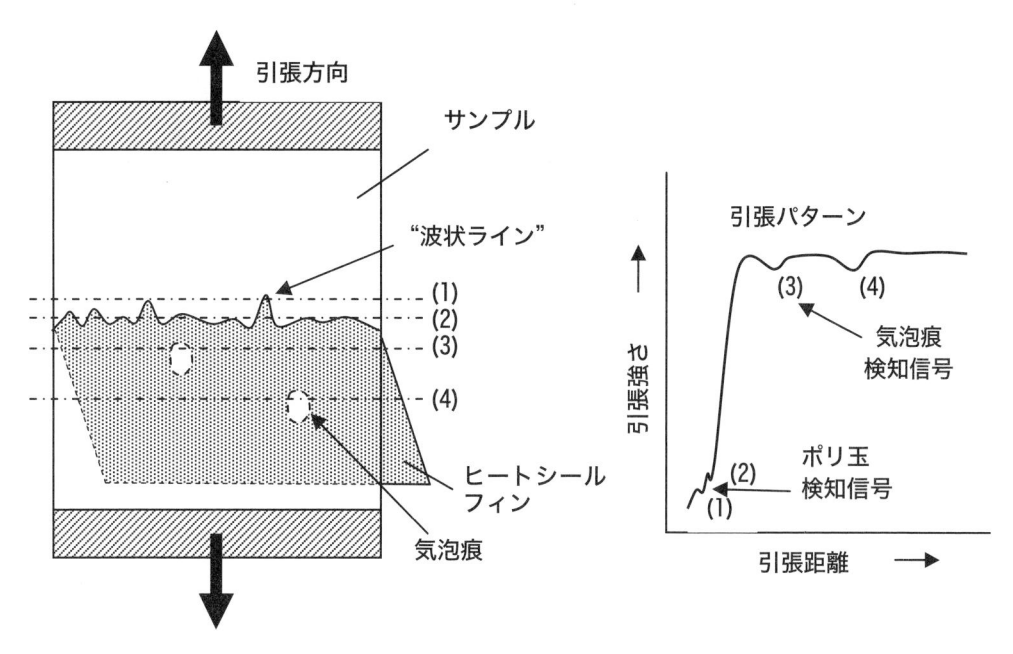

図 7.1　JIS法によるポリ玉検知不能の説明

が現れる．破れシールでは凝集接着となり，ヒートシーラントは一体化するので接着面の界面剥離は起こらず，引張強さが最大値になると母材が伸びるか波状ラインのピークを起点に破れが起こる．剥がれシールの場合は，波状ラインのピーク付近は加熱ムラによって起こるため接着面より弱い接着であるので容易に界面剥離を起こす．しかし破れシールの場合の波状ラインはポリ玉によって起こり，ピークの先端も凝集接着状態になっているので破れシールではエッジ切れを起こし易い．破れシールの封緘機能は1mm以内のヒートシール線（エッジ）上であって，ヒートシール面は何ら接着には関与していないことを理解することが肝要である．

7.2　剥がれシールと破れシールの識別法：[角度法]（angle method）の開発

　ヒートシールの主要な不具合であるピンホールや破袋の原因はヒートシールエッジに発生している凝集接着の波状ラインである．波状ラインは主に過加熱で液状化したヒートシーラントが高圧着圧で押出されてヒートシールエッジに 30〜50μm のポリ玉となっている．ピンホールや破れの発生を制御する根本策はポリ玉を生成させないように過加熱を避ける「適正加熱温度」の評価法を確立することである（過加圧は温度の適正化を図れば必然的に制御対象外になる）．

　本項では筆者が開発した剥がれシールと破れシールの識別法：「角度法」[1], [2] を紹介する．

7.2.1 ヒートシール強さ発現要素の検討

ヒートシール強さの発現に関係する要素を**表 7.1**に列挙した．この中から原因要素（制御要素）を選別すると，加熱温度（溶着面温度），ヒートシール方法，オーバーヒート，ポリ玉，タック，不均一加圧，不均一加熱の7点となるが"ポリ玉"と"タック"は直接的な制御対象ではなく付随的な発生現象である．因果関係の解析で，ポリ玉の発生背景であるオーバーヒートに対処する課題が明確になる．

表 7.1 ヒートシール強さの発現に関係する要素と構成

◆共通：
－溶着面温度の達成
－溶着面の接触
◆材料の高分子結合力
－ラジカル現象
　・酸化
　・オーバーヒートによるラジカルの促進
　・ラジカル現象の防御；抗酸化剤の混合
－イオン結合材料
　・アイオノマー；　☆添加金属イオンの反応性ポリマー
－ヒートシール温度の低温化設計（混合物，コーティング）
　・ランダムコポリマー　　　　　　　　　【主にPP材】
　・メタロセンコポリマー
　・EBR（Ethylene Butylenes Rubber）添加
◆材料加工
－未重合割合（未重合分の気化）
－ラミネーション強さ
－ヒートシーラントの伸び
－基材とヒートシーラントの伸び差（デラミネーション）
◆加熱操作
－ポリ玉
－タック
－オーバーヒート
－不適加圧（過加圧，不足加圧）
－不均一加熱（加圧ムラ，温度ムラ）

7.2.2 破れシールの検出法の検討/「角度法」の提案

従来[3), 4)]のヒートシールの試験法はヒートシール線に直角に引張力を与えて試験片の幅（15～25.4mm）に均一な荷重をかけることを厳密に規定している．**図 7.1**で説明したようにこの方法では30～50μmの微小部位の剥がれ，破れは検知できない．

ヒートシールのピンホールと破れの発生要因は**表 5.1**に示したように，ピンホールの発生は波状，タック，応力の3要素が複合的に関係していて，ヒートシール線の単位長さ当たりの力の関係が

7.2 剥がれと破れシールの識別法：[角度法]（angle method）の開発

材料の耐力＜集中応力　　　　　　　　　　　　　　　　　　　　(7.1)

の条件になると破損が発生する．

　ピンホール，破れの発生の防御方策としては少なくとも3要素の内の1つの要素の抑制が不可欠である．本項では溶着面温度をパラメータにした過加熱で発生する**波状**のヒートシール線の検出法に着目した．ピンホールや破れの発生は，数十μmの微細な部位に外部応力が集中負荷されて発生している知見から，ラボにおいて同様なシミュレーションを行う方法を検討した．従来のヒートシール線（0°）に30～45°の角度を付けた加熱サンプルを作り，ヒートシール線に鋭角に応力をかけることによって，ヒートシール線の微細部位に応力が集中してかかる引張試験方法を考案した．角度は45°以上の方がより検出感度が上がるが，試験サンプルの作製に加熱ムラのない特別に長いヒートバーが必要になるので実用性を考慮して45°を選んだ．このサンプルの作製法は［11章］に示してある．本試験法を図7.2に示した．筆者は本試験法を「角度法」と名付けた．

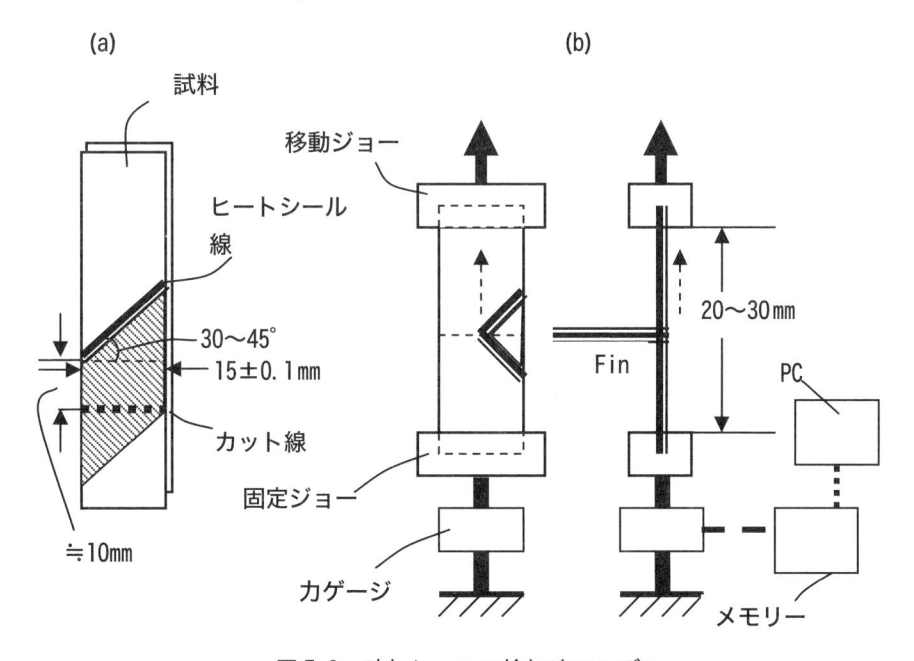

図7.2　破れシールの検知法のモデル

　「角度法」では試験のジョー間の距離は図7.2(b)に示したとおりを30mm以下とし，引張試験結果に及ぼす包装材料の伸びの影響を極小化するようにした．論拠は［図11.4］に示してある．剥がれシールのサンプルを「角度法」によって引張試験を行うと，点から線の剥離が起こる．引張応力で三角形状に剥離するので，引張強さは直線的に上昇して，15mm幅の引張に到達した以降は一定の剥がれ強さを示す．一定になった引張強さは同一サンプルのJIS法の15mm幅の試験結果と一致する．

他方，破れシールサンプルではヒートシール線上に"ポリ玉"や破れシール状態が存在するので，破れあるいは，複合材の場合にはデラミネーションが起こる．多くの場合は，破断が起きたり，短冊状にデラミ剥離を起こして引張強さは低下する．

7.2.3 「角度法」の測定事例

[4.2]で提示した≪"**MTMS**"キット≫を使用して 2～10℃間隔で加熱サンプルを作製した．「角度法」の角度は 45°を選んだ．圧着圧は約 0.2MPa を適用した．サンプルは市販されているレトルトパウチを使用した．測定データはパソコンに保存した．**図 7.3** に集計したデータを示した．150℃のサンプルの JIS 法の引張試験結果は最大値を過ぎると剥離をしながら 40N 付近に漸近した．「角度法」は引張距離に応じて点から三角形状に剥離しながら 15mm 幅になると 40N に漸近した．この時の引張強さは JIS 法の結果に接近した．

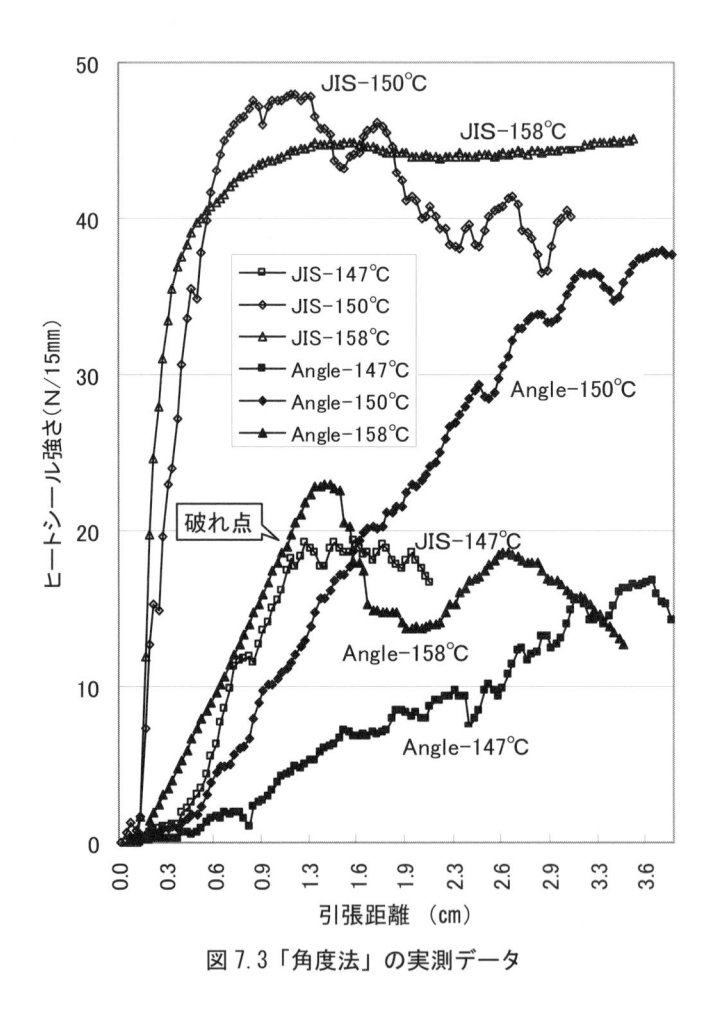

図 7.3「角度法」の実測データ

158℃のサンプルは JIS 法では剥離することなく上昇して材料が伸びるパターンを示した．同一加熱温度の「角度法」の試験では引張の途中で破れが発生し，JIS 法との大きな違いを示した．このサンプルでは，150℃が剥がれシールと破れシールの境界温度と判定

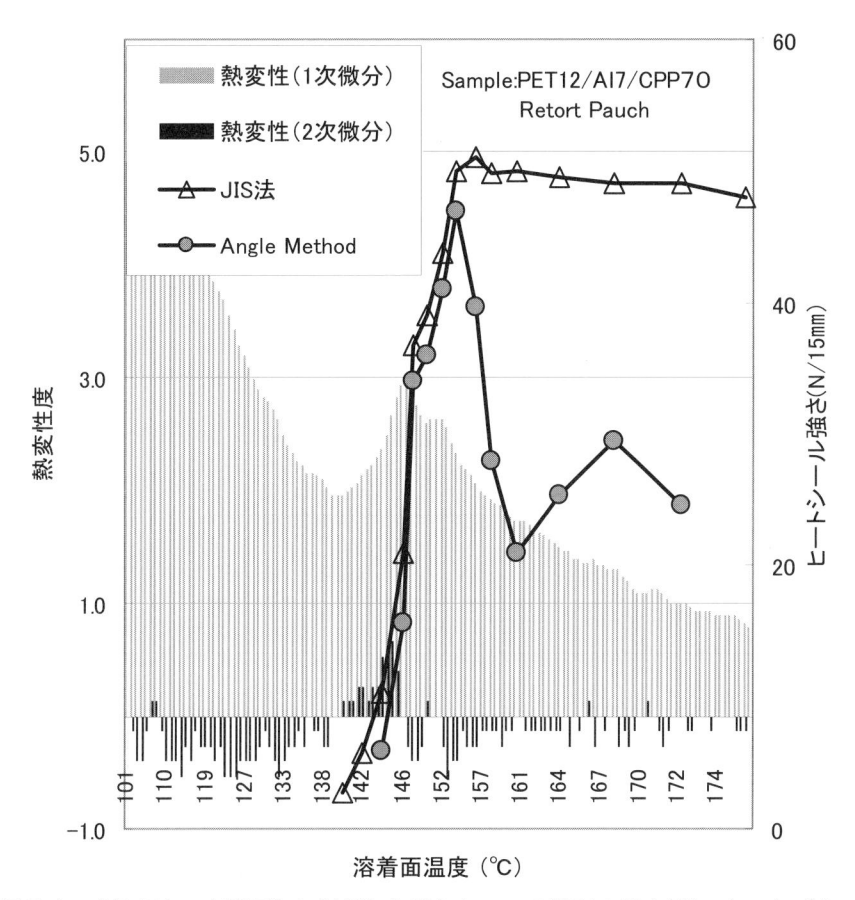

7.2 剥がれと破れシールの識別法:［角度法］(angle method) の開発

図 7.4 「角度法」を適用した剥がれと破れシールの識別の測定例［レトルトパウチ］

できる．剥がれシール条件の 147℃の結果を併記したが、当然のことながら剥離が進行した定常値では双方の引張強さは接近している．

図 7.4 にこのサンプルの熱特性と[4.3.1]で演算したデータと共に JIS 法と「角度法」の引張強さの計測データをプロットした．角度法のデータは破れが発生した時の引張値をプロットした．

「角度法」の引張試験では加熱が 154℃を超えると引張強さが顕著に低下して，明らかな相違を示している．「角度法」における引張強さの低い領域ではピンホール・破れが容易に発生することを示している．

図 7.4 の「角度法」のデータでは温度が 170℃あたりになると破れが発生する引張強さが高めになっている．供試サンプルはヒートシーラントが 70μm と非常に厚く，高温域でヒートシーラントのはみ出しがヒートシール線に一様に現れたものと推定される．

7.2.4 「角度法」で得られる情報

(1) 引張試験の応力線を直角から斜めに変更した「角度法」試験では剥がれシールの上限温度を境にして破れ応力に大きな変化を示した．この方法は破れシールの検出法

として有効であることが分かった．
(2) 従来は常態的に破れシールの加熱が適用されているが，角度法の実験結果を参考にすると，市場でまれに発生している破袋の原因が究明できる．
(3) 「角度法」の知見を参考に代表的な不具合である破袋の発生のプロセスを推定すると表7.2に示したような不具合の循環プロセスが成り立って（悪循環）していることが推定される．加熱の適正化の実施が唯一の改善手段となっている．

表7.2 ヒートシールの不具合発生の悪循環

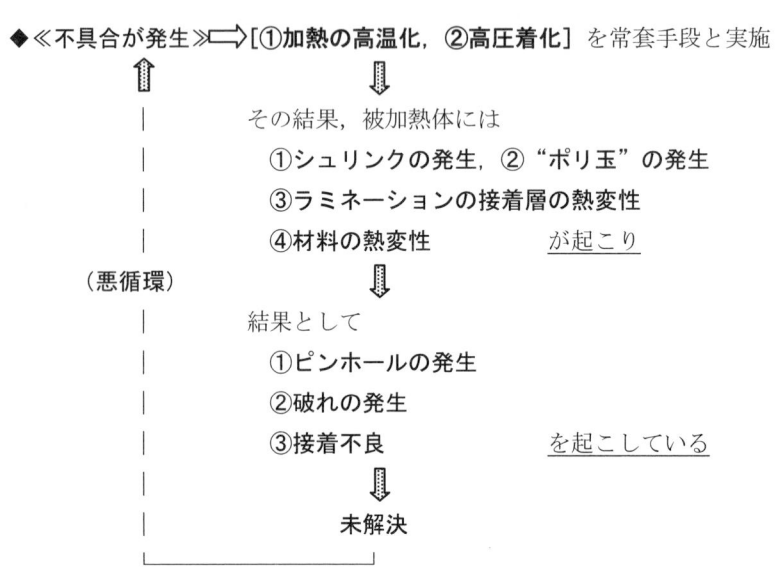

```
◆≪不具合が発生≫⇨[①加熱の高温化，②高圧着化]を常套手段と実施
        ⇧                          ⇩
        |        その結果，被加熱体には
        |          ①シュリンクの発生，②"ポリ玉"の発生
        |          ③ラミネーションの接着層の熱変性
        |          ④材料の熱変性         が起こり
（悪循環）              ⇩
        |        結果として
        |          ①ピンホールの発生
        |          ②破れの発生
        |          ③接着不良         を起こしている
        |                    ⇩
        |                  未解決
        └──────────────────┘
```

角度法はこの不具合の循環プロセスの原因要素である過加熱と高圧着の有無の検知の改善に寄与できると考えられる．いくつかの解析結果を統合した考察は[9.1]でも触れる．

参 考 文 献

1) 菱沼一夫，日本特許 第3876990号（2006）
2) HISHINUMA K., U.S.A. Patent US 6,952,956 B2 (2005)
3) JIS, JIS Z-0238；7頁（1998）
4) ASTM Designation: F88-00

第8章 ヒートシール機能の確認と向上方法

　加熱をするだけで接着ができるので，ヒートシールはプラスチックの汎用的な利用を支える重要な技法として普及してきた．当初は機械的な結合の需要であったが，今日では微生物の侵入やガスの漏えいの防御機能が要求されるようになっている．

　ここではヒートシールを構成している次の機能要素の検討を行う．
　（1） 剥がれシールの剥離エネルギーの活用方法
　（2） ヒートシーラントの厚さとヒートシール強さ
　（3） ヒートシール強さとラミネーション強さの相互関係
　（4） ヒートシールの HACCP 達成法
　（5） イージーピールの発現検証と利用
　（6） 溶着層の発泡の原因究明と対策
　（7） 剥がれシールの活用

8.1　剥がれシールの剥離エネルギーの活用方法 [1],[2]

8.1.1　緒　　言

　ヒートシールが適用されている製品を見ると 10mm 程度のヒートシール・フィンを持っ

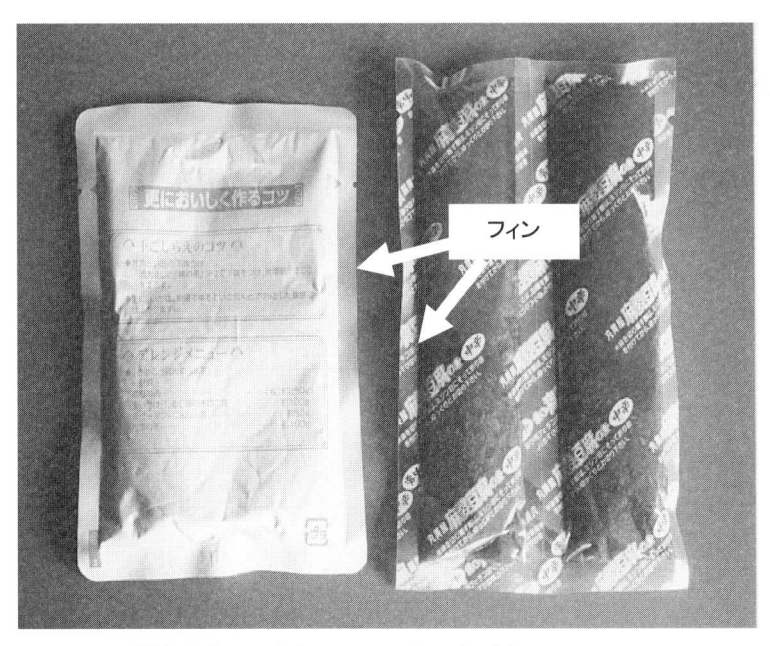

写真 8.1　4方シールのレトルトパウチのフィン

ている（**写真 8.1**）．しかし，ほとんどのヒートシールはエッジで切れる破れシールの加熱が行われている．図1.5で示したとおりプラスチックのフイルムやシートのような面の曲げ剛性が小さい構造では，引張応力は面に分布せず，ヒートシール線上に集中する．幅の広いヒートシール・フィンは破壊力に直接的には何ら関与していないことになる．インパルスシールやホットワイヤー（熱溶断）シールの機能で説明した（図 3.14）ように，破れシールの凝集接着では1mm程度のシール幅で接着が完成していることが分かっている．

破れシールではエッジ切れの根本原因のポリ玉が生成されている（図7.1）．

ヒートシールの不具合の解消にはポリ玉の生成抑制が不可欠となっている．

ヒートシール操作では，界面接着の剥がれシールは"不完全接着"として「伝統的」に敬遠されてきている．本項では剥がれシール（界面接着）の機能性の検証を行う．

8.1.2 ヒートシールの接着面の破断エネルギー

材料の強さを評価する方法として引張試験法が古くから使われている．この方法は破断の起こった時の引張強さを主な評価指標にしている．プラスチックのヒートシールの評価にもこの方法が準じて使われている[3),4)]．引張試験法は剛性の大きい材料の破断面や接着面に引張応力が均一にかかる場合の評価を主にしている．しかし，プラスチックシートのように柔らかく，薄い材料の剛性は小さい．したがって，熱溶着面全体に均一に引張応力はかからず，溶着のエッジのヒートシール線に応力が集中する．引張応力によってヒートシール線には破れまたは，剥がれが生じる．この様子は図 1.4 に示した．従来の引張試験法では計測値の最大値を以って溶着強さの評価をしているので（図3.17参照），剥がれシールより破れシールの方が引張強さは高い．しかし破れシールの加熱領域の包装袋のヒートシール線には包装製品の製造工程中や物流中で発生する衝撃や荷重で，ピンホールと破れが発生することは食品包装・医薬品包装や高度の酸素遮断を要求する精密機械部品の包装において課題になっている．

8.1.3 剥離エネルギー論の構築

プラスチックは長さが数十 μm の糸状の高分子が絡み合った状態になっている．相対したヒートシーラントが加熱によって軟化・半溶解した状態で加圧されると相対するヒートシーラントは双方に数 μm 程度の"食い込み"を起こす．

この状態で冷却されると食い込み部分に摩擦接着（界面接着）が起こり剥がれシールの熱接着が成立する．他方，融点(Tm)以上に加熱されて，完全な溶融状態で相対するヒートシーラントは"混合"状態となり，冷却されると糸状の高分子は絡み合う．一部は酸化を起こすラジカル現象で高分子鎖の破断を起こすような破れシールに成る．2つの接着状態の模式図を図2.1に示してある．

前者の熱接着状態は界面接着となり，ヒートシーラントの破断は起こらない．後者は双面のヒートシーラントは一体化して接着界面は存在しなくなる．溶着面に応力が作用する

と各分子には不均一に応力がかかり，部分破断を起こし，雪崩的にヒートシール線付近から破れると推定できる．15 mm幅の引張強さ値の比較では

$$（剥がれシール強さ）\leqq（破れシール強さ） \tag{8.1}$$

となる．

　一般的にエネルギーは運動エネルギーとポテンシャルエネルギーの総和で表されるので，ヒートシールの溶着面の持つポテンシャルエネルギーを（接着力×面積）と置き換えて考える．落下等によって発生する運動エネルギーは接着面の接着状態には関係ないので，溶着面の持つ接着性の評価を（接着力×面積）の値に着目し，時間の関数を外して検討した．小さい伸びや剥がれを伴う破断現象では，

単位幅当たりの破断のエネルギー[St]は次式で表すことができる．

$$St = \sum_{L=0}^{Lt} k \cdot F_{(L)} \cdot \Delta l / w \tag{8.2}$$

　　　St　：破断エネルギー　　（J）
　　　$F_{(L)}$　：各引張距離点の引張強さ　（N）
　　　Δl　：エネルギー演算の設定単位距離　（m）
　　　　　　（任意に設定）
　　　Lt　：破断の発生時の引張距離　（m）
　　　k　：剥離エネルギーの演算距離の単位長さ当りの変換係数
　　　w　：サンプル幅　（m）

　実際には，引張試験の応答の立ち上がりは鋭いのでこの試験ではもっぱら強さ[$F_{(L)}$]のみに着目している．破断が起こらない剥がれシールでは引張強さは上昇後，溶着幅の剥がれの間は，ほぼ一定値となる．同一式を使い，積分範囲をL＝0から剥がれ幅のLnまでの積分を行う．この演算を剥離エネルギーを[Sp]と定義すると次式で表すことができる．

$$Sp = \sum_{L=0}^{Ln} F_{(L)} \cdot \Delta l / w \tag{8.3}$$

　　　[Sp]：剥離エネルギー　（J）
　　　Ln　：剥がれ幅　（m）

　ここで定義した[St]と[Sp]の関係を**図8.1**に示した．

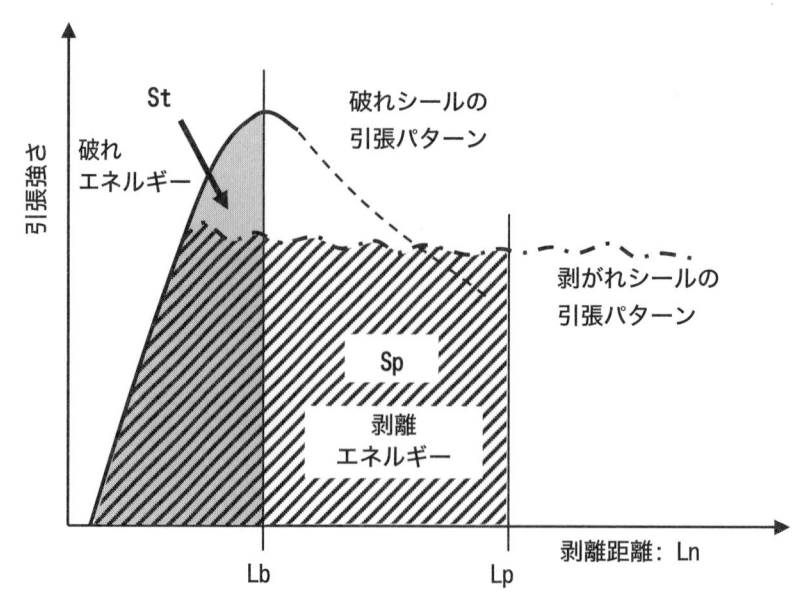

図 8.1　剥がれと破れシールの引張パターンモデルと剥離エネルギーの説明

8.1.4　剥離エネルギーの活用

　プラスチックのヒートシールにおける破断強さは剥離強さより大きい．

　剥がれが起こるように熱接着をして，外力により発生する剥離/破断エネルギーを剥離エネルギーに変換（吸収/消費）すれば，破れの発生を抑制することができる．すなわち"緩衝"作用で破断エネルギーを連続的に吸収し，ピンホール/破れの発生を防御することができる．加熱温度に依存する剥がれシール強さと剥がれ距離（ヒートシール・フィン幅）の組み合わせで（$Sp \geqq St$）が見出せれば，ヒートシールの新規な信頼性向上と技法の開発が可能になる．

8.1.5　確認実験方法

　実験では，市販商品に使われているアルミラミネーションの包装材料を使用した．

　材料の構成は PET（12 μm）/PE（15 μm））/Al（7 μm）/PE（15 μm））である．各材料間の接着には共重合の接着剤（アンカーコート）が使用されている．

　溶着面温度測定法を適用して（[4.2] 参照）剥がれシール帯から破れシール帯の熱溶着サンプルを 2～10℃間隔で作製した．

　各溶着面温度で加熱したサンプルを幅 15 mm にカットし，引張試験機にかける初期間隔が 30 mm になるように切断し，JIS 法[3]に準じた引張試験を行う．引張試験機の引張距離と引張強さの全データ（引張パターン）を A/D 変換してパソコンに取り込む．引張試験の方法の構成図を**図 8.2**に示した．

　引張速度は破断/剥離速度の影響を小さくするために 50 mm/分を用いた．

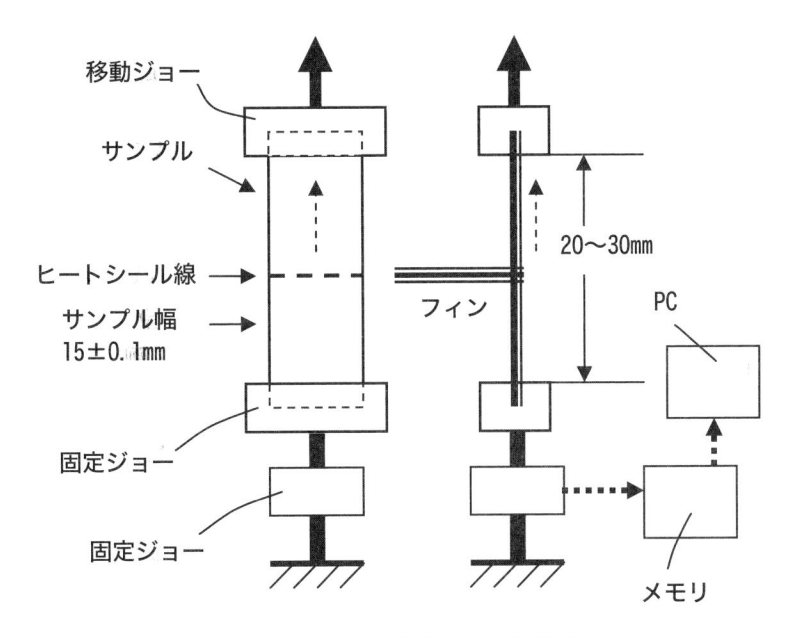

図 8.2 引張試験の方法と構成

8.1.6 データの積分範囲と演算方法

引張試験データの引張距離と引張強さ値をデジタル変換して，全データをパソコンに"EXCEL"ファイルとして取り込む．

(引張距離)×1/2 が剥離長さとなるので，全引張距離採取データに 1/2 を乗じた上で，長さを(m)に置換する．全剥離長さは 10 mm程度なので剥離距離の最小単位は 0.1〜0.2 mmとなるようデジタル変換し，破断エネルギーと剥離エネルギーの近似積分の精度を確保するようにした．

引張値は (N) に変換した．

剥がれのデジタル変換距離を 0.1 mmとすると，

$$(Ln 点の仕事量) = (F_{(Ln)} \times 0.1/1000)) \tag{8.4}$$

となる．

この場合にはk = 1/1000 となる．

加熱温度毎の"EXCEL"ファイルのデータの剥離開始点から破れの発生点（降伏点）または 10 mm以上の剥離エネルギー；(総計)×(演算幅) の仕事量；剥離エネルギーを計算した．途中の距離（例えば；5，7.5，10 mm）までの積算値を取り出して，グラフ上にプロットする．

8.1.7 引張試験パターン

実験の引張試験パターンは加熱温度毎に得た．代表例として，剥がれシール；100，105，

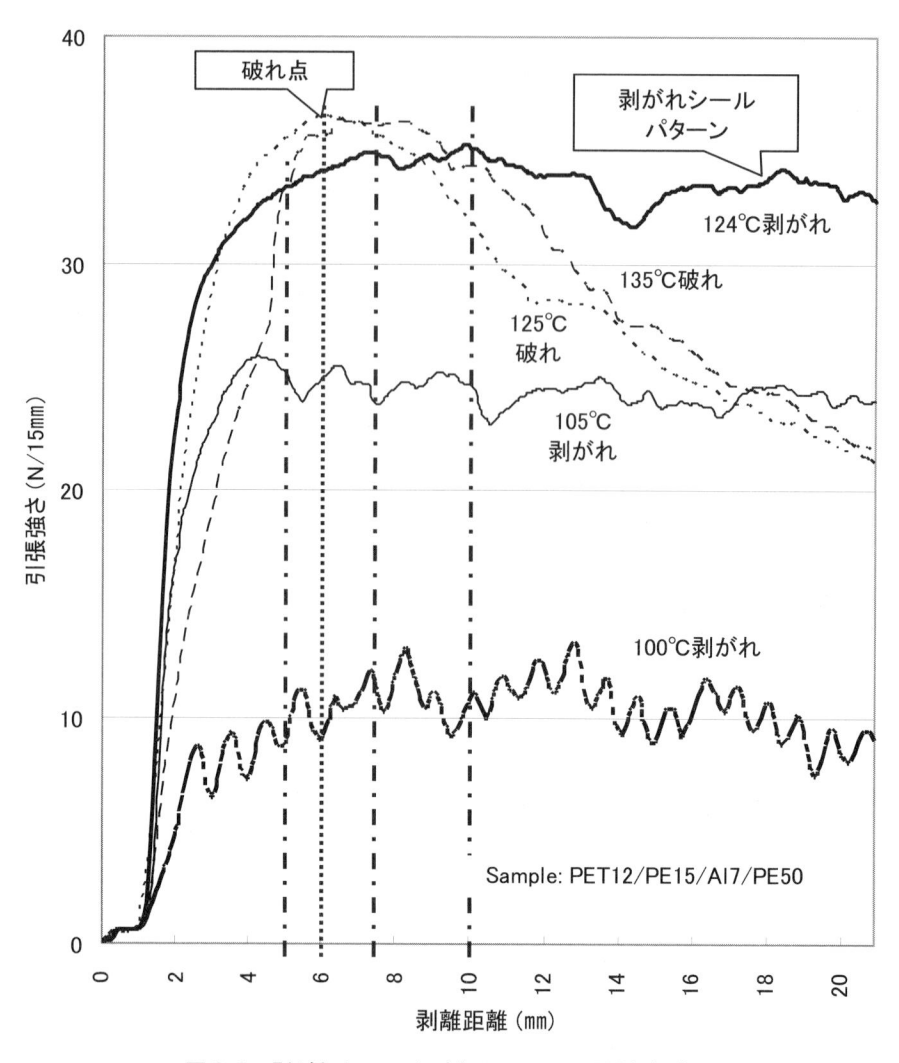

図 8.3　剥がれシールと破れシールの引張試験パターン

124℃と破れシール；125，135℃の引張試験パターンを**図 8.3**に示した．

　剥がれシールゾーンの加熱サンプルでは，ヒートシール強さは立ち上がり後，剥がれ範囲で加熱温度に応じたほぼ一定の強さを維持している．他方破れシールでは，破れの発生と共にヒートシール強さは下降している．引張試験パターンの立ち上がりが垂直にならないのは，加熱線（ヒートシール線）は直線であるが非加熱面も加熱ブロックの輻射熱と被加熱体からの伝熱で弱い溶着が発生しているためである．

　図 8.3のグラフ中には，計測した剥がれ距離の積分範囲（剥離エネルギーの計測範囲）5，7.5，10mm と破断点に縦線を付記した．この縦線と引張試験パターンの交点までが剥離エネルギーの演算範囲となる．

8.1.8 破断エネルギー，剥離エネルギーの測定結果

100～125℃の全ての加熱温度の引張試験パターンの剥離エネルギーと 125～135℃の破断エネルギーの演算処理結果を縦軸に仕事量（J/15mm），横軸を加熱温度（溶着面温度）をパラメータにした集計した結果を**図 8.4** に示した．併せて従来の評価法である JIS 法 [1] でのヒートシール強さを参考に付記した．

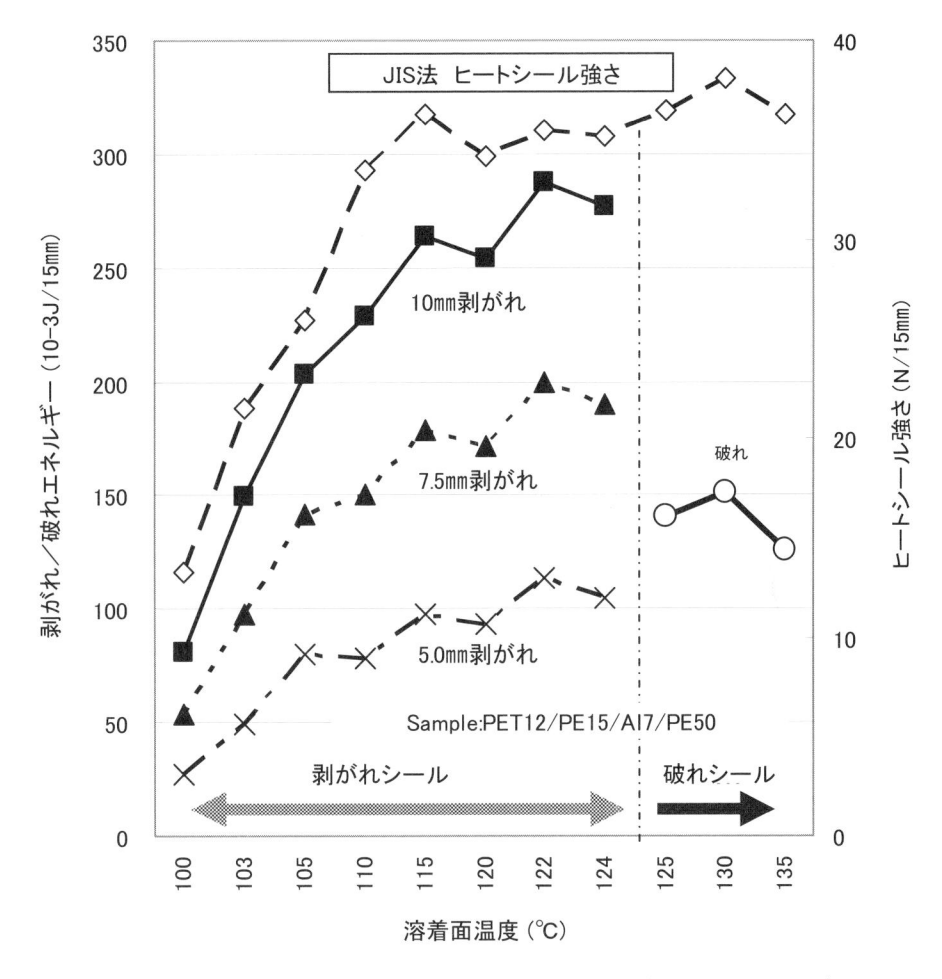

図 8.4 溶着面温度をパラメータにした剥離エネルギーと破れエネルギー

8.1.9 剥離エネルギーの効用の考察

図 8.4 の破断と剥離エネルギー解析から本実験の包装材料では 125℃付近に剥がれシールと破れシールの境界温度があることが分かる．剥がれ幅が 5 mm までの積算値（剥離エネルギー）は何れの温度帯でも破断エネルギーより小さいので，ヒートシール・フィンを利用した熱接着の性能改善には利用しにくい．フィン幅が 5 mm 以下のケースはインパルスシールのような細線状のヒートシール方式の採用の場合に該当する．

剥がれ幅が 7.5 mm 以上になると，105～124℃の広い温度帯で剥がれシールの剥離エネ

ギーが破れシールの破断エネルギーより大きくなり，剥離エネルギーがヒートシール強さの評価には重要なことを見出せる．従来のJIS法のヒートシール強さの評価法では，ヒートシール強さの立ち上がり後の熱接着の状態は識別できないので，剥離エネルギーでの検討ができないことが分かった．

従来のヒートシールの管理法では，熱接着は大きなヒートシール強さの達成が至上命題であったが，剥離エネルギー論の適用で適正なヒートシール強さの議論ができるようになった．

8.1.10 剥離エネルギー論の実際への適用

プラスチックを利用した包装袋（パウチ）はシート状の材料を熱溶着によって袋状にしている．平面状の袋に製品を充填して立体状にするので，パウチには原理的に必ず"タック"が発生する（写真5.1参照）．ピンホールや破袋の発生は"タック"の頂点とヒートシール線の交点が起点になって発生する．実際には，実験室の引張試験のように15mm幅のヒートシール線に応力が均一にかかることはなく点状にかかる．例として，30N/15mmのヒートシール強さを持つ材料の場合で，応力点の大きさを1mmφとすると30N/15mm＝2N/mmとなり，わずかな応力でもピンホールの発生や剥がれが起こることになる．

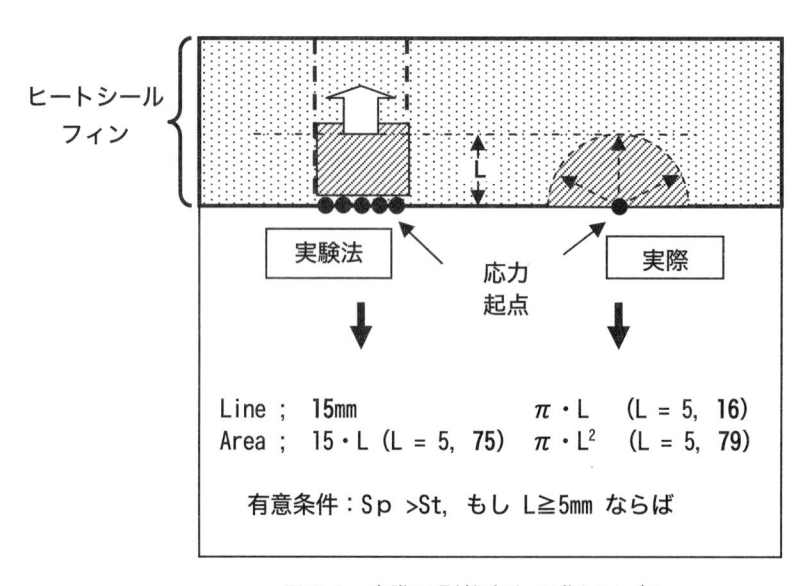

図8.5 実際の剥離応力の進行モデル

実際の応力は均一な線上負荷するのではなく図8.5に示したように円弧状の剥がれが発生する．剥がれ幅をLとすれば，剥がれラインは（$\pi \cdot L$）となる．また，剥がれ面積は（$\pi \cdot L^2$）になる．15mm幅の試験結果で比較すると，Lが5mmより大きくなると実験結果は余裕が出てくる．別の解釈として，ヒートシールのフィン幅を5mm以上にとれば剥がれシールの適用で受圧応力線の長さが剥れ幅のπ倍になる．外力が一定ならば受圧応力線が

拡大するので，単位長さ当たりの受圧応力は減少する．これは剥がれ強さと剥がれ力をバランスさせて，剥離進行の自己制御に利用できる．

8.1.11　剥離エネルギー論の適用効果の確認

実験に使用した同一の材料で 10×10cm サイズの 4 方（辺）シールの袋を作製し，これに水を充填して，JIS 法[1]の荷重試験を行った．この結果を写真を添えて図 8.6 に示した．

	剥がれシール [120°C]	破れシール [130°C]
損傷状況	 剥離ライン 剥がれ（7mm 進行）	 破壊 破壊
荷重	189N	113N

図 8.6　実際の剥離応力の進行モデル

130°Cで接着した破れシール袋では 113N の荷重で破袋した．他方，120°Cで接着した剥がれシール袋では 189N の荷重で，剥がれ幅は最大 7 mm であった．剥がれ線は円弧状であった．この解析から熱溶着における剥離エネルギー論の破袋防御の有効性が確認できた．

8.2　ヒートシーラントの厚さとヒートシール強さ

8.2.1　緒　　言

熱溶着はヒートシール線に引き裂き応力をかけたときに発生する剥がれまたは破れシールの 2 種に大別できる．ヒートシーラントが軟化/半溶融の状態で相対する溶着面が圧着されると，双方の溶着面にミクロの"食い込み"が起こり，この状態で冷却すると摩擦接着の剥がれシールが発生する．

他方，溶融温度より高温域ではヒートシーラントは液状となり相対するヒートシーラントは"混合状態"となる．そして，冷却されるとヒートシーラントが一体化するので，引き裂き応力によって，ヒートシール線のエッジが切れる破れシールとなる（図 1.4 参照）．包装袋のヒートシールを行う場合には，一定応力で破断する破れシールではピンホールや破袋が起こりやすいので，ヒートシール線の微細部分に付加される集中応力を「剥がれ」により分散/消費できる剥がれシールの適用が好ましい[5]（[8.1] 参照）．

剥がれシールの接着では，高分子の結晶構造間に食い込みが起こっていると推定される

ので，接着性の発現はマイクロメートル以下のレベルが予測される．

本項ではヒートシーラントにポリプロピレン系の co-polymer を共押し出し形成した材料を使って，剥がれシール領域でのヒートシーラントの厚さとヒートシール強さの発現の関係の検討結果を提示する．

8.2.2　co-polymerによる剥がれシールの発現メカニズムの考察

図 8.7 に示したようにポリプロピレン（PP）にはメチル基（CH_3）と水素の結合配列に規則性のあるアイソタクチックと不規則なアタクチックがある．前者は結晶性なので，強く固い．後者は弾力性がある物性を持っている．溶融特性にも差があり，PP の重合過程でのエチレン等の添加による co-polymer の生成を利用して，剥がれシール温度帯を拡大する努力が古くから行われている[6]．メタロセン触媒によるco-polymerの改質は，さらに合成の制御がしやすくなって，ヒートシールの調節に利用されている[7]．

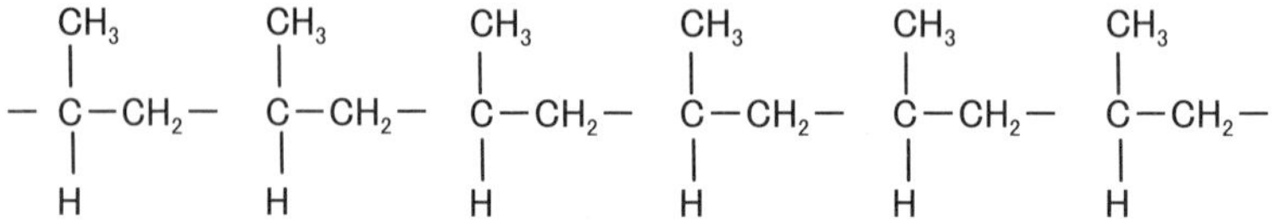

(a) アイソタクチック（規則配列）ポリプロピレン

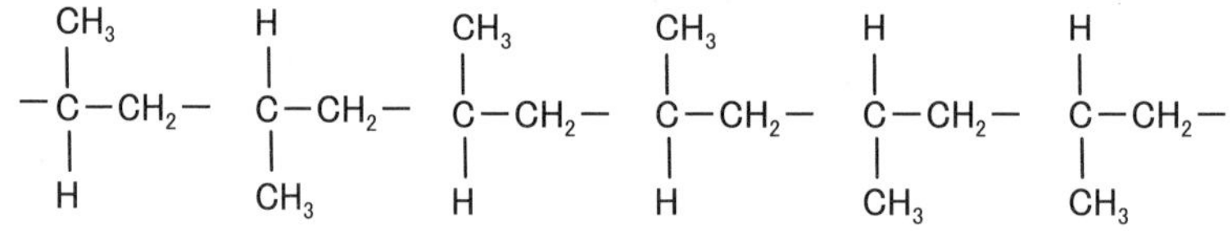

(b) アタクチック（不規則配列）ポリプロピレン

図8.7　ポリプロピレンメチル基と水素の配列

PP の co-polymer は低温域でまず PE 部位の溶融が始まり，加熱温度が上昇すると母材の溶融が発現するように設計されている．PP の co-polymer はシーラントの利用に応じて数種の成分を混合して適用することができるため剥がれシールへの適用は広がっている．co-polymer のエチレンのシーラントへのブレンド割合は8〜10 数%（モル%）である．

Co-polymer の溶融が始まる低温域でのヒートシールの発現距離は高分子の 1 ユニットの大きさ[8] から 1/10〜1/100 μm と推定される．ヒートシーラントの仕上げの製造工程の実力を考慮して，剥がれシールの完成にはヒートシーラントの厚さは数 μm あれば十分であると考えられる．

8.2.3　実験用資材の仕様

この実験では主にヒートシーラントの厚さに注目して実験材料の選択を行った．

ヒートシーラントと母材との貼り合わせ（ラミネーション）強さの影響を受けにくい共押し出しフイルムサンプルを利用した．ヒートシール強さのみを測定するためには，測定

するヒートシール強さより数倍大きい応力でも変形しない母材と厚みの異なるヒートシーラントのサンプルが必要になる．本実験ではPPとco-polymerのヒートシーラントを共押し出しで製造した日本ポリエース（株）製の"ニホンポリエース"（型名：NT）を使用した．試験材料の厚さ仕様の概要を**表8.1**に示した．

表8.1　実験用資材の仕様

サンプルコード	シーラントの厚さ	全体厚
A：20T	3.5 μm	20 μm
B：30T	4.2	30
C：50T	6.4	50
D：60T	7.5	60

8.2.4　ヒートシールサンプルの作製方法

精密なヒートシールには再現性のある加熱温度と小さい圧着圧のムラの極小化が必要である．加熱圧着は"**MTMS**"キット（［4.2］参照）を用いて図8.8の方法で行った．

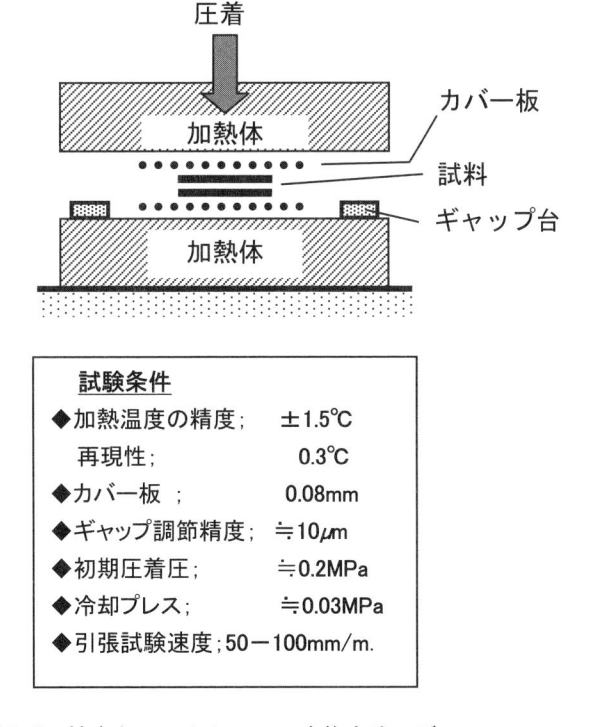

試験条件
- ◆加熱温度の精度；　±1.5℃
　再現性；　0.3℃
- ◆カバー板；　0.08mm
- ◆ギャップ調節精度；≒10μm
- ◆初期圧着圧；　≒0.2MPa
- ◆冷却プレス；　≒0.03MPa
- ◆引張試験速度；50－100mm/m．

図8.8　精密なヒートシールの実施方法モデル

サンプルを 1 μm 程度の平面性の保証された 0.08 mm の金属プレートで挟んで加熱した．溶融（または軟化）したヒートシーラントが大きな圧着圧で薄くならないように各サンプルの 1 枚分の厚さのプレス代ができるようにピロー（スペーサー）を設置してプレスギャップを設けた．加熱ジョーを剥がれシールと破れシールの境界温度を中心に数種類の温度に調節して，初期プレス圧を約 0.2MPa（[6.3] 参照）で溶着面温度測定で確認した所定時間圧着した後（[11.1]参照），直ちに約 0.03MPa のプレス圧で冷却した．

8.2.5 引張試験の方法

引張強さは JIS 法に準じた引張試験機で行った．

破れシール状態になると溶着強さが母材の伸び応力より大きくなるので，基材の伸びが発生する．引張試験にかける前にヒートシール面の反対側に薄手の粘着テープを貼り補強を施した．引張試験のジョー間の距離を約 30 mm とし，基材の伸び応力がヒートシール強さの測定値になるべく影響しないように考慮した．補強材の貼り付け状況を**図 8.9** に示した．

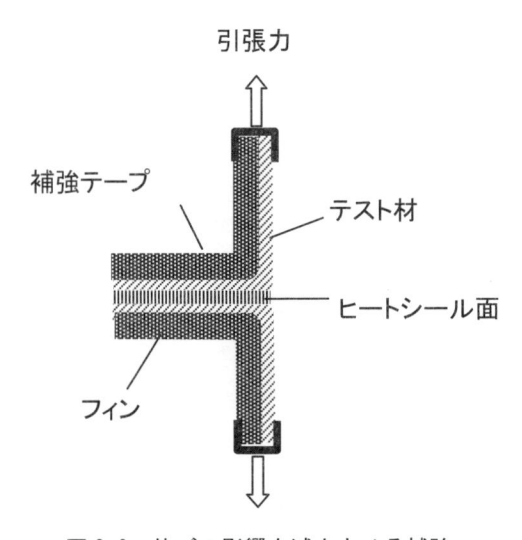

図 8.9　伸びの影響を減少させる補強

8.2.6 ヒートシーラントの厚さと引張強さの測定と考察

ヒートシーラントの厚さの異なる 4 種のサンプルの加熱/冷却後の引張試験の統合結果を**図 8.10** に示した．このサンプルのヒートシーラントは 125℃以上の加熱で溶融状態になる．JIS 法の引張試験では 3.5，4.2 μm と 6.4，7.5 μm の間に有意な差があるように見える．ヒートシーラントが 3.5 μm の基材の厚さは 20 μm と薄いので 125℃以下の剥がれシール状態でも基材の伸びが顕著に現れ，ヒートシール強さが伸び応力の中に埋まりこんでしまった．粘着テープの貼り付け補強の結果，ヒートシール強さの表示は格段に上昇し，ヒートシーラントの厚さが 3.5〜7.5 μm に共通で，剥がれシールと破れシールの境界付

8.2 ヒートシーラントの厚さとヒートシール強さ

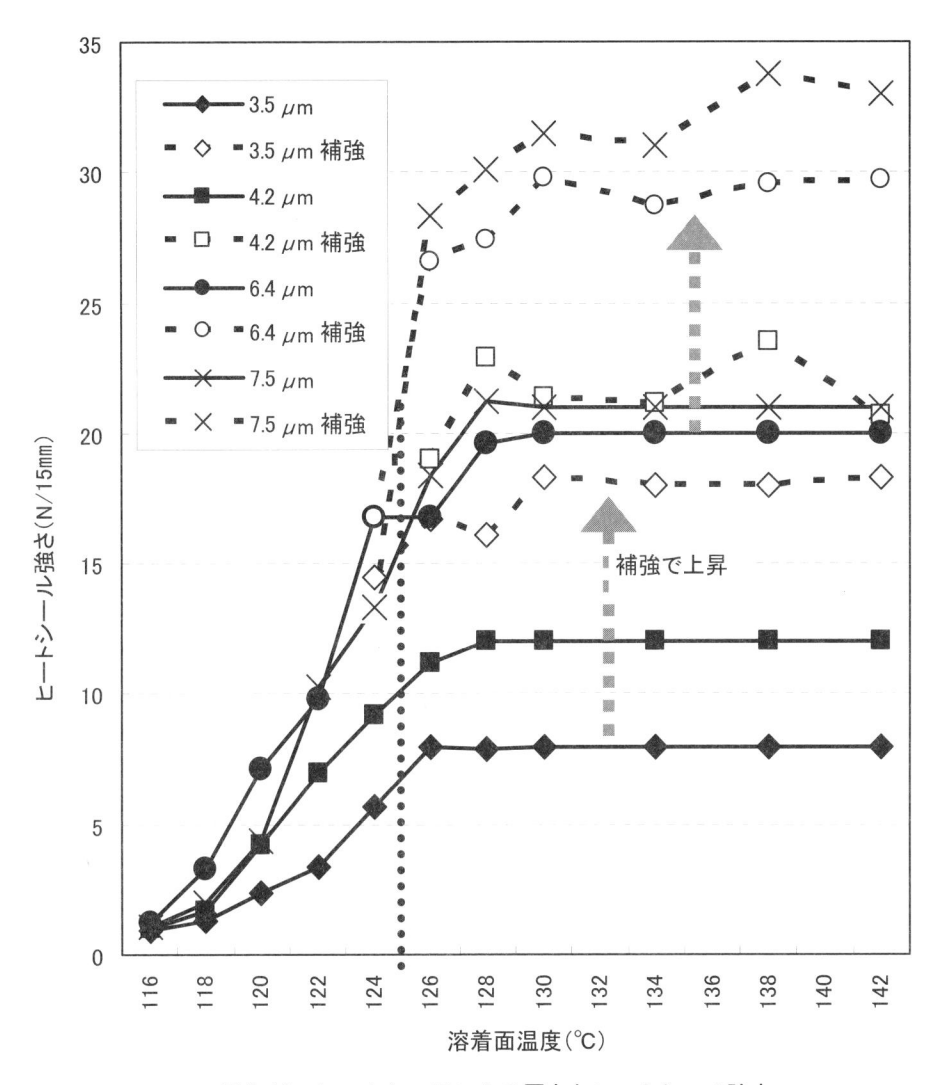

図 8.10 ヒートシーラントの厚さとヒートシール強さ

近の 124℃付近では約 15N/15mm の同等値を示している．

図 8.10 のデータを利用して，横軸にヒートシーラントの厚さをとり，加熱温度をパラメータとしてヒートシール強さとの関係を調べた結果を図 8.11 に示した．剥がれシールの最高温度の 124℃の補強データに着目すると，3〜6.4 μm のヒートシーラントで，ほぼ同等のヒートシール強さを示しているが，7.5 μm では少し下がっている．

金属イオンを含まない非反応系のプラスチックでは，溶融結合は線状高分子の"絡み合い"結合（分子間摩擦力；界面接着）である．剥がれシール状態では相対するヒートシーラントの"食い込み"が 3〜6 μm に制限されて，7 μm 以上の深さの co-polymer が分子間摩擦に関与しにくいと推定される．実験結果では 3〜6 μm 程度に co-polymer の結合確率の好条件領域が存在していることが分かる（**図 8.12 参照**）．

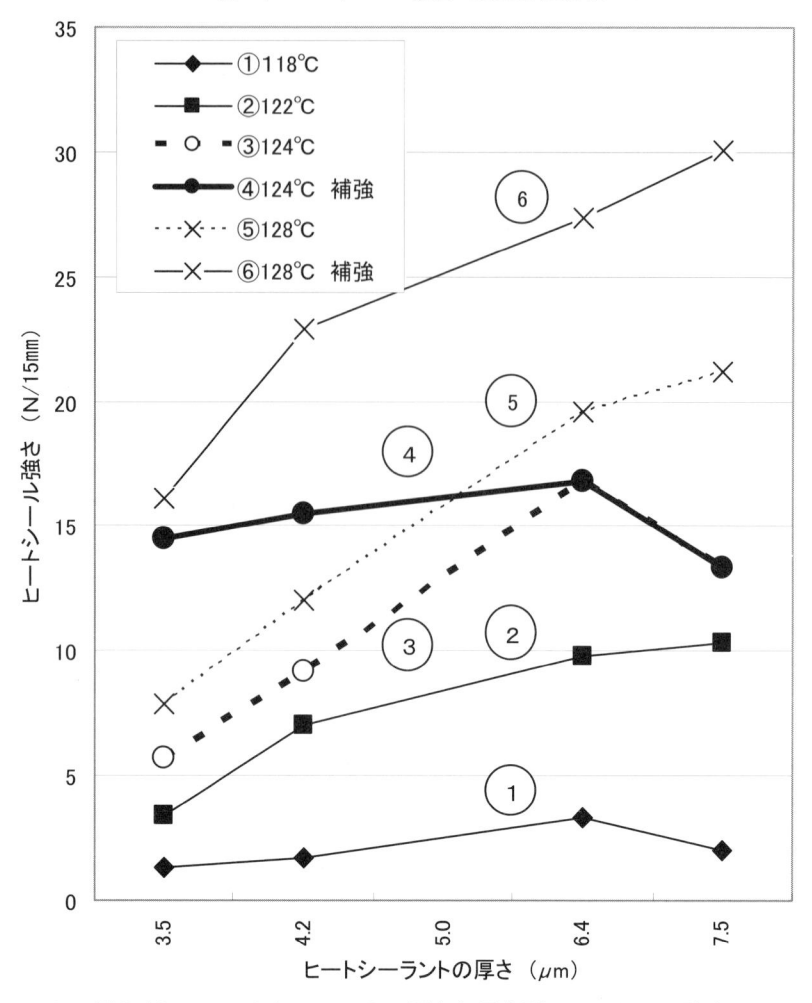

第8章　ヒートシール機能の確認と向上方法

図8.11　ヒートシーラントの厚さと温度別ヒートシール強さ

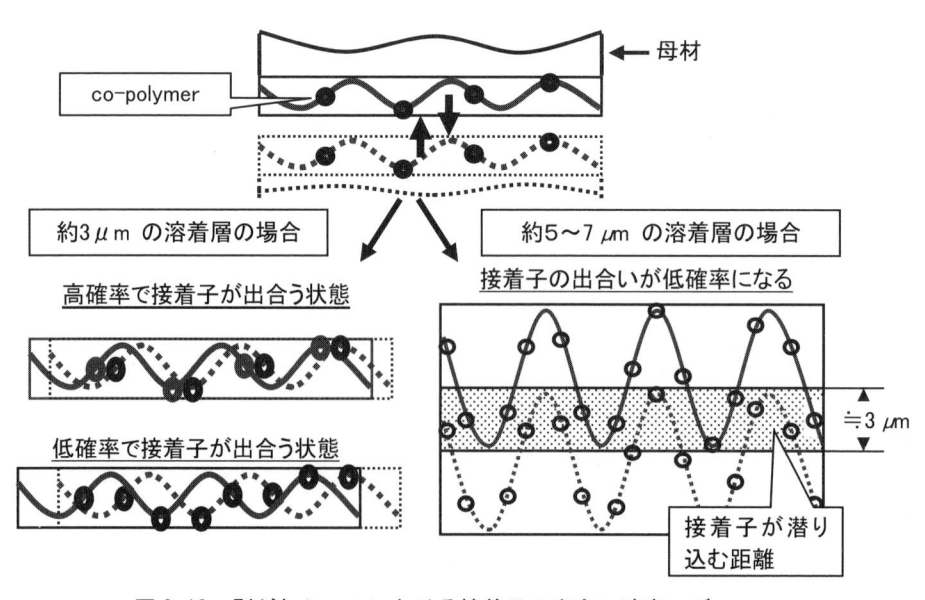

図8.12　剥がれシールにおける接着子の出合い確率モデル

128℃ではヒートシーラントは溶融状態となり 4.2～7.5 μm サンプルは補強すると 30N もの大きな強さを示す．補強しないと 20N で伸びが起こる．これらの結果から剥がれシールの完成には 5 μm 程度のヒートシーラントで充分なことが分かる．

8.3 ヒートシール強さとラミネーション強さの相互関係

8.3.1 緒　　言

熱劣化を起さない破れシール（凝集接着）では接着部位の引張強さは母材の伸び力よりも大きくなることが［8.2］の検証で分かった．この破れシール領域の検証データを使って複合材のラミネーション強さとヒートシール強さの関係を確かめる．

8.3.2 ラミネーション強さとヒートシール強さの関係の解析

補強に使用した粘着テープの剥離強さ（デラミ強さ）は 3～4N/15mm と計測された．表面を加工処理していないプラスチック材の粘着/剥離強さは粘着テープのメーカーに関係なくほぼ同等であり，真空接着（**図1.1**参照）が主体によるものである．

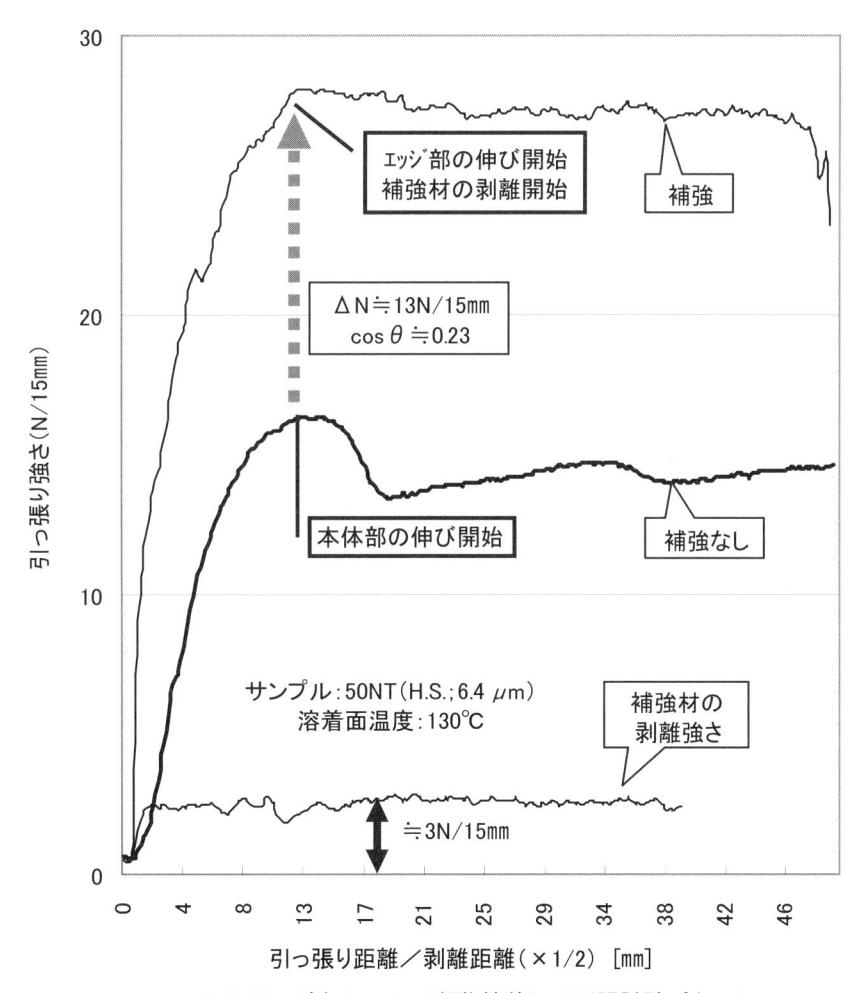

図 8.13　破れシール（凝集接着）の引張試験パターン

第8章 ヒートシール機能の確認と向上方法

　ヒートシーラントが 6.4 μm，130℃の破れシール（凝集接着）サンプルの引張パターンを図 8.13 に示した．この図に補強材として使った粘着テープとサンプルとの剥離強さを併記した．補強材の剥離力は，ほぼ 3N/15mm であった．補強なしの引張パターンは約 17N まで上昇した後に基材の伸びが始まり，引張強さは伸び応力を示した．ヒートシール線の破れは発生していない．

　従来の評価法[3),4)]ではこの17N/15mmをヒートシール強さと規定している．

　補強材を表層材，試験材を内層材のラミネーション材としてラミネーション強さの考察を行う．補強によるヒートシール強さは 28N/15mm まで増強する．見かけ上のヒートシール強さは約 10N/15mm も向上する．この場合でもヒートシール線の破れは発生していない．補強材とサンプルとの粘着力の 3N/15mm に対して引張強さの制御向上は 10N/15mm あり，補強材の粘着力の3倍程度になっている．引張試験の観察から，剥離（デラミ）のメカニズムを図 8.14 に示したように解析した．

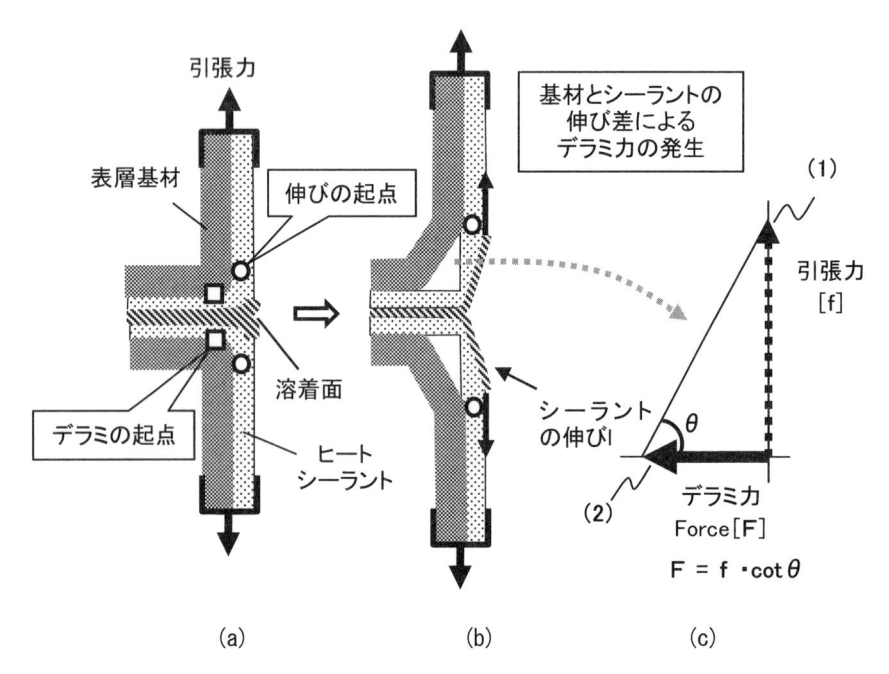

図8.14 ヒートシール部位のデラミラミネーションの発生モデル

　引張試験によって，材料の断面には引張力が均等に分布し，図中のヒートシール線の（□）と（○）マークした面に全引張力がかかる．

　表層基材の剛性がヒートシーラントより少しだけ大きく，ヒートシール強さより小さいとすると，（□）に剥離が起こる．すると引張力はヒートシーラントにかかり伸びが発生する．表層基材の伸びとヒートシーラントの伸びの相違によって生じる．図 8.14(b) に示したようにフィン部と本体面に相当する二辺の"三角形"を形成する．

8.3.3 ラミネーションフイルムの構成要素のヒートシール強さへの反映

図 8.14(c) にはサンプルと補強材のデラミ力（1），（2）に注目した解析を行った．

フィン側の補強材の粘着面にかかる初期引張応力は，ほぼ直角になるので，フィン側表層材にはデラミ力（1）が発生して，実験サンプルの場合は 3N 以上で容易に剥離が始まる．

この結果ヒートシールのコーナーに三角形が形成され，本体側のヒートシーラントと表層材の間には［(引張強さ)×$\cot\theta$］のデラミ力（2）が発生する．

この実験の場合，ヒートシール強さの向上は 17N/15mm から 28N/15mm に約 10N/15mm 向上している．補強材の粘着力（ラミネーション力）の約 3 倍のデラミ力（2）となっているので，この時の角度は 71～72° と計算できる．形成された三角形はヒートシーラントが破断するまで拡大する．この考察結果から，従来のヒートシール強さは①ヒートシーラントの**伸び力**，②**ラミネーション強さ**，③**ヒートシール強さ**そして引張試験の進行で 15mm 幅に引張力が均一にかからなくなって発生する④**タック**の「複合」結果を測定していたことになる．ヒートシーラントと表層基材の伸び率が同一なら，三角形が形成されず，デラミは発生しない．

関連要素を以下のように表現すると

　　ヒートシール強さ　　　：　F_H（N/15mm）

　　ヒートシーラントの初期伸び力（応力のかかった直後）：　F_S（N/15mm）

　　ラミネーション強さ　　：　F_L（N/15mm）

　　表層材の初期伸び力　　：　F_C（N/15mm）

　　デラミ発生の角度定数　：　k（3～4 程度）

各要素とデラミの発生の関係は次のようになる．

(1) $F_S > F_H$ ならば　　　　→ ラミネーション強さに関係なくデラミの発生なし

　　　　　　　　　　　　　　→ ヒートシール線の剥離

(2) $F_L \cdot k > F_H > F_S$ ならば

　　　　　　　　　　　　　　→ デラミの発生なし，表層材によるヒートシーラントの伸びの抑制/補強作用

　　　　　　　　　　　　　　→ ヒートシーラントの部分破断

(3) $F_H > F_L \cdot k > F_S$ ならば，

　　① $F_C > F_H$ の場合　　→ 表層材による伸びの抑制/補強作用，デラミの発生は大

　　② $F_H > F_C$ の場合　　→ 表層材とシーラントの伸びの差がデラミの発生応力となる．伸びは大，デラミの発生は小

(4) $F_H > F_S > F_L \cdot k$ ならば　→ ヒートシール線の剥離と破断はなし　ヒートシール線を起点に伸びの発生

第8章　ヒートシール機能の確認と向上方法

→　デラミの発生は大

以上関係の図解を**図 8.15**に示した.

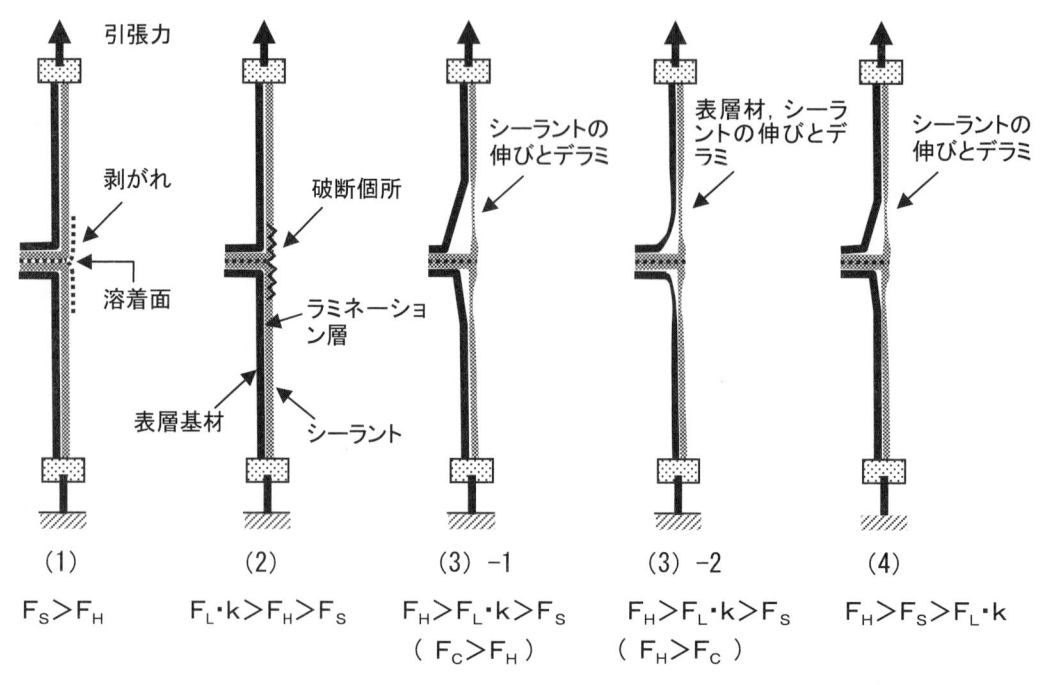

図	条件
(1)	$F_S > F_H$
(2)	$F_L \cdot k > F_H > F_S$
(3)-1	$F_H > F_L \cdot k > F_S$ （$F_C > F_H$）
(3)-2	$F_H > F_L \cdot k > F_S$ （$F_H > F_C$）
(4)	$F_H > F_S > F_L \cdot k$

F_H: ヒートシール強さ　　F_S: シーラントの初期引張強さ
F_L: ラミネーション強さ　　F_C: 表層材の初期引張強さ
k: デラミ発生の角度定数

図 8.15　フイルム構成要素が関係するヒートシール強さとデラミネーション

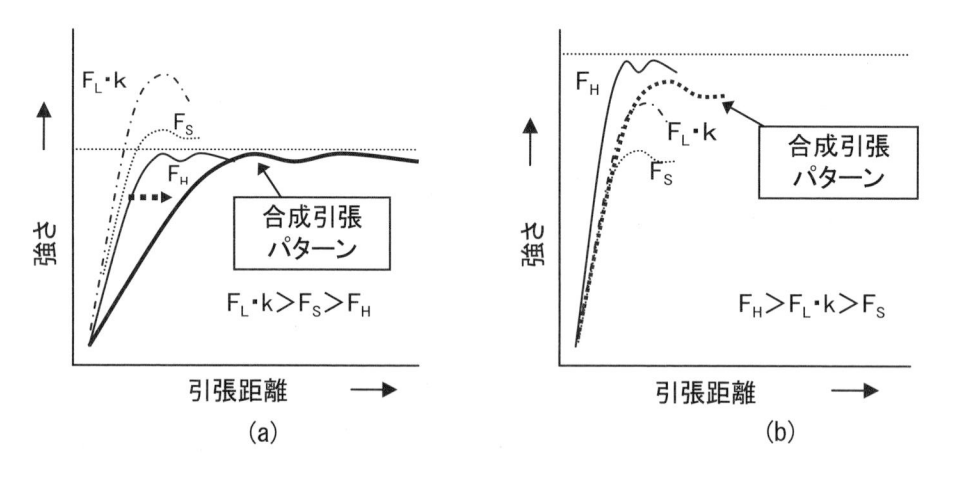

(a) $F_L \cdot k > F_S > F_H$

(b) $F_H > F_L \cdot k > F_S$

図 8.16　引張定数の相違による伸びと剥がれ発生状況

(1) の (F_S>F_H) における各要素の引張パターンと引張試験に表れる応力パターンを図 8.16 に示した．論理的には (2) が最強の接着状態となるが ($F_L \cdot k$>F_H) の条件のラミネーション強さは作りにくいものと考えられる．

剥がれシール領域では引張強さはヒートシール面の熱溶着状態に依存するので他の要素の影響を受け難く(1)のようになる．(1) は剥がれシールの条件下でのヒートシールによって容易に実現ができる．

(F_H>F_S) の発現条件は溶融接着の破れシールの場合に該当する．この時のデラミネーションは種々条件で発現の仕方が異なる．剛性の大きい厚手（70～80 μm）の PP のヒートシーラントを適用したレトルトパウチの破れシールなどがこれに相当する．

これらの知見はラミネーションフイルムの設計上の有効な指針となる．

8.4 ヒートシールの HACCP の達成法

8.4.1 緒　　言

HACCP(Hazard Analysis Critical Control Point System)は 1960 年代に宇宙飛行士の食中毒防御の抜本対応策構想として開発された．具体的な方策として，缶詰技術の金属容器をプラスチックのシート材に代えたレトルト包装は高信頼の無菌化包装技法と携帯の利便性の改善方法として NASA によって開発された．日本では 1969 年頃からインスタントカレールーへの適用が行われ民間レベルで発展していて，「総合衛生管理製造過程」により食品の製造の承認制度の対象になっている[9]．

レトルト包装では滅菌加熱の均一化を図るために薄手に仕上げるレトルトパウチの適用を特徴として発展し，現在では広くプラスチック資材を使った包装技法として展開されている．食品衛生法ではレトルト包装に次の性能を要求している．

(a) 遮光性（油性食品の酸化防御）
(b) 耐熱性（130～140℃の高温加熱の包装材料の変性，有害物の発生防御）
(c) 耐圧縮強度（物流，貨物破損の防御；静的）
(d) ヒートシール強さ［23N/15mm］[13]（熱接着の完成保証）
(e) 落下衝撃強度（物流，貨物破損の防御；動的）

(c)，(e) の性能はヒートシールの信頼性に依存している．しかし従来は，出来上がった当該製品のヒートシール強さ試験や荷重試験等の抜き取り検査によって事後に適否判断がなされている[13]．

事後検査は製造システムの設計時の信頼性保証を前提としている HACCP の方針にそぐわないところがある．

本項では，レトルト包装のヒートシール強さの HACCP の保証条件を論じた方法：

溶着面温度測定法（**第4章**）

包装材料の熱特性の簡易解析と評価法（第4章）

従来の加熱法の性能の評価（第3章）

剥がれシールと破れシールの識別方法（第6章）

剥がれシールの剥離エネルギーの活用（第7章－1）

を適用することによって，少量の当該包装資材のラボ試験で，レトルト包装のヒートシールの関連性能の［事前］評価を行った結果を提示する．

8.4.2　レトルト包装のヒートシールの HACCP の対象事項

HACCP は1996年5月，食品衛生法及び栄養改善法の一部を改正する法律（1995年法律第101号）の施行により食品衛生法第7条の3に規定された「総合衛生管理製造過程」による食品の製造の承認制度で，現在，厚生労働省の承認対象は，5品目（乳・乳製品，食肉製品，レトルト食品，魚肉練製品，清涼飲料）が設定され，レトルト食品の包装は対象製品になっている．HACCP は HA（危害分析），CCP（重要管理点監視）の2つの部分から構成されている．レトルト包装におけるヒートシールの役割と HACCP の達成基準を対比してその達成方法を考察すると次の2項目に集約できる．

(1) 包装材料のヒートシールの達成の基本≪4要素≫の確実達成（[3.2.2]参照）
　1) 包装材料の溶着層の溶融温度を知る
　2) 溶着層を溶融温度以上に加熱する
　3) 適正加熱温度に到達する時間の制御
　4) （ヒートシーラント，表層材料の）過加熱温度範囲を掌握する

(2) レトルト包装の固有操作であるレトルト釜での高温加熱処理中の高温処理と内圧発生の対処と保証の確認

HACCP の基準要求に従って「該当項目」と対処方法を，"QAMM" 解析[10]を適用して列挙すると表8.2のようになる．これらの対処項目の事前の定量的評価ができればヒートシールの HACCP 管理が可能となる．

8.4.3　レトルト包装のおける加熱殺菌の特徴

レトルト製品は次の事項が包装工程で処理される．

(1) プラスチックの包装材料（パウチ）に製品を充填
(2) 充填口をヒートシールで封緘
(3) 加圧高温加熱
(4) 冷却
(5) 除水，包装

(3)，(4)の処理が通常の包装工程と異なるところである．

レトルト滅菌では加熱温度が120〜130℃が使われる．この温度帯の水分は大気圧では

表 8.2 ヒートシールの HACCP 達成項目の整頓

HACCP の 7 原則	該 当 項 目		"**MTMS**" による対応方法
1 危害分析 Hazard Analysis	ヒートシールの"不具合"要因の掌握		"複合起因解析"を適用
	1.包装材料：	・溶着温度, ・熱伝導速度, ・熱変性	・溶着面温度のデータ採取と解析で確定
		・シール強さ (剝れ, 破れ)	**・溶着面温度基準のヒートシール強さの測定**
	2.包装機械：	・稼働速度	・溶着面温度/表面温度/圧着時間のラボ測定データの移行
		・加熱温度	・機種毎の加熱体 (動的) 表面温度の測定と設定に反映
		・圧着の均一	・実機の実サンプルによる溶着面温度の測定による検証
		・自己診断	・表面温度と運転速度の組み合わせの検出
	3.運転条件：	・生産計画, ・運転速度, ・管理数値の設定	・溶着面温度検証データを基に包装材料と設備の速度性能を一致させる設定
		・シール面の汚れ,	("液だれ"、"粉舞"の把握), ・加熱時間, 圧着圧の考慮
2 重要管理点の設定 Critical Control Point	・溶着温度の確定		・使用材料毎の溶着温度の確定
	・熱変性特性に合わせた適正加熱範囲の設定		・使用材料毎の溶着面温度データと溶着サンプルの解析で選定
	・加熱源表面温度の把握と均一化		・連続運転状態 (動的) の加熱体溶着面温度の測定
			・表面温度のモニター
	・圧着圧の適正化 (適正応力, 均一化)		・含水紙の溶着面温度の"拘束温度"測定
	・溶着面の汚染		・("液だれ制御"、"粉舞制御"の適用,)
			・加熱温度／圧着時間の延長の考慮
			・"加圧押し出し"（ポリ玉）
3 管理基準の設定 Critical Limit	・材料毎の適正加熱範囲と加熱速度を保証する運転方法の設定		・溶着面温度基準の管理基準の作成 [CCP 項目の基準化]
4 モニタリング方法の設定 Monitoring	・材料毎の管理値の設定		・材料毎 (ロット毎) 溶着温度, 応答速度の測定
	・加熱源表面温度の把握と均一化		・定期的測定
	・圧着圧の適正化 (適正応力, 均一化)		・定期的測定
5 改善処置の設定 Corrective Action	・"不具合"要因の理論的解消, または制御		・溶着面温度基準の現象解析
6 検証方法の設定 Verification	・「経験則」の排除		・表面温度／運転速度の自動モニター (含む予防モニター)
	・溶着面温度基準の設定		・表面温度の変化パターンの全数自動モニター
7 記録の維持管理 Keeping	・(高信頼化) 管理設定事項の"不具合"発生時の記録管理		・"不具合"発生時の"不具合"発生原因項目の自動記録

気化するので (**図 8.17** 参照), 加熱温度に相当する蒸気圧 (0.2MPa) 以上の精密な圧力調節が必要である. 加熱によるパウチ内の温度上昇速度は加熱の熱供給能力とパウチ内の充填物の熱容量によって決まる. 加熱速度と冷却速度を熱容量によって決まる応答速度より遅くすれば問題は起こらないが, 加熱/冷却操作を遅くすると充填物の熱劣化が大きくなるのと生産性が悪くなる. 実際には, 加熱時に大量の熱を供給し, 予測制御 (feed forward) によってパウチ内の温度上昇を早める"カムアップ"を行っている. 加熱終了後は冷水を外部から強制循環して冷却している. これらの操作中は設定加熱温度の蒸気圧に相当する圧力以上の加圧環境を調節によって作っている.

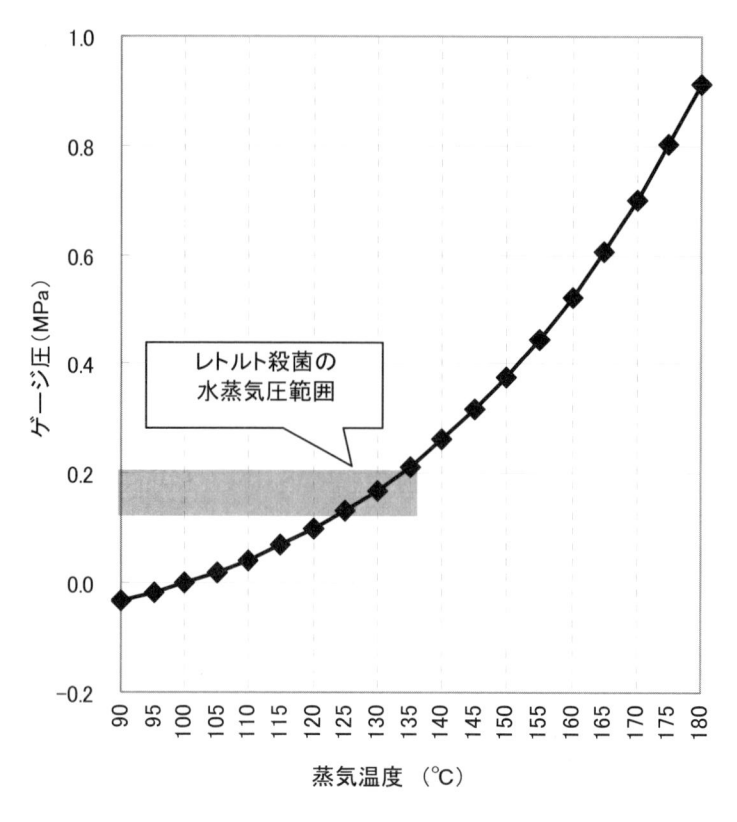

図 8.17　水の温度と蒸気圧 [11]

レトルト滅菌中の圧力は

$$[パウチ内圧] \leqq [パウチ外圧（＝レトルト釜内圧）] \tag{8.1}$$

に制御する必要がある．

　レトルト加熱/冷却処理における釜内の圧力とパウチ内の圧力差の変動の様子を図 8.18 に示した．この図では圧力の調節が上手く行かず，不具合が発生する様子を示した．ヒートシールの役割としては以下の2点を保証することになる．

(1) 加圧制御が失敗した場合に推定される圧力差［内圧－外圧］（最大 0.2MPa）による引き裂き応力に耐えるヒートシール強さ
(2) レトルト温度帯において熱溶着面が熱軟化を起こさないヒートシーラントの温度設計

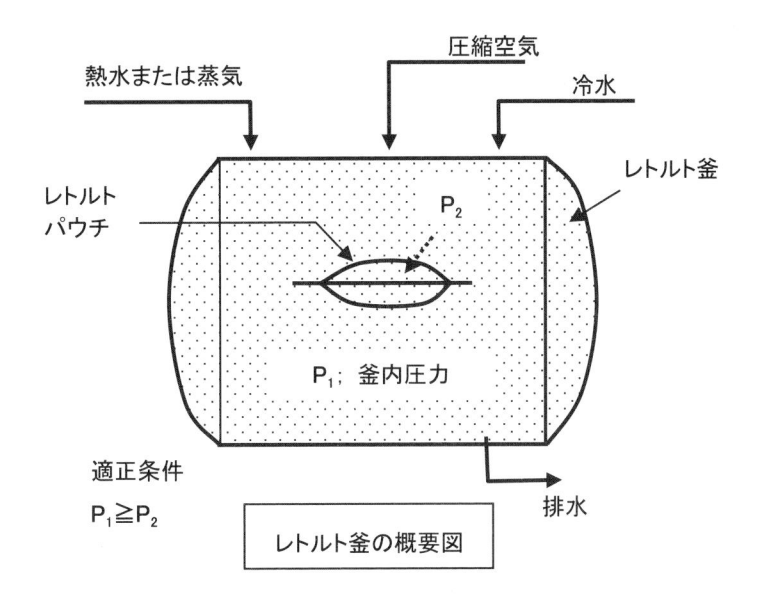

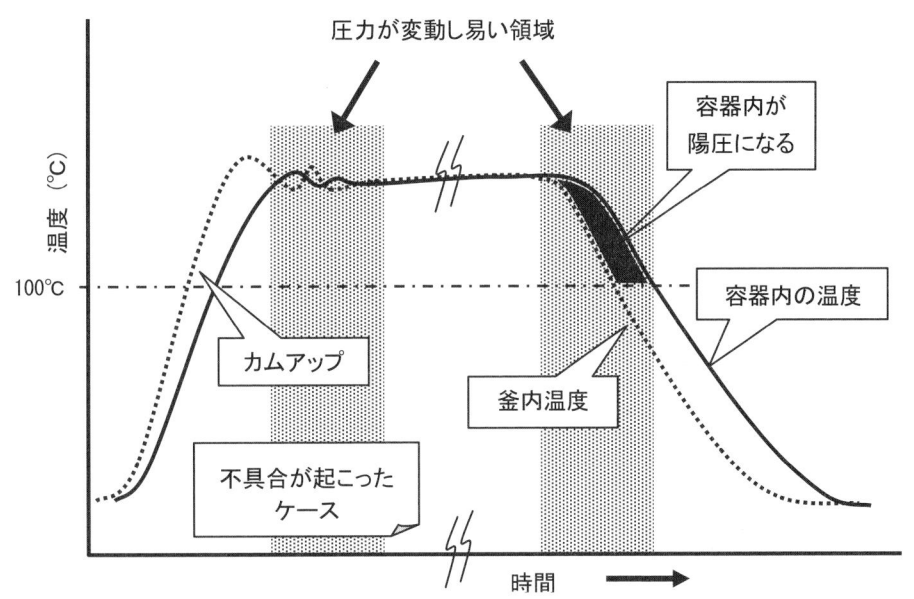

図 8.18 レトルトの加熱/冷却時の釜内とパウチ内の温度変化

8.4.4 HACCP 確認項目と目的

表 8.2 で検討した HACCP［該当項目］に第 3 章～第 7 章で論じた方法を適用して次の項目の数値の確認を行う.

 (1)　［液状化］溶融温度（℃）　　　　・tear seal 温度帯のデータ採取
 　　　　　　　　　　　　　　　　　　・過加熱データ採取
 (2)　溶着開始温度（℃）　　　　　　　・peel seal 開始温度のデータの採取

(3) レトルト温度と溶着開始　　　・ヒートシーラントのレトルト温度帯との
　　　温度との差（℃）　　　　　　　オーバーラップの余裕の確認
　　　　　　　　　　　　　　　　・HACCP の［HA］保証情報
(4) 推奨溶着面温度範囲（℃）　　・HACCP の［HA］保証情報
(5) ヒートシール強さ(N/15 mm)　・HACCP の［HA］保証情報
(6) 溶着面温度の調節目標値（℃）・HACCP の［CCP］保証情報
(7) パウチ材料の溶着面温度応答　・資材の熱容量のデータ採取
　　　（テフロンカバー）95％応答（s）・HACCP の［CCP］保証情報
(8) 適正最高運転速度条件　　　　・HACCP の［CCP］保証情報

8.4.5　確認に使用したパウチ材料のリスト

パウチ材料は，既に市場に出回っているものを当該メーカーから供給を受けた．パウチ材料の構成仕様は表8.3に示した．

表8.3　市場に出回っているレトルトパウチの材料構成

サンプルコード	製品コード	材料構成
A	A	PET12 μm/A17 μm/CPP70 μm
B	T	PET12/A17/CPP70
C - a	D	PET12/A17/CPP70　　　(1)
C - b		PET12/A17/CPP70　　　(2)
C - c		PET12/A17/CPP70　　　(3)
C - d		PET12/ON15/A17/CPP70　(1)
C - e		PET12/ON15/A17/CPP70　(2)
C - f		PET12/ON15/A17/CPP70　(3)
D - a	F	PET12/A17/CPP70
D - b		PET12/A17/NYL15/CPP80
E	M	SPR15/CPP70
F		PET12/TCB-NR15/CPP60
G		PET12/TCB-T12/CPP60

サンプルの素材構成の目的をコード番号の[C-d]を例に説明する．

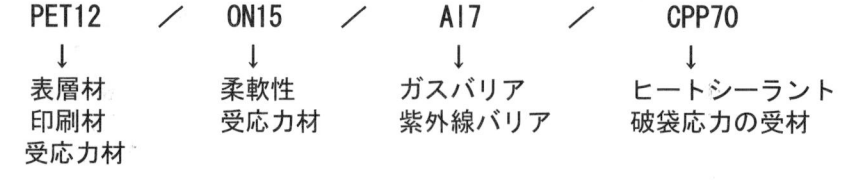

```
PET12        /    ON15     /    A17       /    CPP70
  ↓                ↓              ↓                ↓
 表層材          柔軟性        ガスバリア      ヒートシーラント
 印刷材          受応力材      紫外線バリア    破袋応力の受材
 受応力材
```

アルファベッドの数字は材料の厚さ（μm）を表わしている．

8.4.6　パウチ材料のヒートシールの固有熱特性の測定結果

各材料の熱特性を≪"**MTMS**"キット≫を用いて次の測定を行った．

(1) パウチ包装材料の固有熱特性（溶着温度，熱変性点）
(2) 溶着発現ゾーンの溶着面温度基準のヒートシール強さの測定
(3) 加熱体の表面温度の可変に対する材料の溶着面温度と表面温度の応答を測定

サンプルコード[A]の (1)，(2) の熱変性（1 次，2 次），JIS 法のヒートシール強さと「角度法」の引張強さの測定結果を統合した結果は図 7.4 に示した．

サンプルコード[A]の (3) の溶着面と表層面応答の測定の結果の統合データを図 8.19 に示した．表面温度の上限の破れシール（tear seal）が発生する温度帯を [7.2] で提示した「角度法」で定性した．

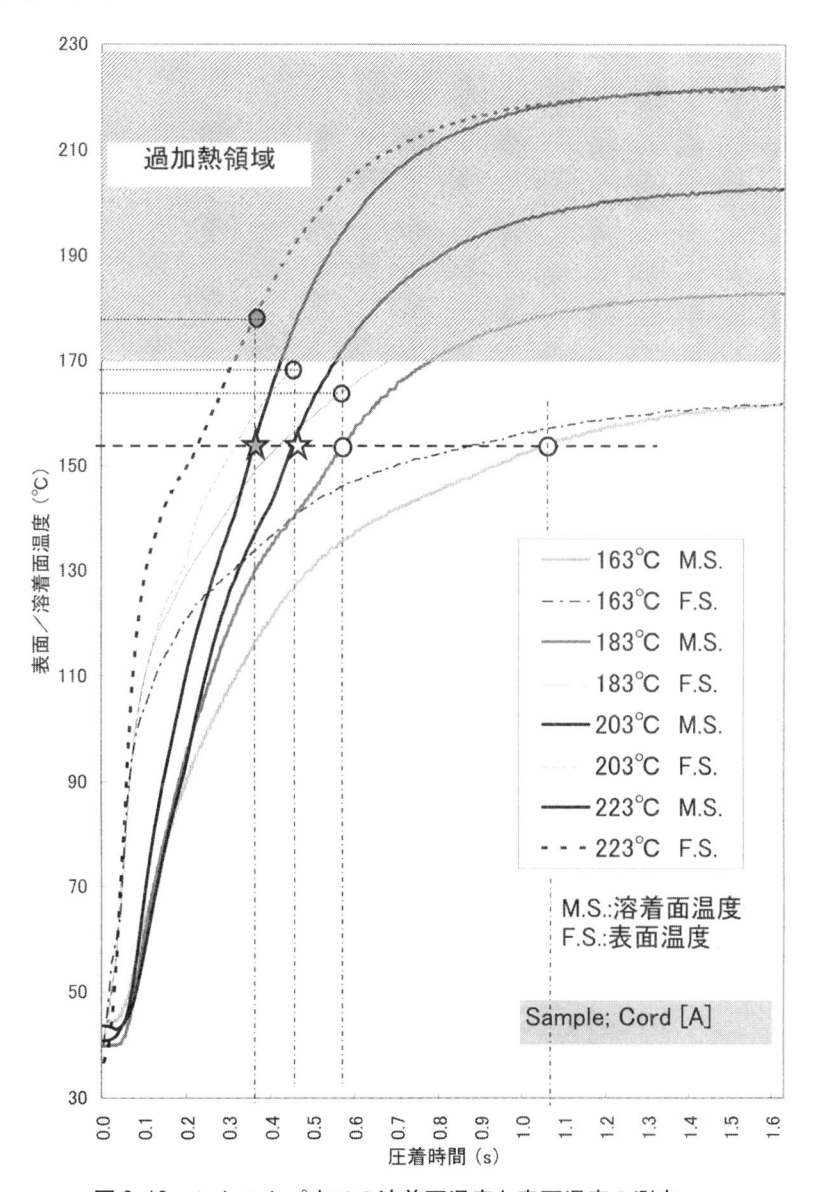

図 8.19　レトルトパウチの溶着面温度と表面温度の測定

8.4.7 測定結果の考察

[8.4.1]で提示した各パウチの包装材料の固有特性の測定結果の内4点の代表データを表8.4に整頓して示した.

表8.4 市販レトルトパウチのHACCP性の検証事例

管理項目	サンプルコード/材料構成				
材料構成	PET12/A17/CPP70	PET12/ON15/A17/CPP70		PET12/A17/NYL15/CPP80	SPR15/CPP60
サンプルコード	A	B	C-d	D-b	E
溶着温度[液状化]（℃）※1	148	150	150	140	144
溶着面溶融開始温度（℃）	140	145	143	132	137
レトルト温度と溶着面溶融開始温度との差（℃）※2	19	24	22	11	16
推奨溶着面温度範囲（℃）	150-165	150-165	150-170	140-175	148-175
ヒートシール強さ（N/15 mm）	39-53	39-56	45-68	54-78	33-48
溶着面温度の調節目標値（℃）	158	158	160	153	162
資材の溶着面温度応答（テフロンカバー）95応答(s)	1.47	1.53	1.82	1.20	0.67
適正最高運転速度条件 ※3（圧着時間/加熱体表面温度）	[s/℃] 0.30/218	0.32/220	0.41/211	0.37/220	0.28/222

※1；"MTMS"の熱特性測定法による
※2；[（溶着面溶着開始温度）−121℃]
　　　[溶着面溶着開始温度]；≒[5N/15mm]のヒートシール強さの出現する溶着面温度
※3；「溶着面温度応答データ」よりシミュレーション，【表層材の加熱を180℃に上限設定した場合】
　　　サンプル[E]は170℃　圧着圧；0.10〜0.15MPa，カバーテフロン；0.1mm

サンプルコード[A]のデータをHACCP管理指標へ移転すると以下のようになる.
＊溶融開始温度（ヒートシール強さが5N/15mm超）：140℃
＊レトルト温度と溶融開始温度の差：△T＝19℃
　（レトルト温度を121℃とすると）
＊ヒートシーラントの液状化温度：150℃
＊加熱上限溶着面温度：160℃［「角度法」試験データから］
＊推奨溶着面温度範囲：147〜160℃［剥離エネルギーとヒートシール強さ；
　［25N/15mm］以上とエッジ切れ発生の下限温度から］
＊表層材の熱変性温度：170℃　推奨溶着面温度の上限と対になる温度
＊溶着面温度の調節目標値；154℃（推奨範囲の中央）［±6.5℃］

8.4.8 加熱温度と加熱時間の選択

ヒートシール強さ/溶着面温度の基本データを元にヒートシールの HACCP 保証に必要な3点の制約条件；
① レトルト温度と溶着面の軟化温度のオーバーラップ是非

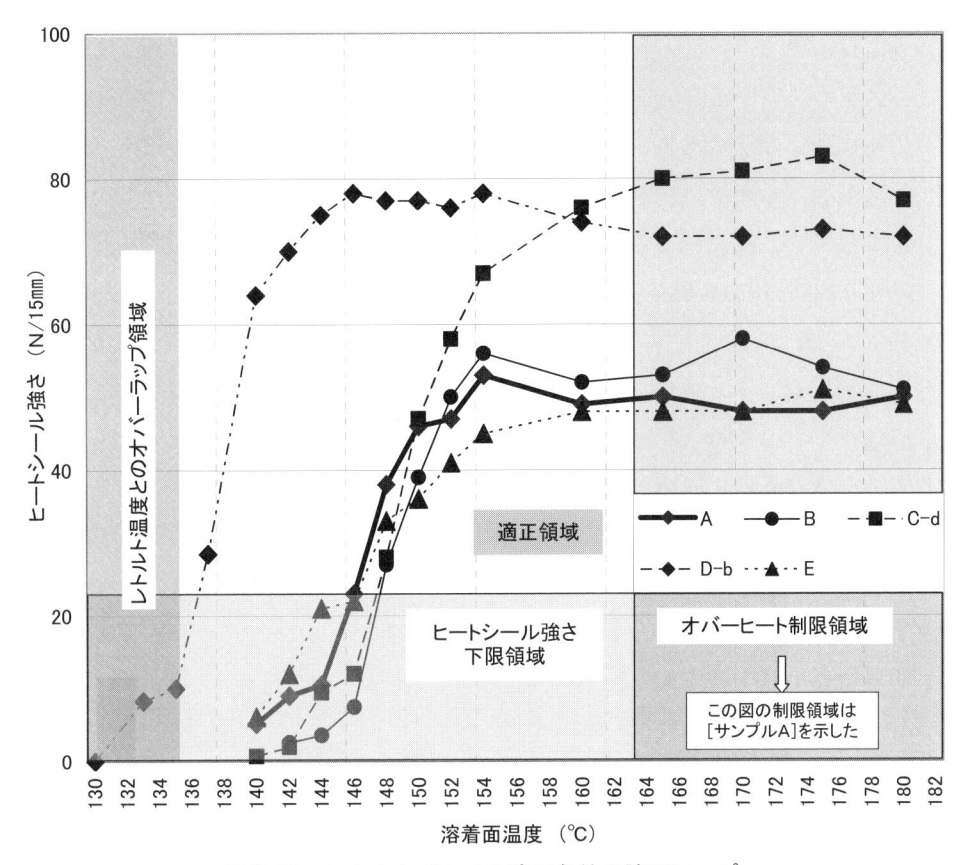

図 8.20 レトルトパウチの適正条件の診断マップ

② レトルトの HACCP の規定の（25N/15mm）の保証
③ ピンホール，エッジ切れの発生のリスクのある過加熱の回避

の診断マップを**図 8.20** に示した．過加熱の条件はサンプルコード[**A**]を表示している．ヒートシール強さのグラフが3点の制約条件とオーバーラップしない領域が加熱の適正領域となる．適正範囲の確認はできたが，実際の加熱温度と加熱時間の設定はこの結果からはできない．包装材料の熱容量から決まる溶着面温度応答のデータから運転条件の選択が必要である．**図 8.19** のデータから溶着が達成される加熱温度の時の表層部を含めて過加熱が起こらない加熱温度を選択をする．過加熱温度は被加熱部の表面温度が制限温度超えない加熱温度を上限に選ぶ．サンプルコード[A]の場合，加熱温度が 223℃の時，圧着時間が 0.35 秒で目標の溶着面温度の 154℃が得られる．この時の材料の表面温度は 179℃を示している．この温度は表層材等の熱変性が見られる 170℃を超えている．加熱温度が 203℃の場合は 0.42 秒で 154℃が得られる．この時の表層材の温度は 169℃であり，表層材等の熱変性の上限温度帯になっている．183℃では 0.54 秒となり，表層温度は 164℃で制限温度以下になっている．この結果，動的な加熱条件として加熱体の表面温度の上限は

203℃と決定することができる．加熱時間が長くなるが，163～170℃付近の加熱条件を選べば，表層材のオーバーヒートは回避され，ヒートシールの加熱の信頼性は極めて高くなる．この結果からレトルト包装のヒートシールのHACCPの保証項目をラボベースで確認できた．材料構成が同様でも各メーカーによって特性がかなり異なっていることが分かる．「適正加熱範囲」の詳細な設定法は［9.6］で述べる．

8.5 イージーピールの発現検査と利用
8.5.1 緒　　言

　ヒートシールの生産工程では剥がし易さよりも，より強い接着が実践されてきている．その強さは鋏やナイフ等の道具を使わないと破り難いものである．

　消費者ニーズの多様化（高度化）に伴い，包装商品のイージーピール/リシールの利便性は強い要求になっている．剥がし易いイージーピールシール技法は同時に"悪戯"防御性に弱点がある．

　世界的な安全環境は包装技法に新たな機能を要求し，イージーピール包装にもタンパーエビデンス（tamper-evidence）を求めている．

　イージーピール技法には次の性能が求められている．

① 内側から応力に対しては通常のシール性を保証
② 外部から操作では容易に開封
③ 再封緘が可能
④ タンパーエビデンスの確保

　これらの要求を実施するにはジッパーシステムのようにリシール機能を別途付加する方法もあるが，ヒートシール部位にイージーピール機能を持たせる方が廉価で工業的には有利である．
　ヒートシール自体にイージーピール機能を発現させるには，
　(1) ヒートシーラントに「熱劣化」を起こさせて，ヒートシール強さを低下させる
　(2) 微量混入物による部分的な溶着の発現機能（反応性，非反応性）の制御
　(3) ヒートシールの立ち上がりの剥がれシール（peel seal）[6]ゾーンの利用
がある．何れの方法もヒートシールの加熱操作には精密な調節を必要とする．
　消費者のニーズに応える性能を持った製品が市場に出始めているが，その性能は満足すべき状況ではない．
　高度のイージーピール性能が要求される注射薬包装の例を**写真8.2**に示した．

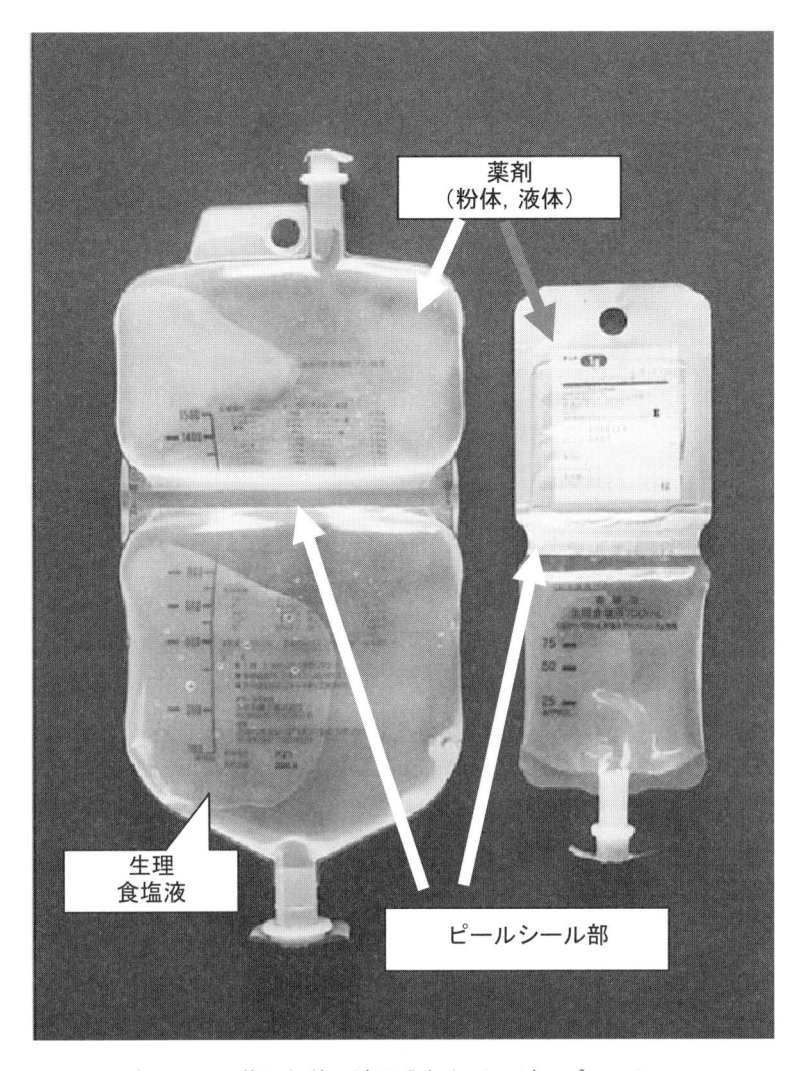

写真8.2　医薬品包装に適用されたイージーピールシール

　本項では，市場に出ている食パン包装のイージーピールに使われている包装材料を使い，①溶着面温度測定法によって精密に溶着面温度の制御をし，②イージーピール包装材料のヒートシール強さの発現状況を詳細に把握する．そして，③容易な工業的な操作方法の是非を探求をする．

8.5.2　イージーピールの発現方法

　イージーピールの発現方法は，

1) ラミネーション層の一部に熱変性層を設け，ヒートシーラントのエッジ切れと層間剥離の利用（**図8.15**参照）
2) ヒートシーラントの剥がれシールゾーンの適用[6]

に大別できる．この方策の説明を**図8.21**に示した．

方法：1

ヒートシールの加熱で熱変性する層間を貼り合わせる．ヒートシーラントはエッジの集中力で破断させる．破片が発生

方法：2

ヒートシールの剥がれシール特性を利用

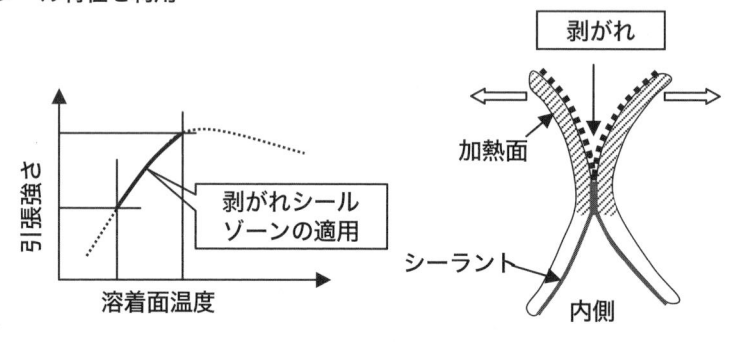

図8.21　ヒートシール面の剥がれの発生メカニズムの解説

　前者は剥離層のラミネーションが必要であり，剥離面には短冊状の剥離片の発生がある．またコストがかさむ課題がある．後者は材料の剥がれシールゾーンを利用できるので，単一フイルムでも可能である．しかし，プラスチック材料の純度が上がると結晶性がよくなるので，溶着の立ち上がりは鋭くなり（図 1.3(b)参照），ヒートシールの加熱温度調節幅が狭くなりピール制御が難しくなる．剥がれシールゾーンの温度幅を拡大するには，アイオノマーやEPRを混入して，co-polymerを生成[6]する方法が利用できる．

　今日ではPP樹脂のco-polymerを共押し出しやコーティングする方法，EBRの混入使用によるヒートシーラントの溶着温度の低温化技術の普及が進んでイージーピールに利用されている．本項ではヒートシーラントの剥がれ性能を応用したピールシールの適用法と材料のイージーピールの発現測定法について述べる．

8.5.3　イージーピール性能の試験方法

　試験材料として，市場に供給されている食パン包装の個別包装材料を使用した．
　材料構成はPPにヒートシーラントとして，PPのco-polymerを共押し出しで生成した32 μmフイルムである．加熱は≪**"MTMS"**キット≫を使い，圧着構成は**図 8.8**の方法を

適用し，加熱体の表層に 0.1mm のテフロンシートをカバーした．1 対の加熱体は同一温度に調節して，設定温度を順次変更して加熱した．最終の圧着代である圧着ギャップは試料 1 枚分相当に設定し，0.2MPa の初期圧で設定の溶着面温度になるまで加熱した．

加熱サンプルの冷却を均一かつ高速化するために，加熱終了後直ちに 0.03MPa で室温状態の平らな金属片で冷却プレスした．加熱圧着条件を均一にするために試料は約 25mm 幅にカットしたものを使用した．加熱，冷却後の試料を 15mm 幅に正確にカットして JIS 法[3]の引張試験を行った．引張パターンを電子記録し，パソコンに取り込んだ．

ヒートシールしたピールシール包装材料の溶着面の引張応力パターンの最大値/最小値は大きく変動する．このメカニズムを解析するために引張試験を 0.8cm/m の低速で行い，引張距離の分解能を 0.05mm とした．ミクロな加熱の均一性を確保するために，数 μm 平面性が保証されている金属シート（シムテープ）でサンプルを挟んで加熱した．

8.5.4 イージーピール材料の引張試験結果

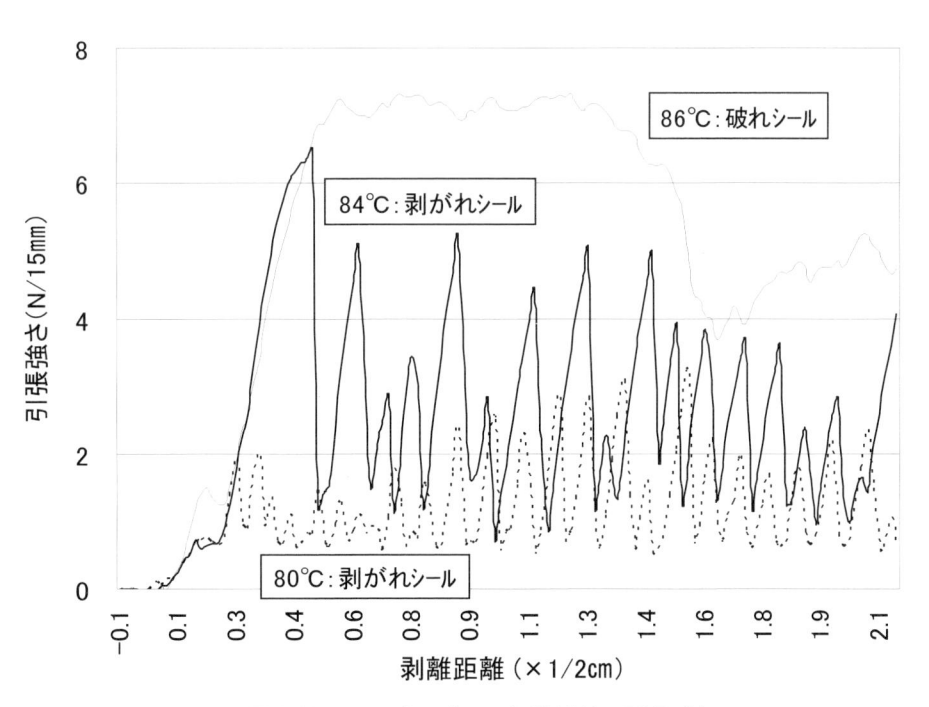

イージーピール包装材料の引張強さパターンは剥がれシールゾーンと破れシールゾーンではその様子が大きく異なることが発見できる．予備加熱試験で溶着の発現する温度帯（74℃～）を調べ，80℃付近から実用的なヒートシール強さが発現することが分かった．溶着面温度ベースの加熱温度 80, 84, 86℃を選んでヒートシールを行った引張試験のデータを図 8.22 に示した．86℃加熱は母材が溶融接着状態の破れシールとなっていて，ピールシールには不適な加熱温度帯である．

図 8.22 イージーピール包装材料の引張パターン

80～84℃の加熱では引張強さの応答は大きく変動している．JIS 法ではこのような場合には，最大値を採取するとなっている（註；ASTM も同じ）．JIS の検査法ではデータの最大値採取がピールシールの性能にどのように関係しているかは定かにされていない．

8.5.5　引張強さの変動パターンの解析と考察

引張強さの 74～90℃の測定値の最大値と最小値をそれぞれ採取して，溶着面を横軸に，引張強さを縦軸にしてプロットした結果を図 8.23 に示した．

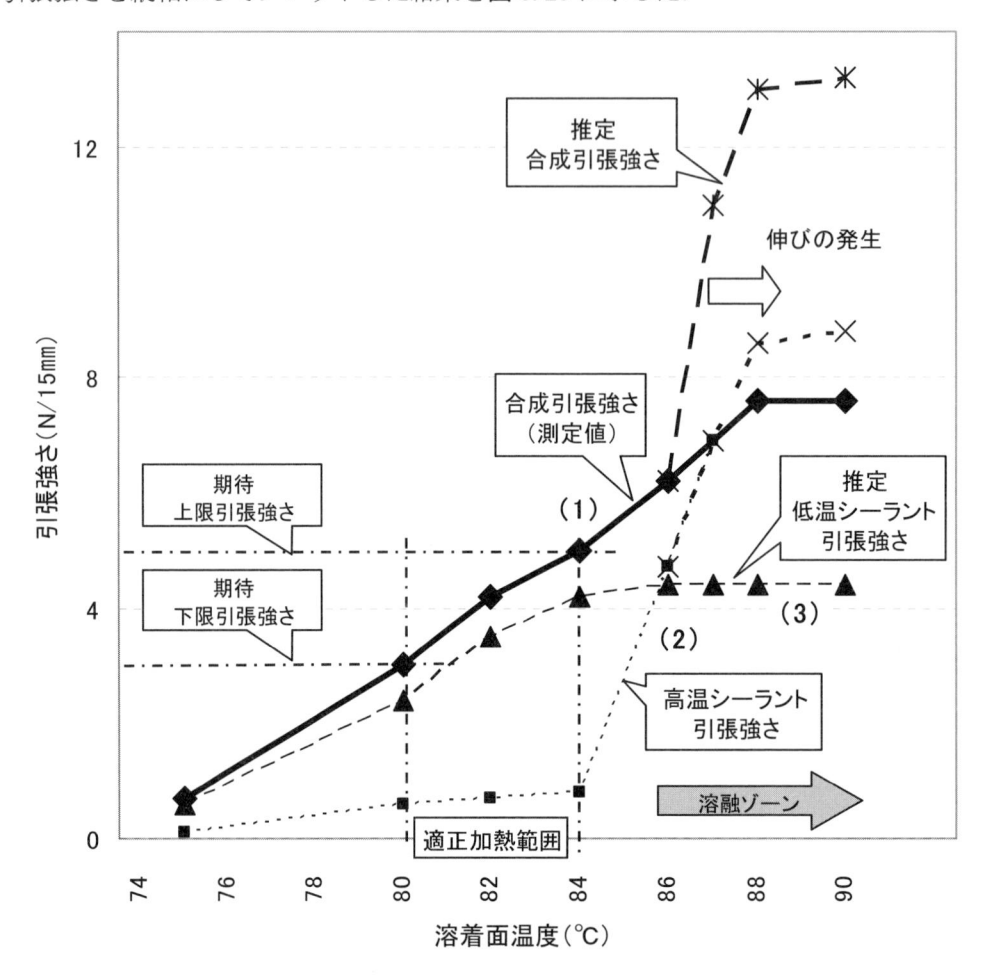

図 8.23　2 つのヒートシーラントの合成によるピールシール幅の拡大

PP の co-polymer は母材の中に"島状"に分布していると言う考察[7]を参考にして，山／谷の引張パターンの最大値を主に co-polymer の溶着強さ，最小値を母材 PP の溶着強さと推定した．75～90℃加熱の引張強さの測定結果の最小値群(2)は母材の PP の引張強さであり，最大値群(1)は co-polymer の引張強さと母材の PP の引張強さの 2 つの引張強さが合成されたものである．最大値から最小値を減じたものは，co-polymer の溶着強さ(3)である．この演算データを図 8.23 に併記した．

84℃以降は溶融接着の母材の引張強さが支配的になって，合成引張強さは点線のように

急激に増加すると推定される．しかし測定結果は，7.5N/15mm で一定であった．

　86～90℃の引張強さはヒートシール線の剥離や破れによるものではなく，基材の伸びに起因している．引張強さは基材の伸び応力を測定していることになる．

　推定される各々引張強さを図 8.23 に付記した（引張強さと基材の伸び応力の相互作用の解析は［8.3.2］で詳述した）．

　この結果から，本実験で使用した包装材料の界面剥離を利用したピールシールの加熱条件の上限は 84℃ と決定することができる．そして試験した包装材料では，ピールシール強さは最大約 5N/15mm が包装材料の基本性能から決定されて，これ以上のピールシール強さの要求は難しいことを示している．

　ピールシール強さの下限に 3N/15mm を選択するとすれば，最適な加熱条件は図 8.23 から 80～84℃ と決定できる．

8.5.6　最適加熱温度の現場への適用上の配慮

　実機にこの結果を適用する場合には，適用されている包装材料の熱応答を "**MTMS**" 測定し，運転速度と加熱体の調節温度の最適な組み合わせを選択する必要がある．

　本実験に使用した包装商品では，折り重なっている部分が（3重×2箇所）のものもあり，6枚重ねと2枚重ねを両立させる加熱条件を要求している（詳細な方法は［9.6］で詳述する）．

8.5.7　引張パターンの大きな変動のメカニズムの考察

　ピールシールを格別に配慮していない包装材料においても，引張試験データを注意深く観察すると，剥がれシールゾーンの引張強さの応答に山/谷の発生が観測され，高性能なイージーピール機能を付加した包装材料では，更に大きく変動するのが特徴的である．

　引張試験を詳細に観察すると剥離面には山/谷に対応して図 8.24(a)に示したような界面接着の剥離部位と低接着の部位の"横縞"状になっている．また剥離の進行中，十分に聞き取れる"ピチッ！"という音の発生が聴取できる．剥離中にかなり大きな不連続のエネルギー変換が発生していると推定される．

　82℃加熱の引張試験の引張速度を超低速の 0.8cm/m として引張距離の分解能を 0.02mm に高めて，精密に測定した剥離パターンの一部を図 8.24（b）に示した．剥離模様と剥離パターンの対比を①～⑥および (A), (B) を対比して表示した．

　不連続の剥離は 0.5～0.9mm の引張毎に発生し，最大値から最小値への変化は 0.02mm（デジタルデータから計測）以内の引張距離で破断的に起こっている．

　PP の co-polymer には 10%程度のエチレンが混入されているので，マクロに見ると引張応力線に 10%の割合で"島状"の接着スポットが分布していると考えられる．ミクロな引張距離（数 10 μm と推定）と各接着子のばね応力の積算力が引張強さとして外部に現れる．

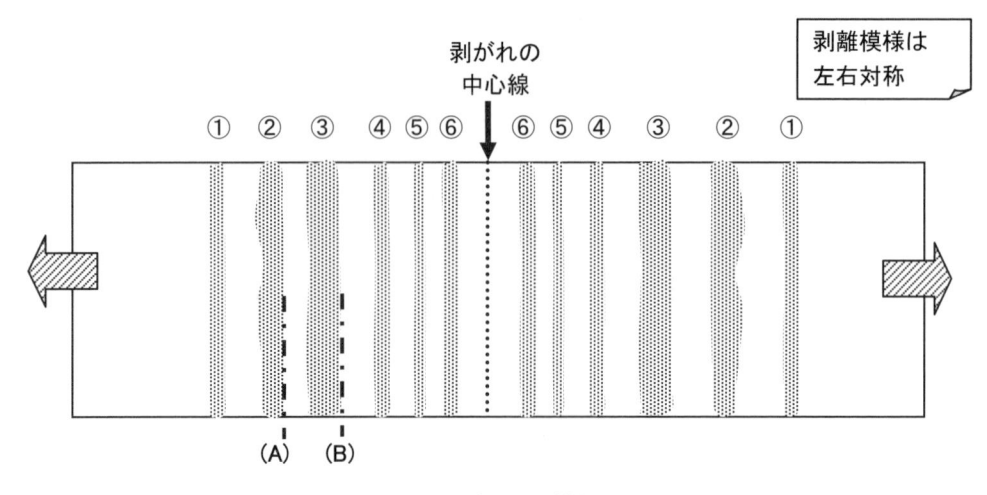

(a) 剥がれ面の模様

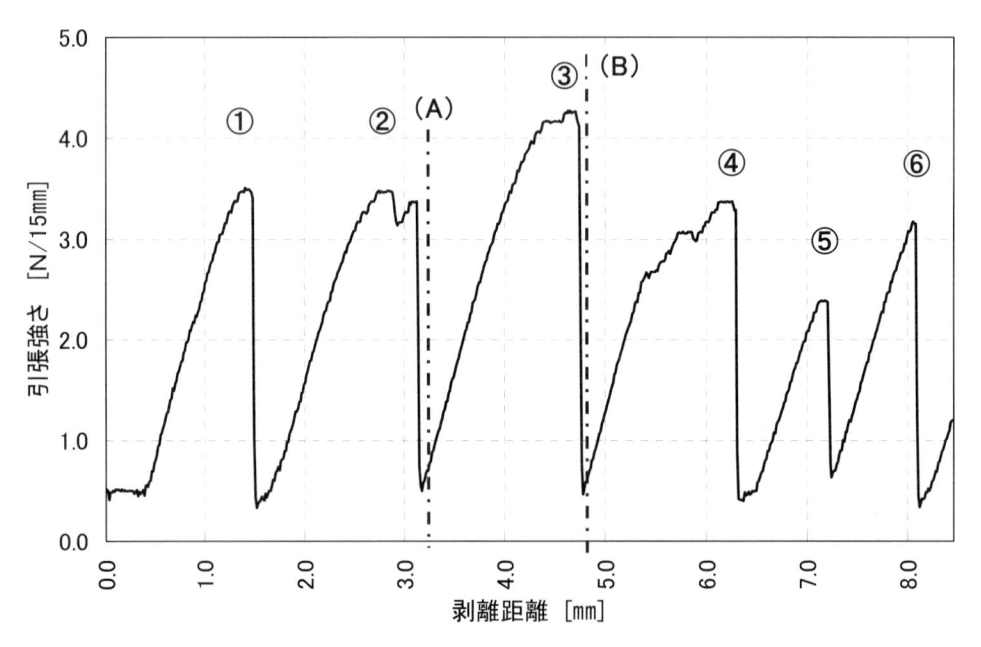

(b) 剥がれパターンの詳細

図 8.24　ピールシールの剥離パターンの詳細解析

　引張応力の負荷中（引張強さが連続的に上昇中）に各スポットの分担応力がスポットの結合力を超えたものは発熱して脱落する．脱落スポットが増加すると残存スポットの分担応力が急激に増加するのと発熱量も増加して軟化も進み，一定値を超えると部分的な破断が生じ，破断しないスポットへの分担応力が増加して，雪崩的に剥離が起こると推定した．この推定モデルを図 8.25 に示した．引張強さの最小値の熱溶着部位では溶着が未完成であるよう見られるが，0.5N/15mm のヒートシール強さが発現しており，シール性は分子レベルで確保されていると理解できる．

◆界面接着状態

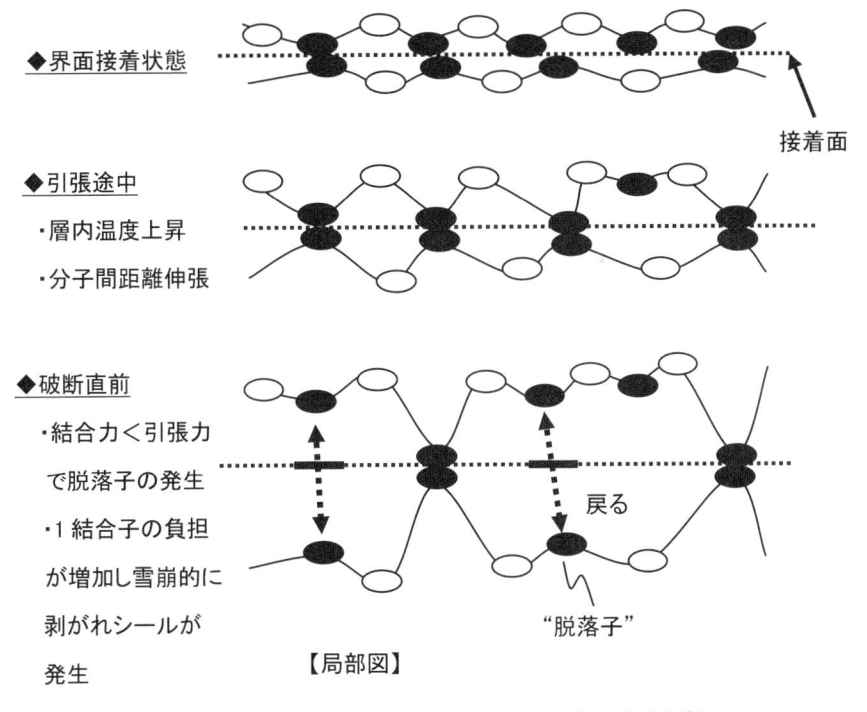

◆引張途中
・層内温度上昇
・分子間距離伸張

◆破断直前
・結合力＜引張力で脱落子の発生
・1結合子の負担が増加し雪崩的に剥がれシールが発生

戻る

"脱落子"

接着面

【局部図】

図8.25 ピールシールの剥離面の縞模様の発生解析

8.6 溶着層の発泡の原因と対策

8.6.1 緒　　言

　プラスチックのフイルムやシートを使った包装材料では，透過成分のバリア性や剛性の調節のために数種のフイルムを貼り合わせるラミネーションが行われる．ナイロン等の親水性の材料では水分のような揮発性成分を層内に保有するものもあり，ヒートシールによって高温下に曝されると気化し，溶着層で発泡を起こす[12]．溶着層での発泡は透明なフイルムやシートではヒートシール面の美観を損ねるばかりでなくヒートシール性にも影響を及ぼしている．従来は表層に印刷層や金属箔を入れたり，テフロンシート等を使って，編目のプレス処理をして目立たないような処置を採っていた．

　本項では，包含揮発成分の発泡（気化）は，その揮発成分の蒸気圧に依存するところに着目し，適用加熱温度に相当する圧着圧の調節を施すことによって発泡を抑制する方法[13]を提示する．

8.6.2 ヒートシール面の発泡のメカニズム解析

　圧着圧と発泡現象については［6.4］で概説したが，包装材料内に含有している揮発成分の挙動は2つに大別でき，紙のような繊維状の場合は発泡の拘束性は小さく，プラスチックフイルムのようにポーラス性の小さい場合は層内で膨張して発泡する．前者は気化性成分が系外に出るときに気化熱を奪うので，気化が完了するまで溶着面温度は圧着圧に

相当する温度に拘束される．紙材が適用されているミルクカートンボックスが代表的である．水分の場合，気化すると $(22.4\times10^3/18) \fallingdotseq 1,250$ になり，包装材料が保存中に大気から微量分でも吸収すると発泡し，ヒートシール面が白濁して見栄えが悪くなるだけではなく，ヒートシール強さが劣化する．

8.6.3 実験結果と考察

1) 実験に使った試料：≪PET12 μm/Ny1. 15 μm/CPP60 μm≫
2) 実験方法の概要：予め溶着面温度をパラメータにして0.2MPaで圧着加熱し，JIS法[3]の引張試験を行い，ヒートシール強さデータ（点線）を採取した．これを図8.26に示した．

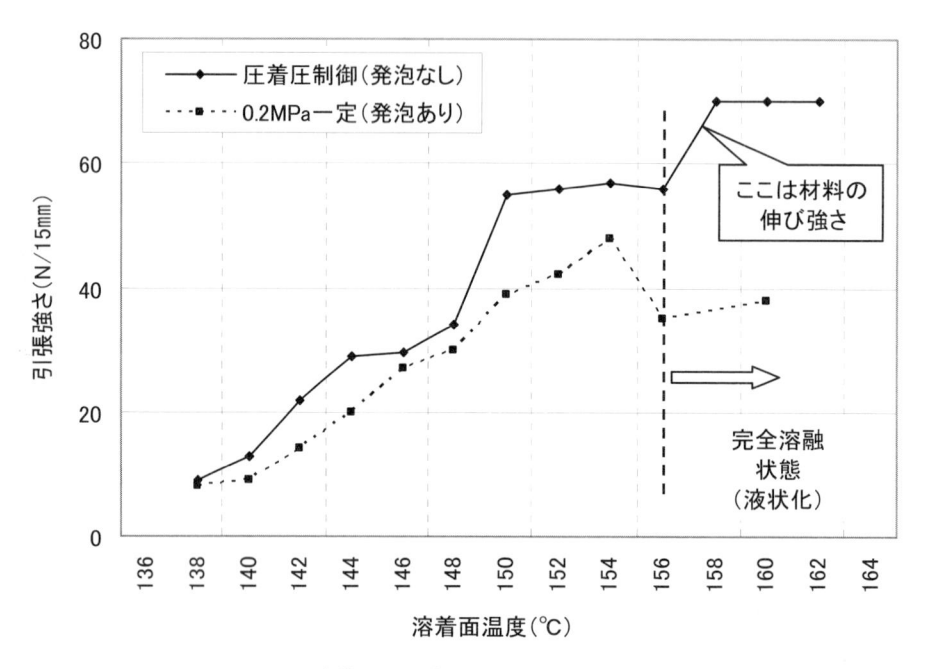

図8.26 溶着面の発泡によるヒートシール強さへの影響

この結果から剥がれシールと破れシールの境界温度は155℃を得た．境界温度を拠り所にして，加熱温度145, 150, 155, 160℃を選択して，**図8.27**に示した圧着装置（"**MTMS**" プレス半自動型）を用いて，加熱温度をパラメータにして，圧着圧を0.1～0.7MPaに変化させたヒートシールを行い発泡状態を目視で評価する．試験装置にはギャップ調整台を設けたが，高圧着圧で溶融したヒートシーラントが流出して，シーラントが破壊されるのを調節した．レトルト包装に期待されるヒートシール強さは23N/15 mm上とされているから，ヒートシール強さの目標をこれに合わせると図8.26（点線）から加熱温度は145℃以上となる．145℃の加熱では圧着圧は0.3MPa以上が必要である．圧着圧をパラメータにして接着面の発泡の状態を目視評価した結果の一覧を**表8.5**に示した．145℃～150℃の発泡

8.6 溶着層の発泡の原因と対策

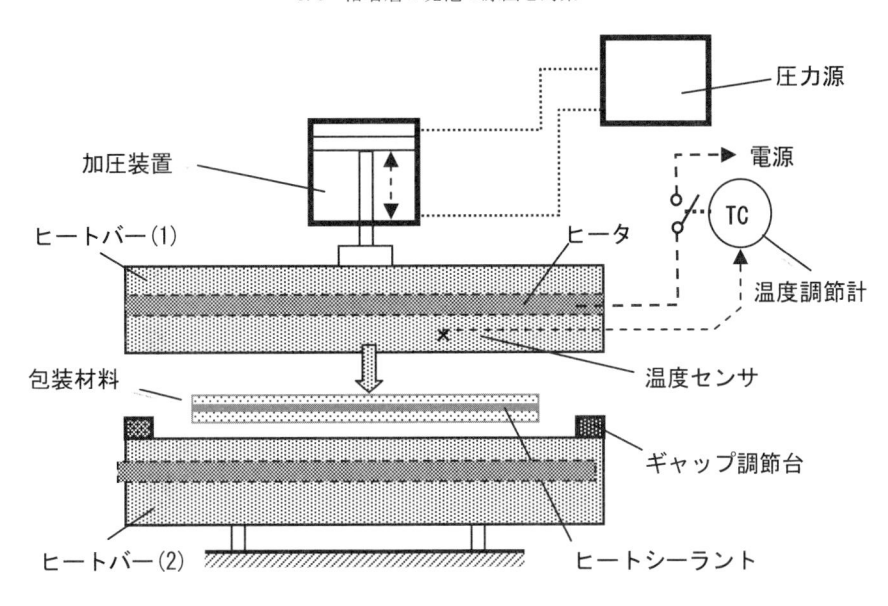

図 8.27 圧着圧の制御ができるヒートシール試験装置（半自動加熱プレス）

状態と発泡が制御された状態を**写真 8.3** に示した．発泡制御の加圧実験では，150℃以上になるとより高い圧着圧が必要になった．

このサンプルは 155℃以上になるとヒートシーラントは液状化するので，粘性が低下して発泡の形成は容易になり，精密な圧力保持が要求される．圧着面の圧力の不均一を補完するために，より高い圧着圧を必要しているものと考えられる．

8.6.4 発泡面のヒートシール強さの変化

図 8.28 に示したデータは「角度法」（[6.1] 参照）を用いて溶着面が発泡したサンプルの引張試験のパターンである．通常の剥がれシールの場合には点線で示したように直線的に上昇して，15 mm 幅の剥がれに到達すると一定になるが，発泡によって接着状態に劣化が起こっていることが分かる．図 8.26 の点線の 154℃以降の引張強さは「角度法」の試験

表 8.5 圧着圧をパラメータにした発泡制御の評価一覧

加熱温度(℃)	操作圧着圧 (MPa)							
	0.20	0.23	0.30	0.37	0.43	0.50	0.57	0.63
145	×	△	○	○	○	○	○	○
150			×	×	△	○	○	○
155			×	×	△	△	○	○
160			×	×	△	△	△	○
圧着圧（水蒸気圧）に相当する温度	134	136	143	150	154	158	163	167

○：発泡の視認なし，△：視認できる，×：白濁

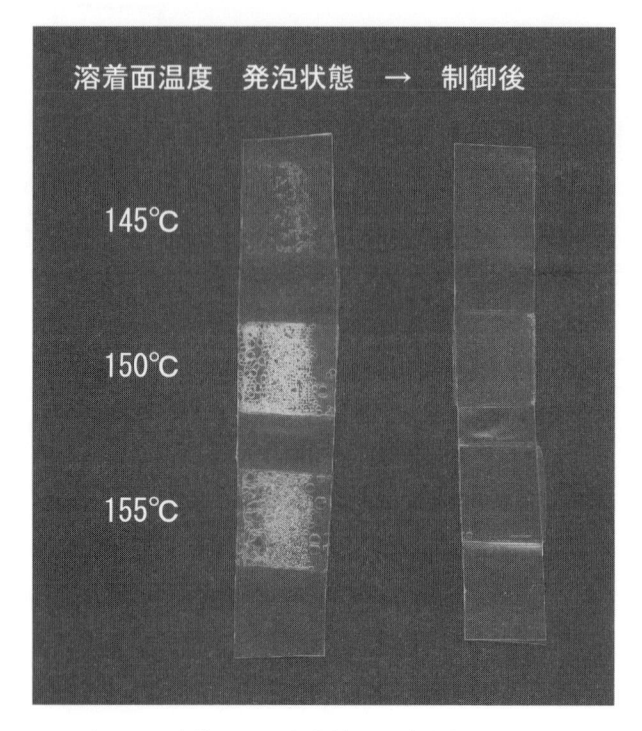

写真8.3 溶着面の発泡状態と発泡を制御した状態

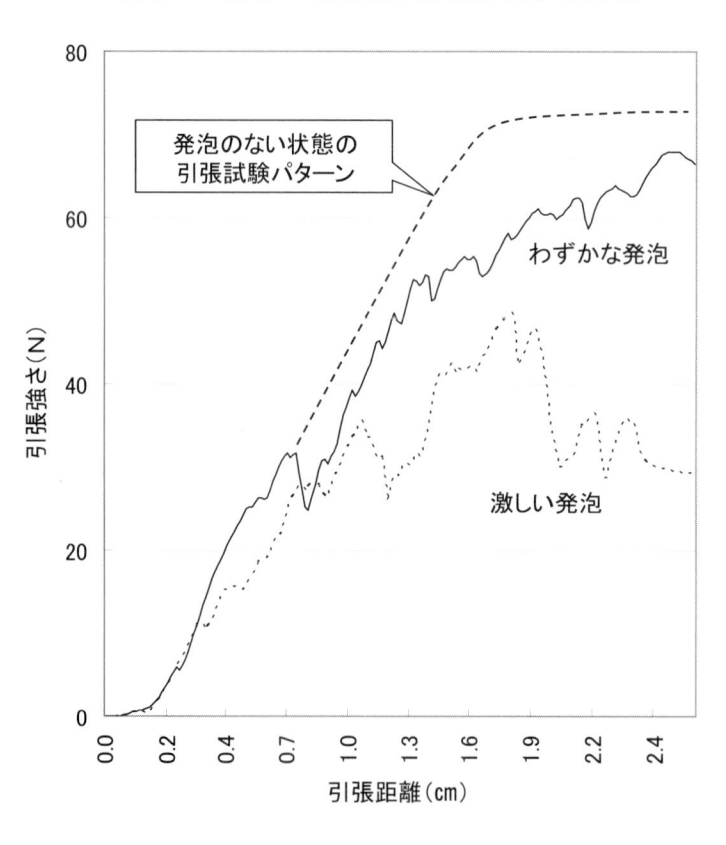

図8.28 発泡溶着面の角度法による引張試験パターン

結果と同一である．このグラフからもヒートシーラントが液状化する 154℃付近から引張強さに劣化が現れている．

8.6.5 高圧着におけるギャップ調節の効果と"ポリ玉"の制御

実験サンプルの場合には 150℃以上の加熱では，ヒートシーラントはほぼ液状化する．この時の気化圧は 0.37MPa となるので，これに対応する圧着圧では溶融したヒートシーラントは押し出されてポリ玉を形成する（**図 5.1 参照**）ので，圧着圧の自己調節機能のあるギャップコントロールの効果が期待できる．本ケースでは，ヒートシーラントの厚さの 30〜60％の圧着代で発泡と"ポリ玉"の生成抑制ができた．**図 8.26** の実線で示した．

このことは包装材料の熱特性を正確に把握して，剥がれシールと破れシールの境界温度付近に加熱温度を選択することを要求している．

参考文献

1) 菱沼一夫，日本特許 第3811145号（2006）
2) KAZUO HISHINUMA, U.S. Patent No. US 6,952,959 B2, Method of Designing a Heat Seal Width, October 11, 2005
3) JIS Z 0238 (1998)
4) ASTM Designation: F88-00 (2000)
5) 角田光弘，菱沼一夫，第12回日本包装学会年次大会予稿集，p.86，6月，2003年
6) G.L.Hoh, U.S.Patent 4346196 5-7 (1982)
7) 大森 浩，第33回日本包装学会シンポジューム要旨集，p.33 (2004)
8) Osswald/Menges，武田邦彦訳監修，プラスチック材料工学，シグマ出版，p.74 (1997)
9) 食品衛生法施行令第82号：第1条，平成9年3月28日
10) 菱沼技術士事務所ホームページ，URL: http://www.e-hishi.com/qamm.html
11) 大江修造，物性推算法，URL : http://s-ohe.com/index.htm
12) 菱沼一夫，日本包装学会誌，Vol.14, No.4, p.240 (2005)
13) 菱沼一夫，日本特許出願，特願2006−70547 (2006)

第9章　ヒートシール操作の機能性改善

9.1　ピンホール，エッジ切れの発生源解析と改善策
9.1.1　ヒートシールの課題の"複合起因解析"

ヒートシールの不具合として提起されている課題（「ヒートシールの質問」［巻頭］参照）を整理整頓してみると次の項目に集約することができる．

- 加熱ブロックの温度調節値が唯一の管理点
- 事後試験法のみ
- "不具合"の検証に不適
- 最適加熱条件確認ができない
  ＊加熱温度，＊ヒートシール強さ，＊過加熱防御
- テストに手間と大量の資材が必要
- 始業調整の歩留りが悪い
- 包装材料に適正なヒートシール条件の提示がない
- 機械的作動性能を重視した装置仕様
- 生産条件優先の運転管理
- ヒートシールの保証ができない
- 剥がれシール（peel seal），破れシール（tear seal）の選択ができない
- 合理的な装置調整ができない
  ＊溶着面温度データが欲しい

9.1.2　ヒートシール管理の"悪循環"の継続の発生解析

前項の課題群の共通的対応方法では，**加熱の高温化，高圧着化**が行われている．この対策によってもヒートシールの主要な不具合であるピンホールと破袋の発生の合理的な改善策は完成していない．従来からの検査法である JIS Z 0238 には改善機能はない．従来の対応では依然として不具合が継続する"悪循環"を起こしている．

ヒートシールの不具合の"悪循環"の"**QAMM**"による"複合起因解析"[1]の結果を**図 9.1**に示す．"悪循環"は，加熱の高温化，高圧着化の操作がもたらすピンホールと破袋の発生に集約できる．本質的改善は「対応と不具合の発生」の因果関係を科学的に解析して，技術に展開する必要がある．［帰結(1)］は従属的な対応であり，問題解決にはならない．［帰結(2)］は症状の例示であり改善課題ではない．

9.1 ピンホール，エッジ切れの発生源解析と改善策

従来方法の問題点
・加熱ブロックの温度調節値が唯一の管理点
・事後試験法のみ
・"不具合"の検証に不適
・最適加熱条件確認ができない
・テストに手間と大量の資材が必要
・始業調整の歩留まりが悪い
・包装材料に適正なヒートシール条件の提示がない
・作動性能の装置仕様
・生産条件優先の運転管理
・ヒートシールの保証ができない
・peel seal, tear seal の選択ができない
・合理的な装置調整ができない

対応と"不具合"の発生
・加熱の高温化
・高圧着化
↓
・シュリンクの発生
・ポリ玉の発生
・接着層の熱変性
→デラミ発生
・構成材料の熱劣化
・破袋の発生
・ピンホールの発生
・接着不良

"不具合"の発生源

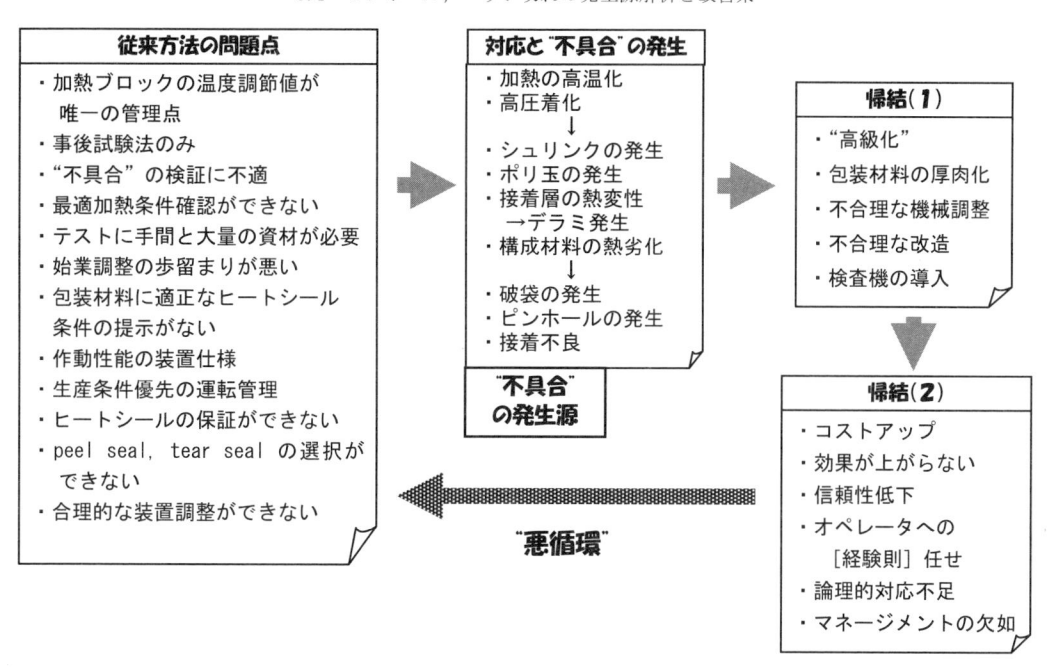

帰結(1)
・"高級化"
・包装材料の厚肉化
・不合理な機械調整
・不合理な改造
・検査機の導入

帰結(2)
・コストアップ
・効果が上がらない
・信頼性低下
・オペレータへの[経験則]任せ
・論理的対応不足
・マネージメントの欠如

"悪循環"

図 9.1　ヒートシール不具合の"悪循環"の行程

9.1.3　ヒートシールの課題の関連解析；"複合起因解析"

"複合起因解析"を適用して，既に提起した《ヒートシールの剥がれ破れの原因要素》（表 5.1）と《ヒートシール強さの発現に関係する要素と構成》（表 7.1）を"複合起因解析"で関連解析すると図 9.2 のように整頓できる．

ヒートシールの不具合の改善 → **不具合項目の列挙** → **不具合の原因列挙** → **不具合の"発生源解析"** → **対象項目の現象と制御事項の分類** → **技術的対応事項**

今迄の課題
・加熱ブロックの温度調節値が唯一の管理点
・事後試験法のみ
・"不具合"の検証に不適
・最適加熱条件確認ができない
・テストに手間と大量の資材が必要
・始業調整の歩留まりが悪い
・包装材料に適正なヒートシール条件の提示がない
・作動性能の装置仕様
・生産条件優先の運転管理
・ヒートシールの保証ができない
・剥がれシール，破れシールの選択ができない
・合理的な装置調整ができない

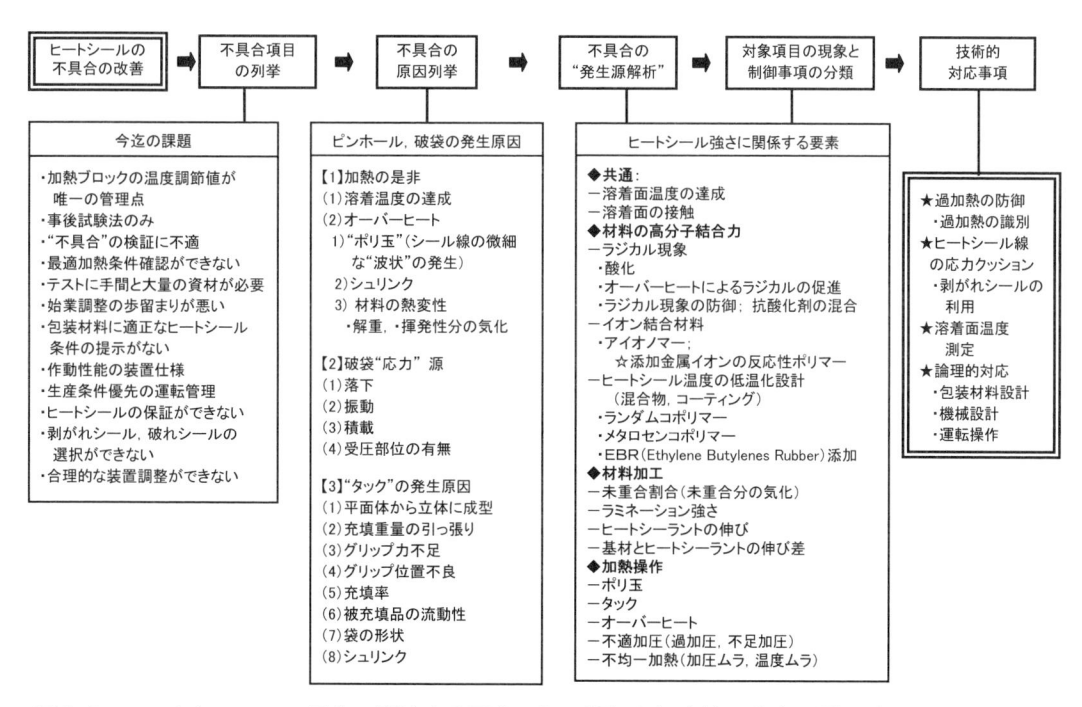

ピンホール，破袋の発生原因
【1】加熱の是非
(1) 溶着温度の達成
(2) オーバーヒート
　1)"ポリ玉"(シール線の微細な"波状"の発生)
　2) シュリンク
　3) 材料の熱変性
　　・解重，揮発性分の気化
【2】破袋"応力"源
(1) 落下
(2) 振動
(3) 積載
(4) 受圧部位の有無
【3】"タック"の発生原因
(1) 平面体から立体に成型
(2) 充填重量の引っ張り
(3) グリップ力不足
(4) グリップ位置不良
(5) 充填率
(6) 被充填品の流動性
(7) 袋の形状
(8) シュリンク

ヒートシール強さに関係する要素
◆共通：
ー溶着面温度の達成
ー溶着面の接触
◆材料の高分子結合力
ーラジカル現象
　・酸化
　・オーバーヒートによるラジカルの促進
　・ラジカル現象の防御；抗酸化剤の混合
ーイオン結合材料
　・アイオノマー；
　　☆添加金属イオンの反応性ポリマー
ーヒートシール温度の低温化設計
　（混合物，コーティング）
ーランダムコポリマー
ーメタロセンコポリマー
ーEBR(Ethylene Butylenes Rubber)添加
◆材料加工
ー未重合割合（未重合分の気化）
ーラミネーション強さ
ーヒートシーラントの伸び
ー基材とヒートシーラントの伸び差
◆加熱操作
ーポリ玉
ータック
ーオーバーヒート
ー不適加圧（過加圧，不足加圧）
ー不均一加熱（加圧ムラ，温度ムラ）

★過加熱の防御
　・過加熱の識別
★ヒートシール線の応力クッション
　・剥がれシールの利用
★溶着面温度測定
★論理的対応
　・包装材料設計
　・機械設計
　・運転操作

図 9.2　ヒートシールの不具合に関連する要素の相互関係と解決策の決定［"複合起因解析"結果］

この解析では
- 「不具合の列挙」　　　→　今までのヒートシール管理法の課題
- 「不具合原因列挙」　　→　ピンホール，破袋の発生要因
- 「不具合の"発生源解析"」/「対象項目の現象と制御事項の分類」
　　　　　　　　　　　→　ヒートシール強さに関連する要素

をあてはめた．ヒートシールの不具合を改善するための本質的な共通要素は次の結論に至る．

　(1) 過加熱の防御　　→　【剥がれシールと破れシールの識別：「角度法」】

重要な付帯要素として

　(2) ヒートシール線に**クッション機能**が必要

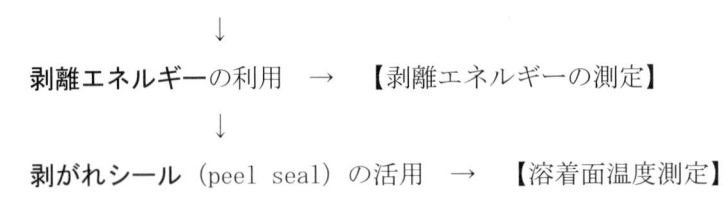

$$\downarrow$$

剥離エネルギーの利用　→　【剥離エネルギーの測定】

$$\downarrow$$

剥がれシール（peel seal）の活用　→　【溶着面温度測定】

本質的な改善に必要な論理を実施するために
① 剥がれシールと破れシールの識別
② 剥離エネルギーの測定
③ 溶着面温度測定

の技術がクローズアップされる．

9.2　剥がれシール領域の活用

　図 9.3 に示したように，プラスチックの熱接着は温度によって起こる剥がれシール（界面接着；peel seal）と破れシール（凝集接着；tear seal）がある．破れシールの加熱状態では材料の持つ熱接着の最大値が発現するので，従来は破れシール領域の達成を追い求めている．本書で論じてきたように，確実な破れシール（凝集接着；tear seal）を行っても，製造工程や流通行程で起こるピンホールや破れ発生を防御できない実態がある．

　本書では，従来は不完全な接着として避けてきた剥がれシールを見直し，剥がれの剥離エネルギーに着目した新規な論理を展開した．

　本項では剥がれシールの有効利用について論じる．

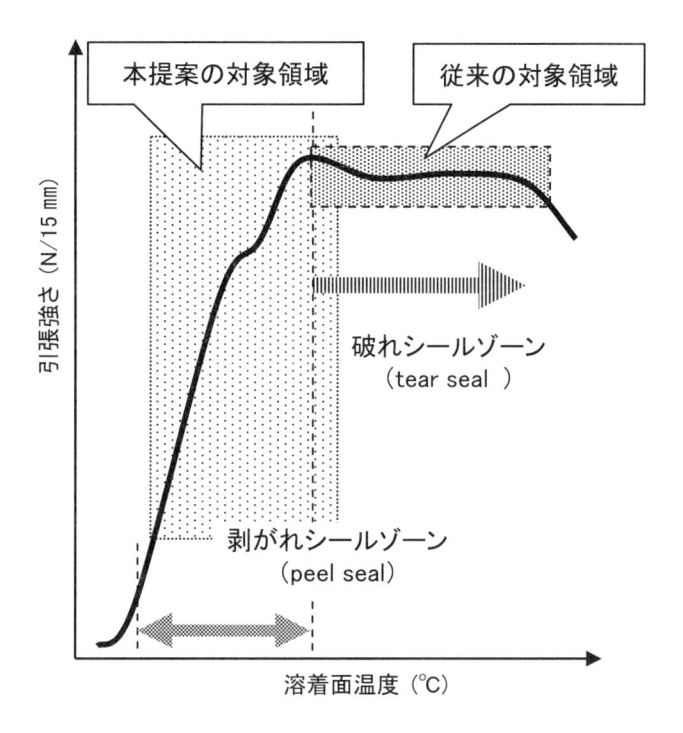

図9.3 ヒートシールにおける剥がれシール（peel seal）と破れシール（tear seal）

9.2.1 剥がれシールゾーン発現原理

　熱可塑性のプラスチックの熱接着は接合面の高分子が圧着加熱によって潜り込む状態から混ざり合う状態（**図 2.1 参照**）になって分子間結合力（van der waals force）で接着が起こっている．潜り込みか混ざり合いかは温度の関数になっている．完全な構造の高分子では剥がれシールゾーンは狭く，急激な立ち上がりを示す．重合にバラツキがあると熱接着の発現にもバラツキが出て剥がれシールゾーンの温度帯は広がる．剥がれシールゾーンをヒートシールに利用するには発現ゾーンが広い方が工業的には便利である．

　剥がれシールゾーンを広げる方策として次のものが実施されている．

① Co-polymerによって高分子鎖中に熱接着の発生する温度ムラを作る．
② 熱接着の発生温度の異なる同類のレジンを混合して製膜する．

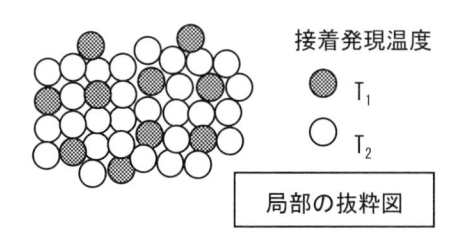

図9.4 熱接着の発現温度の異なる2種の高分子のスポット分布モデル

第9章 ヒートシール操作の機能性改善

このような方策が採られると接着面には温度差によって接着機能を発生するスポットが作られている．このモデル（局部）を図9.4に示した．

各スポットは加熱温度に見合った接着強さ値を発現し，引張試験で得られるヒートシール強さは各スポット強さの合計を計測している．発現温度の異なる2種の接着強さパターンを①，②とし，混合割合を1:1，1:3を例にして，統合された剥がれシールパターンが変化する理由を図9.5で概説する．接着子1単位の分子間結合力は物質毎に決まっている．微細接着面の接着力は接着子が並列に作用し，（単位接着力）×（接着子数）が計測される単位長さ（微細面積）当たりの引張強さとなる．統合された最高の接着力は母材の持つ引張力になる．①および②の個別の剥がれシールゾーンを$\varDelta T_1$，$\varDelta T_2$とすると，統合された剥がれシール幅は$\varDelta T$となる．発現温度の異なる2種のプラスチックの混合比によってゾーン幅と傾斜が調節できる．実際例は図4.13と図8.23に示してある．

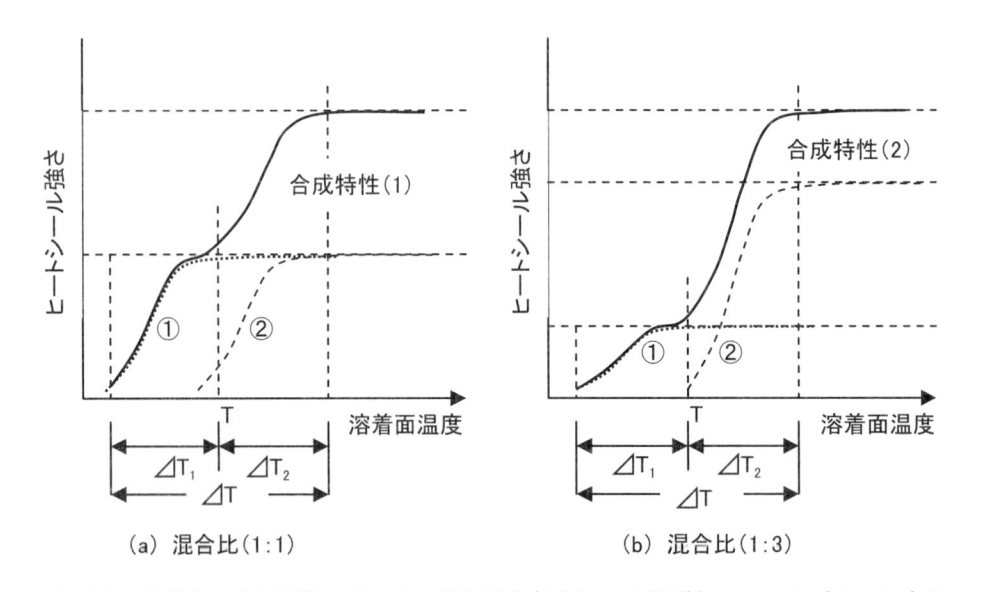

図9.5 熱接着の発現温度の異なる2種の混合割合による剥がれシールのパターン変化

$\varDelta T$間の引張試験結果は見かけ上剥がれシールの様子を示すが，溶着面温度が[T]より高い領域になると①は破れシールになる．①の割合が大きくなるとスポットも大きくなるので，破れシールで発生する微細破片は医薬品包装で問題になる．

剥がれシールと破れシールが混在した剥離面の状態解説は[8.5.2]に示してある．

9.2.2 剥がれシールの特長

剥がれシールの代表的な活用は[8.1]で示した界面接着の剥離エネルギーの利用である．ヒートシールのピンホールと破袋の主要な原因である"ポリ玉"の生成抑制の抜本策である．ヒートシールにおける剥がれシールを縷々論じてきたが，従来のヒートシールの課題を改善できる特長を列挙すると次のようになる．

(1) ポリ玉の生成抑制

(2) 接着層（ヒートシーラント）の溶出防御

(3) 加熱温度の低温化

(4) 剥離エネルギーの利用

(5) ヒートシール線の破壊応力の吸収緩和

(6) タックによる不具合の吸収

(7) 基材の剛性の破壊応力の集束の緩和

(8) 基材のシュリンク防御

(9) 圧着圧の制限緩和

(10) デラミネーションの防御

(11) ヒートシール・フィンの有効利用

(12) 接着層（ヒートシーラント）の薄肉化［→3μm］

(13) イージーピール包装への適用

(14) 開封時の微細破片の発生防御

(15) ヒートシール面の発泡の抑制

(16) 溶着面温度調節で制御ができる

具体的な技術展開は［9.7］で論じる．

9.3 表面温度の正確な調節法

　ヒートシールの実験温度値を現場の生産装置に反映する上で，加熱体の表面温度の精度確保は重要である．加熱体の表面温度の変動要素は**図4.2**に示したように構造材への伝熱と加熱体，構造材の表面から大気中への放熱がある．表面温度は周囲の温度変化の影響を受け一定でなく，数十分から数時間の経過でゆっくり変化する．

　この温度変化は数℃から10℃近くになることもあり，ヒートシールの温度管理の障害になっている．更に実際にはヒータの発熱量と発熱分布の相違，加熱体との接触具合等の個別要素が加わる．今までは試行錯誤によって，ヒートシール強さの最も弱い箇所が溶着するように加熱体の温度設定を上げて不具合に対処している．ヒータの交換を行うと最低温度点が移動するので問題は再発する．これらを総合すると加熱体の温度分布は20℃を超えることさえあり確実なヒートシール制御の障害になっている．**図9.6**に1個のセンサと調節計で直列または並列に接続して，複数の発熱体（ヒータ）の調節を行っている避けたい例を示した．

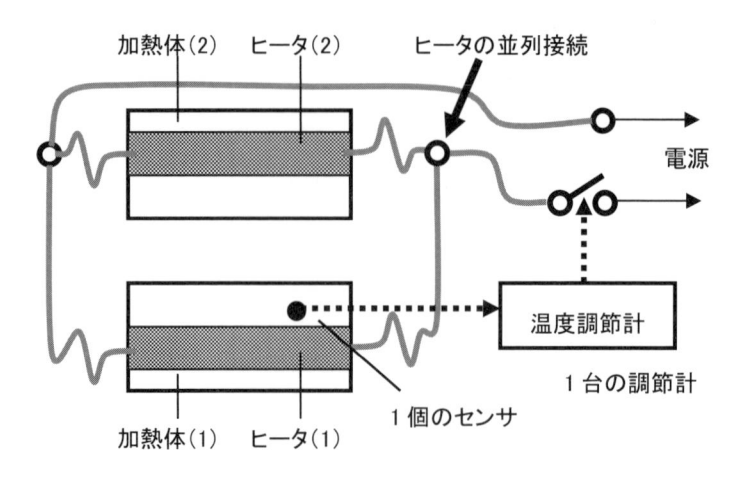

第9章 ヒートシール操作の機能性改善

図9.6 避けたい加熱体の温度調節方法の例

本項では設計条件を確実に反映できる加熱体の表面温度の正確な調節法[2]を紹介する。
　加熱体の表面付近に微細なセンサを埋め込んで表面温度を検知し，この温度値情報を利用して，温度調節系の設定値を補正し，表面温度の変動を数分単位［系全体の温度変動特性（時定数）で決まる］で所定値に修正する方法を図9.7(a)，(b)に提示する．

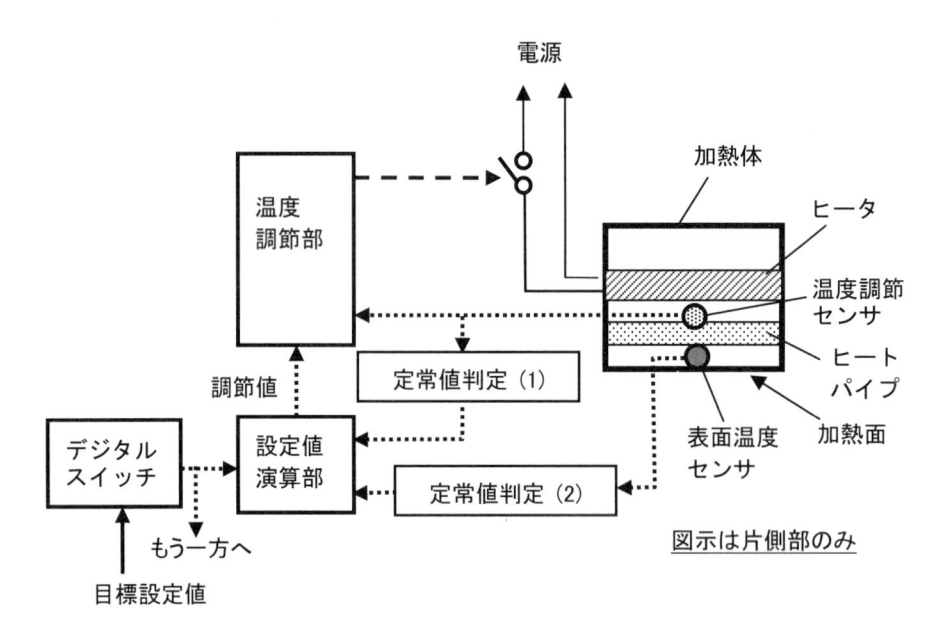

(a) 温度調節の設定値の補正回路の構成

−128−

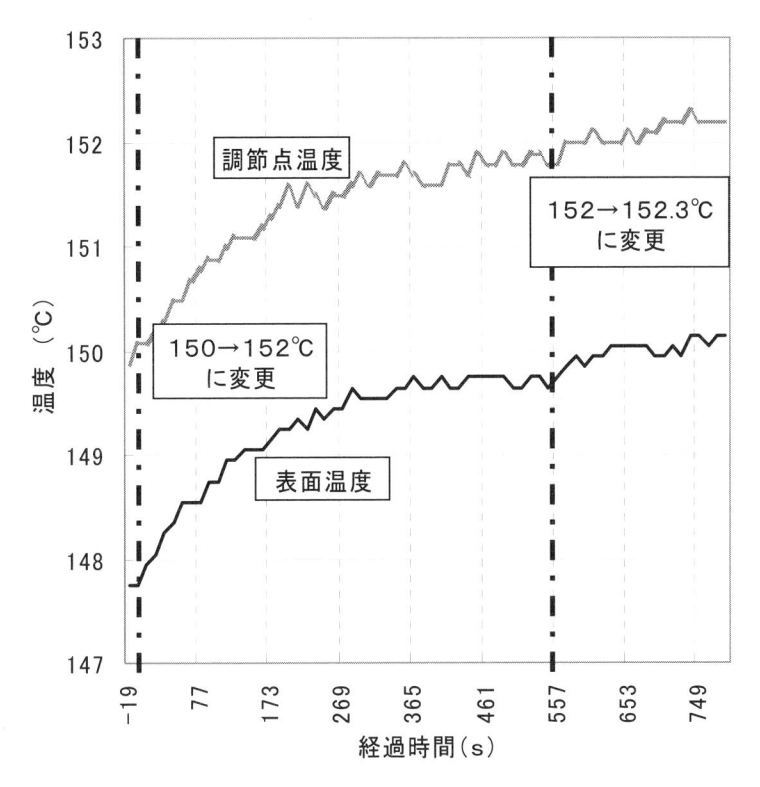

(b) 精密な加熱表面温度の調節結果

図 9.7 ヒートジョーの加熱面温度の正確な調節方法[2]

表面温度の分布を小さくするために発熱体（ヒータ）と加熱面間にヒートパイプを挿入している．図では1対の片側だけを図示している．もう一方も同様な操作が行われる．

図 9.7(a) に温度調節の設定値の補正方法の構成を示した．表面および調節温度センサの信号は数分間 0.1～0.2℃の振れ幅に入ることを判定回路でモニターし，それぞれが一定になると補正回路内では次の演算をする．

$$（希望の表面温度）－（測定された表面温度）＝ \triangle Ts \qquad (9.1)$$

この時の調節設定温度：Tc，過変更を防止するための補正量調整係数：k　とすると

$$（設定変更値）＝ Tc + k \cdot \triangle Ts \qquad (9.2)$$

k は系の特性から 0.7～0.8 を一度選択して固定する．

この演算結果を温度調節計の設定値に反映させる．一度設定を変更した後に数分間の表面温度と調節温度のモニターを行い同様な演算を行う．この繰り返しによって，表面温度は所定の値に収束させることができる．この時の加熱体の温度調節結果は，動作状態の中間情報となり，直接的な管理対象でなくなる．本方法を適用した調節結果を**図 9.7(b)** に

示した．

　このシステムの導入によって剥がれシールの温度設定や剥がれシールと破れシールの境界点の温度管理が容易になる．

9.4　溶着面温度の任意温度のシミュレーション
9.4.1　緒　　言

　ヒートシールは溶着面の溶融温度以上の加温によって完成する温度依存型現象である．ヒートシールにおいて最適な加熱条件を設定するためには，溶融温度以上の加熱と溶融温度に到達する圧着時間の組み合わせが要求されている．

　[4.2.5]で，材料ごとの溶着面温度の測定法を提示したが，適正な加熱温度を決定するためには，加熱温度を変更して得られる溶着面温度を計測する必要がある．始発温度が常温付近では測定は容易であるが，数十℃以上高くなると測定装置を高温環境に設置する必要がある．

　本項では，室温を基点温度にして，1～2個の溶着面温度の応答データを採取して，そのデータを使った任意の始終点温度の溶着面温度応答をパソコン上でシミュレーションできる方法を提示する[3],[4]．このシミュレーション結果を利用して，ヒートシールの「最適加熱範囲」の診断，設計ツールに応用するための検討をする．

9.4.2　ヒートシールの熱伝達系の電気回路への置き換え

　被加熱材の熱容量と熱伝導能力は独自に存在するので，加熱温度の影響を受けず，温度上昇パターンは時間の関数となる．この特性を利用してヒートシール時の溶着面温度の熱挙動をシュミレーションする方法について説明する．

　熱源を容器に入った液体の液位，材料の熱容量を口径の異なる容器（C_1～C_3），構成される材料の熱伝導特性を径の異なるパイプ（R_1～R_3）とすると，熱流挙動は図 9.8(a)のように模式化できる．

　容器の断面積は電気回路の「容量：C」，パイプの口径を「抵抗：R」に置き換えることができるので，図 9.8(b)に示したように R/C の「1次遅れ回路」として表すことができる．この回路は各点の熱流や温度は相互干渉する特性を持っているので，入口端と出口端のみに着目して，中間をブラックボックスとして扱ってしまうと図 9.8(c)に示したように一対の RC で構成した回路に近似できる．熱移動現象の動的解析には熱伝導能力を電気抵抗，熱容量を電気容量に置き換えた「過渡現象論」が工学的には良く使われる．

　「過渡現象論」では印加電圧と回路内の電流の関係を論ずるが，ヒートシールをシミュレーションする場合には，電圧を加熱温度，電流を熱流に置き換えて論ずることができる．「過渡現象論」では印加電圧によって回路定数の抵抗値や容量値が変動しない「線形」現象として取り扱う．しかし，プラスチック材料では加温によって材料の分子構造が変化し

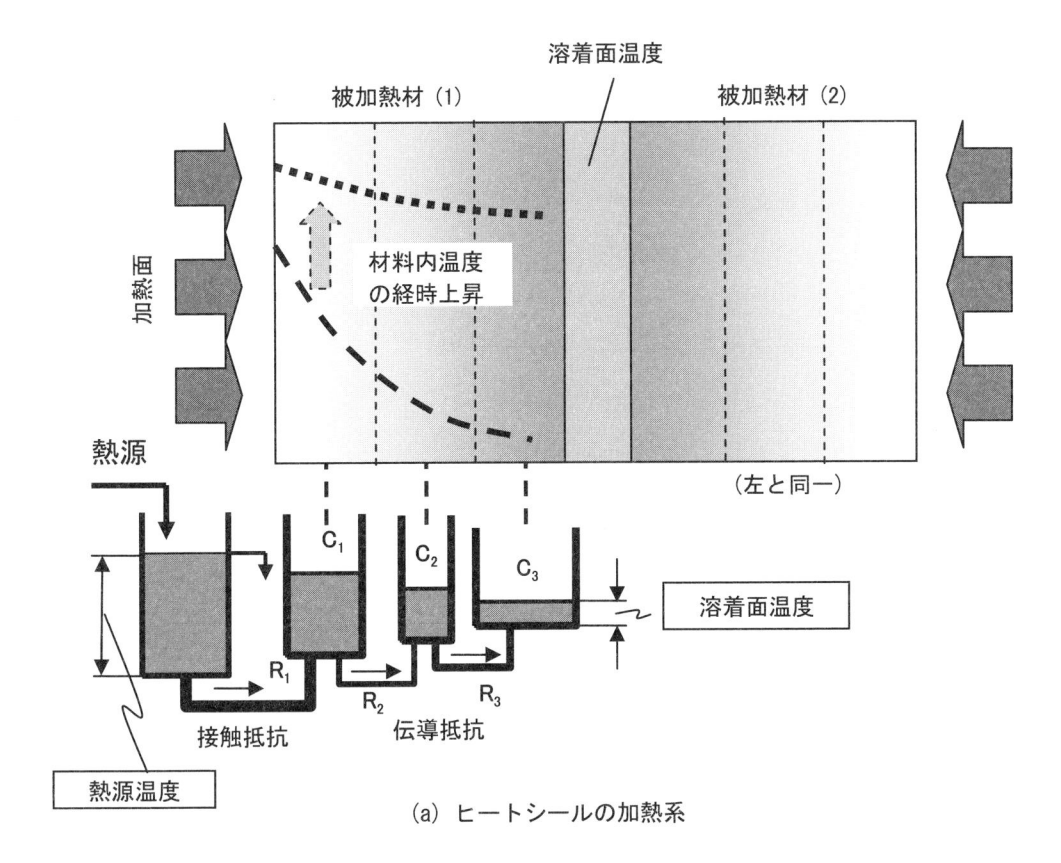

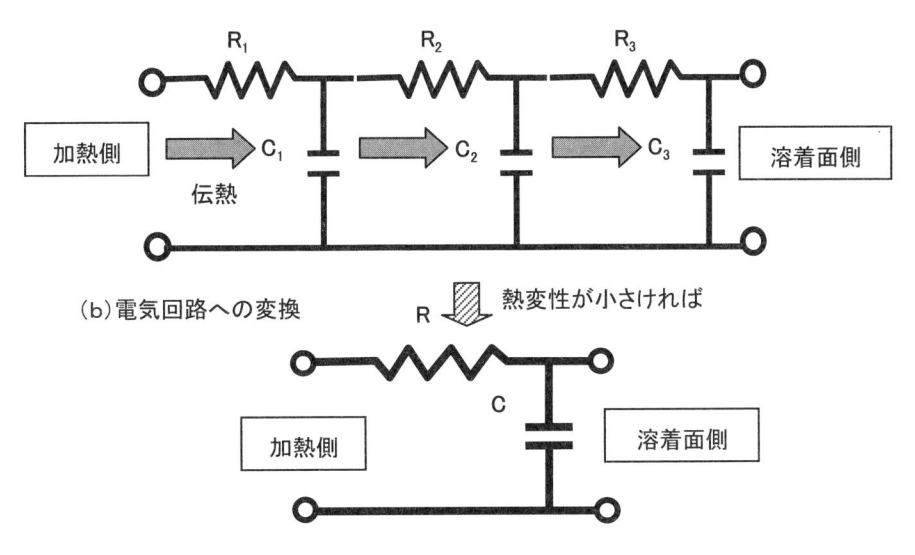

9.4 溶着面温度の任意温度のシミュレーション

(a) ヒートシールの加熱系

(b) 電気回路への変換

(c) ヒートシールの熱伝導の電気回路への変換

図 9.8 ヒートシールの熱伝導の電気回路への変換

て，「軟化」，「溶融」，「ガス化」に変移するので不連続現象（非線形）が発現し，「過渡現象論」をそのまま展開できない．また，熱伝導現象を熱伝導値（電気抵抗）や熱容量値（電気容量）として具体的な数値として表現するのは容易ではない．

　ヒートシールの解析では，熱容量や伝導性の定数を直接求めるのが目的ではなく，始発温度と目標温度から決まる溶着面温度パターンが求められればよい．

　過渡現象論では回路の定数（CR）が同一なら，応答パターンは印加した電圧のみによって決定される特徴を利用する．即ち各時間の応答値は印加した電圧の大きさに比例することになるので，熱特性を包含した1つの応答データがあれば各時間のデータに変更割合を乗じることによって容易に任意の点の応答値を個別に求めることができる．

　結晶性のプラスチックでは熱変曲点が鮮明に現れる非線系である．この場合のシミュレーション方法として，変曲点を境界にして，①始発温度点から変曲点，②変曲点から高温側に分けてシミュレーション演算を行う．2つの結果を変曲点でつなぎ合わせることで上手くシミュレーションできることが分かった．

　ヒートシールの溶着面温度をシミュレーションするには，基本データに相当する材料ごとの溶着面温度の応答曲線を≪"MTMS"キット≫を利用して，1～2個を実測採取する．このデータはデジタル変換して，パソコンのEXCELファイルに取り込んでパソコン処理が行えるようにする．このシミュレーションの成果は，包装材料の保存温度等の初期条件の異なる温度環境の影響評価や高温下の基本データの収得が難しい，2段加熱の条件検討の適正性を評価するために利用できる．さらに設計段階で包装材料のヒートシールの応答を簡易にシミュレーションできるので，機械の速度設計，HACCP性能の事前検証にも活用できる．

9.4.3　ヒートシールの加熱系の応答変化の発現要素の分類

　加熱系の応答に関係する要素を列挙すると次のようになる．

(1) 包装材料；包装材料の種類，厚さ，ラミネーション方法
(2) 発熱源系；発熱容量，発熱部位，加熱ブロックの材質，加熱ブロックの容積，加熱ブロックの形状，加熱ブロックの保持方法
(3) 加熱体系；表面よりの放熱，加熱ブロックの待機位置（輻射熱の相互干渉），両面加熱温度（同一，別個），片面加熱，加熱体の密着性（圧着圧），加熱体へのカバー材の設置，加熱繰り返し速度

　熱応答の変化を解析するには熱流を電流，温度値を電圧に置き換えて電気回路の過渡現象で置き換えると数式的な証明が容易になる．物体に熱を加えたときの伝熱応答は1次遅れの過渡現象として表現することができる．上記の代表的な要素を電気回路**図9.8**の設定

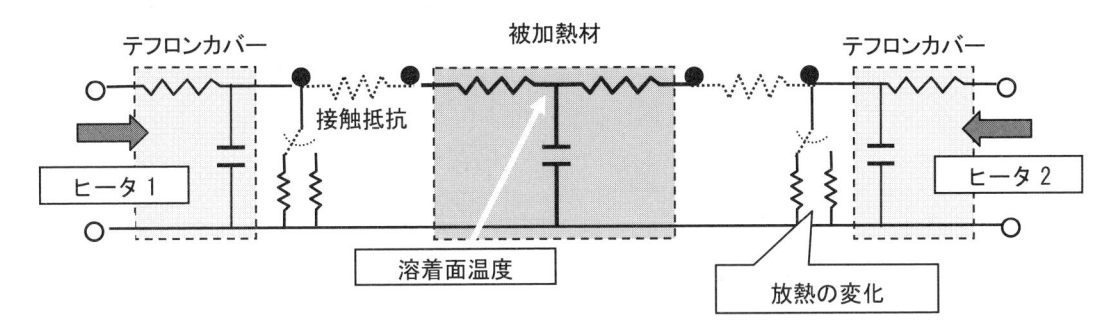

図9.9 ヒートシールの溶着面温度の電気回路へのシミュレーション

に基づいて置きかえると**図9.9**示したようになる．

9.4.4 熱伝導系のステップ応答の特性の利用

図9.8(c)に熱伝導系を簡略化した回路を示した．

C：熱伝導系の熱容量

R：熱伝導系の熱流の抵抗

と定義して，加熱源温度を≪E_i≫，熱流を≪i≫，溶着面温度を≪Vc≫，材料中の温度降下を≪V_R≫として，≪E_i≫と≪V_c≫の関係を数式で表すと次のようになる．

$$i = dq/dt = C(dVc/dt) \tag{9.3}$$

$$V_R + V_c = E_i \tag{9.4}$$

$V_R = i \cdot R$ であるので(2)式に(1)を代入して，次式を得る．

$$CR(dVc/dt) + Vc = E_i \tag{9.5}$$

$$dt/CR = -dVc/(Vc - E_i) \tag{9.6}$$

(9.6)式を積分すると

$$(t/CR) + F = -\log(Vc - E_i) \tag{9.7}$$

$$Vc = E_i + e^{-[(t/CR) + F]} \tag{9.8}$$

F：積分定数

初期条件 t = 0 とすると

$$E_i + e^{-F} = 0 \quad から \tag{9.9}$$

$$Vc = E_i(1 - e^{-(t/CR)}) \tag{9.10}$$

を得る．

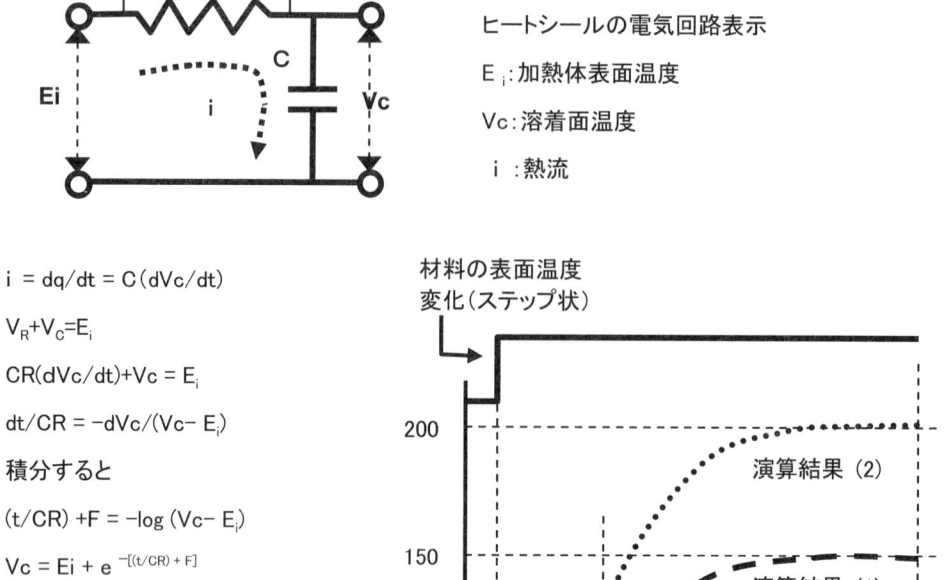

ヒートシールの電気回路表示
E_i：加熱体表面温度
V_c：溶着面温度
i：熱流

$i = dq/dt = C(dV_c/dt)$

$V_R + V_C = E_i$

$CR(dV_c/dt) + V_c = E_i$

$dt/CR = -dV_c/(V_c - E_i)$

積分すると

$(t/CR) + F = -\log(V_c - E_i)$

$V_c = E_i + e^{-[(t/CR)+F]}$

初期条件

$t = 0$ とすると

$E_i + e^{-F} = 0$ となるから

$V_c = E_i(1 - e^{-(t/CR)})$

を得る

右図の(1)&(2)は演算例

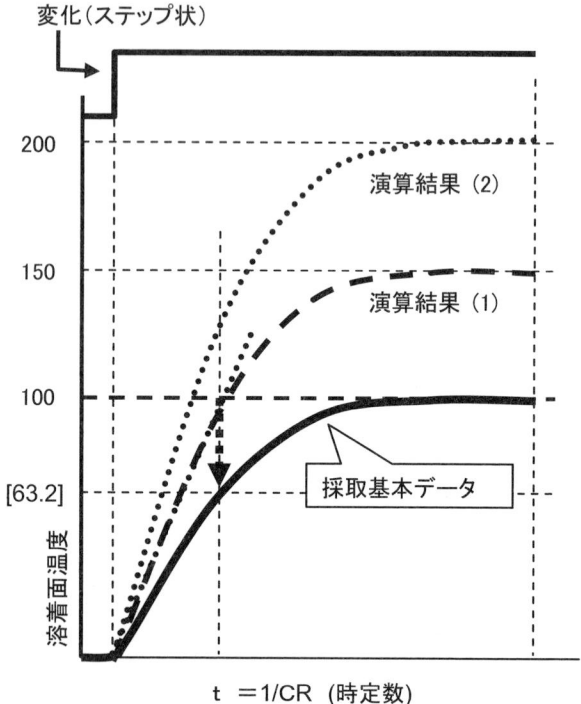

図9.10 1つの測定データからの任意の溶着面温度をシミュレーションする方法

≪E_i≫をステップ状に印加すると横軸が時間，縦軸が温度の経時変化を表したステップ応答が得られる．ヒートシールの加熱操作は一定温度の加熱体を瞬間的に圧着するので，ステップ応答に相当する．

演算式の (9.10) に注目すると，溶着面温度≪V_c≫は時間に関して指数関数的に変化することを示しているが，カッコ内の指数関数のパターンは≪1/CR≫の定数で決定されていることが分かる．もし加熱によって≪CR≫が変化しなければ溶着面温度の応答パターンは単純に≪E_i≫に比例する指数関数パターンで表わすことができる．この説明を**図 9.10**に示した．縦軸はこのまま温度値として読んでも良いが基準温度に対する指数に置き換えれば，汎用的な扱いになる．1次遅れのステップ応答の論議では t＝0 の時の傾斜直線

(1次微分式)と印加電圧(温度)との交点から横軸に降ろした垂線と横軸の交点が時定数(1/CR)[s]として表わし応答の大小の指標にしている．時定数は系の抵抗値と容量値で決まり印加電圧が変化しても一定である．このことから，1本の溶着面温度応答を≪**"MTMS"キット**≫で採取すれば，≪CR≫の項を含んだデータを採取できることになるので加熱温度にのみ着目してシミュレーションデータを得ることができる．この例を図9.10中に演算結果(1)，(2)として示した．

9.4.5 線形応答として扱える熱変性の小さい材料のシミュレーション方法

薄手のフイルム，TYVEK®のようなヒートシーラントが表層材の容積に比べて極めて少量の材料や非結晶性のプラスチックでは顕著な熱変性を示さない．

このようなケースでは［線形］として扱うことができる．次の手順でシミュレーションデータの演算をする．

シミュレーションする場合，始終点温度の制約はないので，シミュレーションしたい加熱温度帯を選択すればよく全温度帯を取り扱う必要はない．

そこで測定データのシミュレーション時間帯を選択して，以下の操作を行う．

(1) シミュレーションするための採取したデータの使用範囲を決める

　　採取したデータ：D

　　最小値：T_{L1}

　　最大値：T_{H1}

(2) シミュレーションする温度範囲を決める

　　最小値：T_{Ln}

　　最大値：T_{Hn}

(3) 採取データとシミュレーション条件のデータを使って

$$T_{H1} - T_{L1} = \Delta T_1, \quad T_{Hn} - T_{Ln} = \Delta T_n$$

を計算して，比例定数を計算する

(4) 採取したデータは"0℃"起点ではないので比例定数を乗じると始発点は比例定数に応じてシフトするので，差分を補正する必要がある．補正を含めた演算を次の式を用いて行う．各時間点のシミュレーションデータを≪D_S≫とすると

$$D_S = D \cdot (\Delta T_n / \Delta T_1) + T_{Ln} - T_{L1} \cdot (\Delta T_n / \Delta T_1) \tag{9.11}$$

第2項以下は条件が決まれば定数となるので

$$D_S = D \cdot k + C \tag{9.12}$$

この演算はパソコンに採取したデジタルデータに［k］を乗じて，シミュレーションデータを得る．上記のデータ処理の加工プロセスを**図 9.11**に示した．(9.12)式に相当す

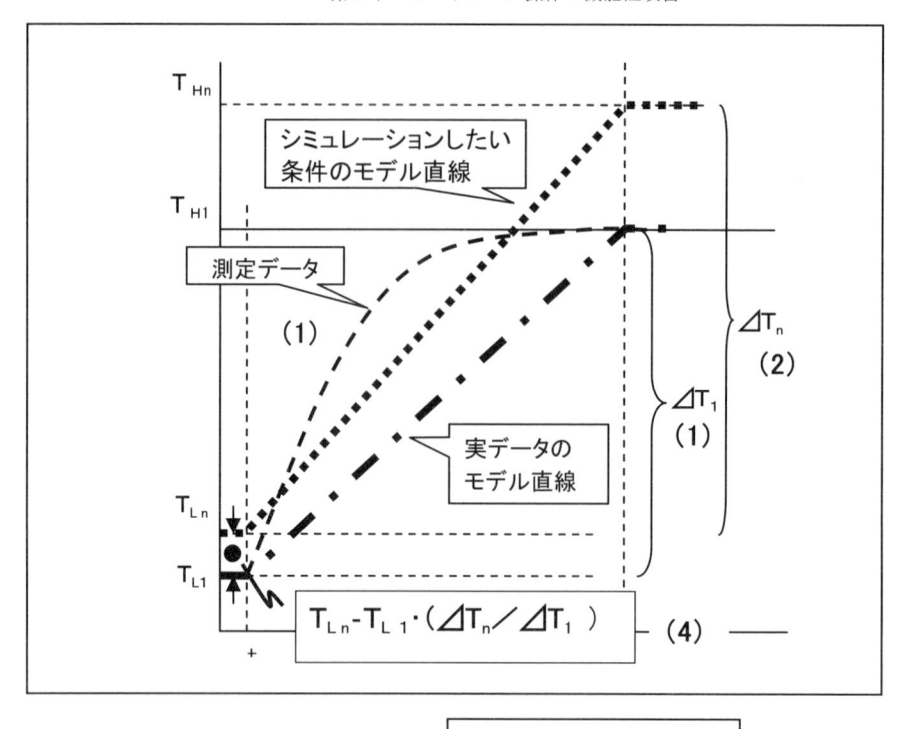

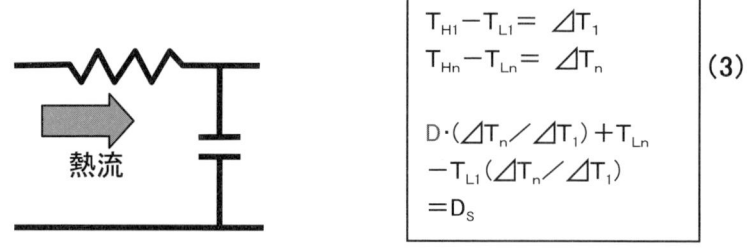

図 9.11　熱変性の小さい「線形」材料のシミュレーション方法

るシミュレーション結果は一点鎖線で示した結果になる．図中に示した（n）は上記の説明の手順番号である．

9.4.6　熱変性の変曲点が顕著に現れる非線形応答の場合のシミュレーション方法

ヒートシーラントは数十 μm 以上になると熱変性の変曲点が顕著に現れ，かつ変曲点の前後では応答は1次応答にならない．これを，1次応答のシミュレーションと同様のシミュレーシをすると，**図 9.12(c)** 中に上向きの矢印で示したように熱変性点も比例定数分相当移動が発生して正しいシミュレーションにならなくなってしまう．

そこで加熱条件に関係なく決まっている変曲点を固定して，変曲点を境にして高温側と低温側に分けてシミュレーションする改善方法を考案した．

その方法を次に示す．

(1) 採取データから変曲点温度を検出する．
(2) 検出した変曲点温度を境界にして低温側と高温側に分けて，[2.4]で説明した熱変

性の小さい場合のシミュレーションと同様の方法を使って，分割してそれぞれの演算を行う．

(3) 低温側のシミュレーション結果の時間軸に合わせて，高温側のシミュレーション結果を変曲点温度で結合する．

このシミュレーション方法のプロセスを図9.12に図解した．

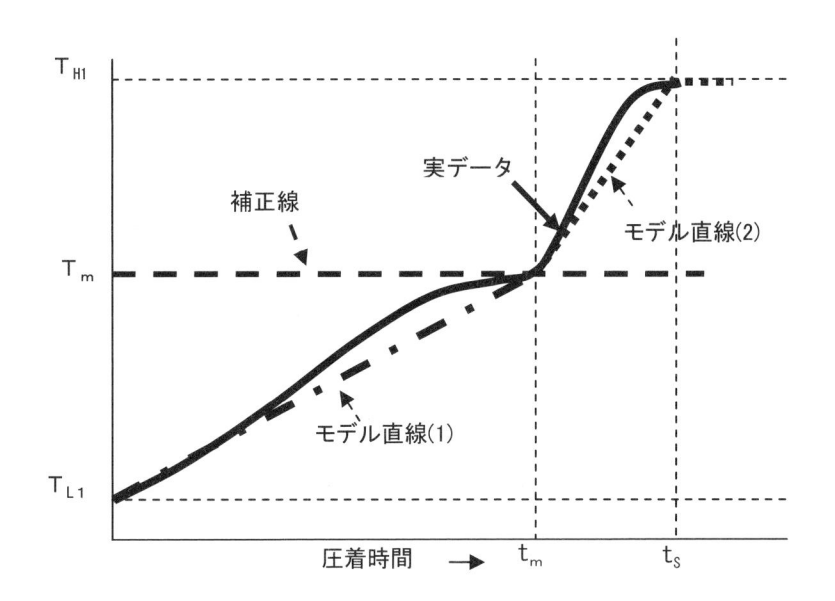

(a) 変曲点を境に分けてシミュレーション

(b) 等価電気回路

(c) 補正シミュレーションの手順

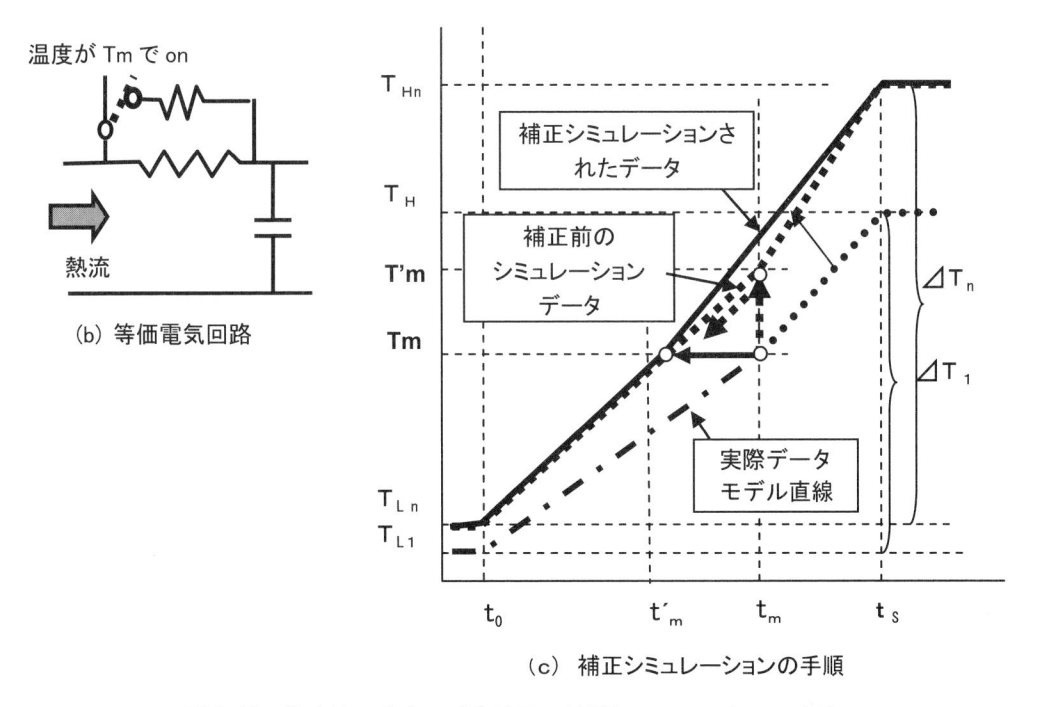

図9.12 熱変性の大きい「非線形」材料シミュレーション方法

9.4.7　線形応答として扱える熱変性の小さい材料のシミュレーション結果と考察

　フイルム構成が≪OPP18/PE10/VMPET9/PE10/CPP18≫の119℃の採取データを元に149℃のシミュレーションを行った結果を図 9.13 に示した．図ではシミュレーションする下限温度と上限温度または変曲点とを直線で結んだ説明をしてあるが，演算に使う個々のデータは図 9.11 や図 9.12(a)に示してある測定データを使う．

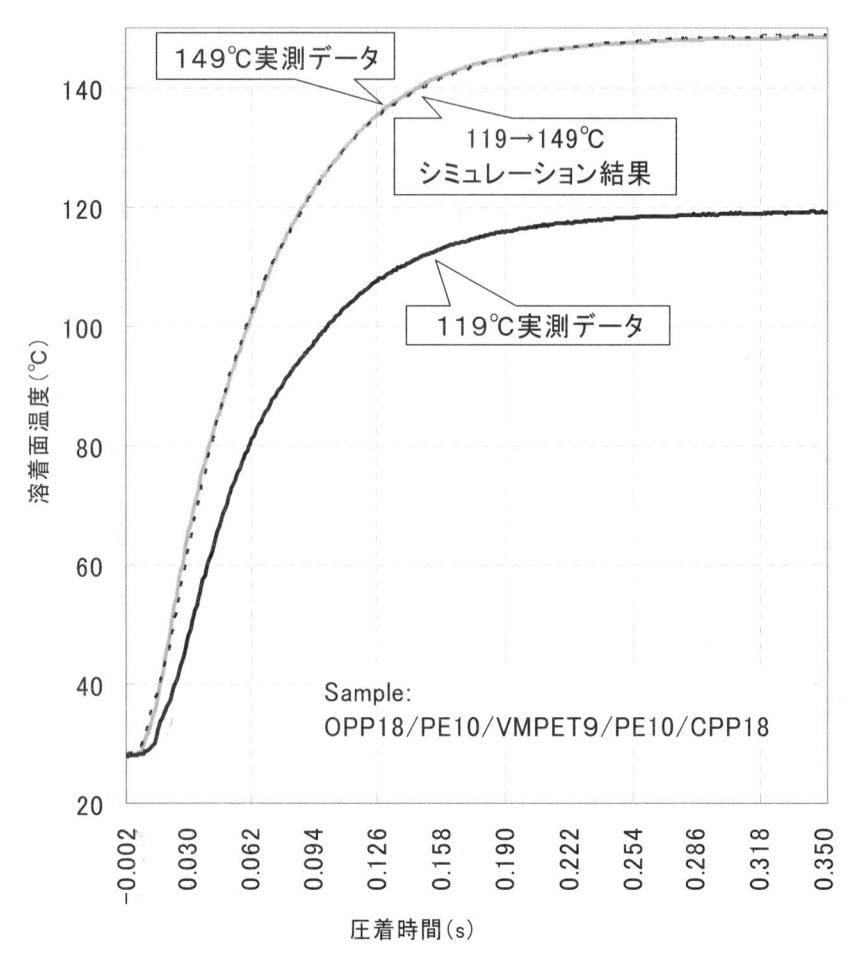

図 9.13　熱変性の小さい場合のシミュレーション結果

　この結果からシミュレーションデータと実測応答データは2℃以内でよく一致していて，実用性のあることが確認できた．

9.4.8　熱変性の変曲点が顕著に現れる非線形応答の場合のシミュレーション結果

　フイルム構成が≪PET12/Al7/CPP70≫のレトルトパウチ材料の 160℃の採取データから180℃のシミュレーションを行った結果を図 9.14 に示した．

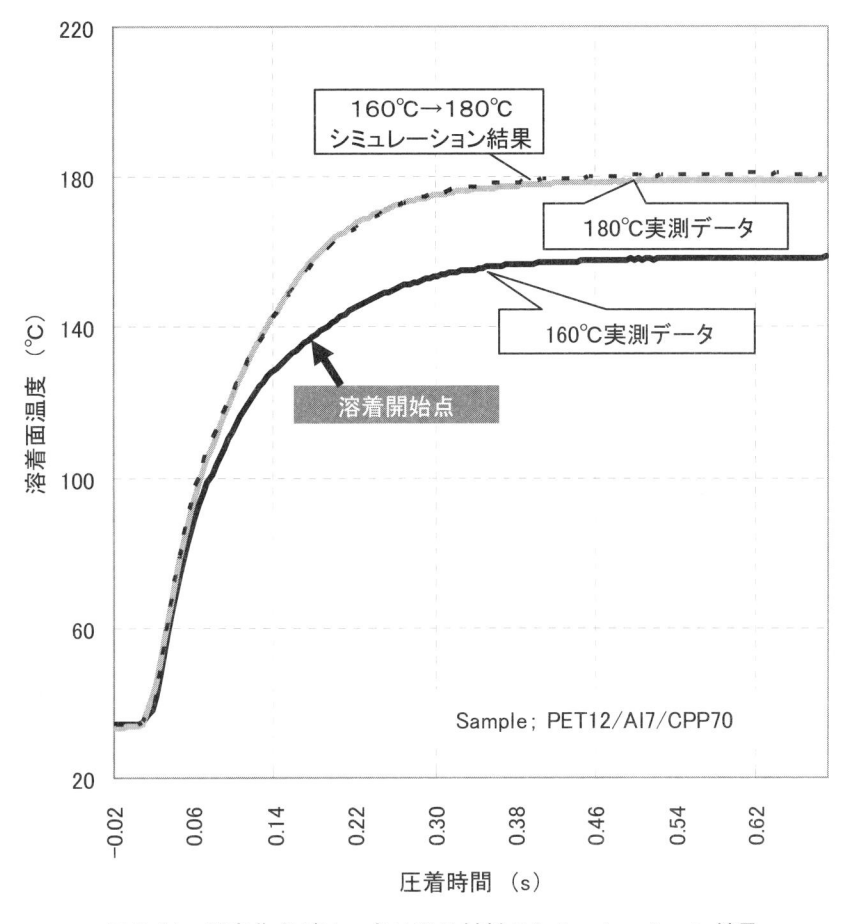

図 9.14 熱変曲点がはっきり出る材料のシミュレーション結果

　この結果からシミュレーションデータと実測応答データは高温側での相違が見られた．これは熱変性温度が低温の加熱と高温の加熱で応答に差があるものと考えられる．シミュレーションは広範囲で行ったが，実際に必要な温度応答範囲は熱変性点を中心に 10℃程度が要求されている．
　このシミュレーションの結果はわずかなずれがあるが，シミュレーションデータとして十分活用できる範囲であり，データの有用性は高いと評価できる．

9.4.9　2段加熱による最適加熱の適用の考察
　厚手のレトルトパウチ包装材料のように，1段の加熱ではインターバルの時間が長くかかって生産性が悪くなる場合や，スタンドパウチのように曲線部の4枚重ねのヒートシールでは，予熱をしてから本加熱をする2段加熱法がとられている．
　本シミュレーション法の実施例は［9.4.7］で詳述する．

9.5 ホットタックと冷却プレスの効果

ヒートシールの破れシール領域では接着層（ヒートシーラント）は過加熱では液状化する．加熱を終了しても接着面の温度は直ぐには下がらないので，接着面が固化する前に外力が加わると接着面は剥がれの不具合が起こる．これをホットタックと呼んでいる．ホットタックの試験法の ASTM（F1921）ではヒートシールが発現する時間帯と各加熱温度の剥がれ強さの測定法を規定している．

9.5.1 加熱後の溶着面の冷却パターン

図 9.15 に加熱後に大気中に放置する自然冷却と終了直後に室温の平らな金属片で圧着冷却した場合の溶着面温度の様子を示した．サンプルは市販のレトルトパウチ材料を使った．

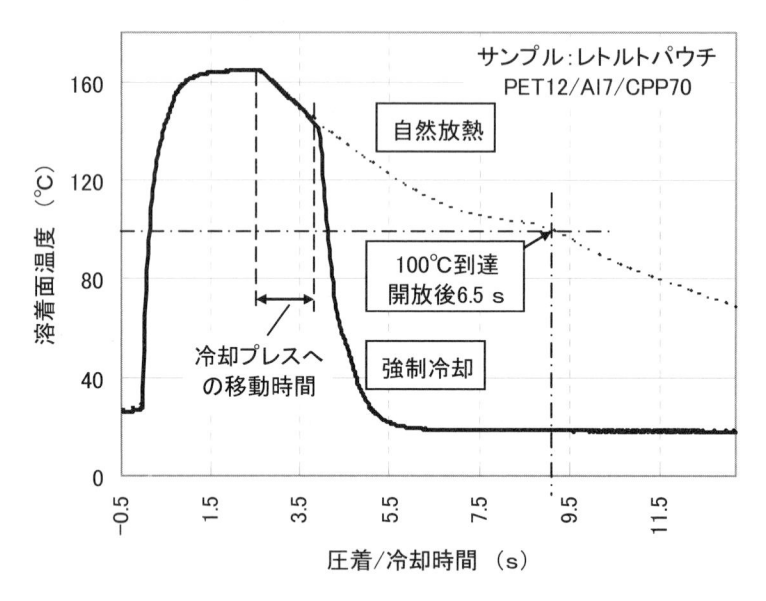

図 9.15 強制冷却と自然放熱の冷却速度の比較

自然冷却の状態を細かく観察すると，102～103℃で下降が止まり平坦になるところが観察される．このようなパターンは材料の発熱反応現象（再結晶化）によって現れる．

溶着面が安定化する温度を 100℃以下とすると，自然冷却では圧着開放後，6.5 s となる．この時間がこの材料のホットタック対象時間となる．この状態でヒートシール面に剥離の外力が加わると接着面は容易に不完全になる．

加熱操作終了後直ちに室温の金属片を圧着すると溶着面を強制冷却できる．この時の冷却速さは加熱と同じとなる．

9.5.2 ホットタック現象の冷却プレスによる改善

ホットタック現象は，ヒートシール操作の現場では，冷却時間の確保やヒートシール操作直後の製品の取扱いに制約が起こる課題がある．ホットタック性の改善は，包装材料の

設計では溶融状態のヒートシーラントの粘度を増す努力がなされている．

確実な改善方法は，
① 加熱直後に冷却工程を設けて圧接して速やかに常温に冷却する
② 溶着面温度を剥がれシールと破れシールの境界温度に選択してヒートシーラントを液状化させない

直後の冷却プレスはヒートシール面の平坦化仕上げ，充填物や開口の歪応力（図 5.3～5.6 参照）による不完全な密着を補完する効果も兼ね備えている．

9.6 加熱温度の最適化の実施方法

9.6.1 緒　　言

ヒートシールの完成は[3.2.2]で提示した 4 条件の達成である．
(1) 溶着層の溶着温度
(2) 溶着層が溶着温度に到達した確認
(3) 溶着層が溶着温度に到達する時間
(4) 材料の熱劣化温度以下の制限

本章では，論じてきた諸条件の信頼性の維持と生産性を考慮した製造現場への適応能力を検証する．その要点は次の項目である．
① 過加熱を避ける**上限温度**の確定
② 加熱不足の回避，イージーピールの要求から決まる**下限温度**
③ 実際のヒートシール装置の加熱温度の**設定精度**とバラツキの把握
④ ヒートシールの仕上がり性能は使用材料の**固有特性**で決まることの正しい認識
⑤ 設定した加熱条件の品質（品格）の**保証範囲**の容認マネージメント

9.6.2 加熱温度と加熱時間の変更によるリスクの確認

従来のヒートシールの加熱温度と加熱時間は，もっぱら当該の生産工程の時間当たりの生産要求から決定され，包装材料の固有特性は考慮されないことが多い．

加熱温度を上昇させれば 1 回当たりの加熱時間は短縮できるが，加熱温度の上昇によって，適正加熱範囲の通過時間は 10℃/0.01s 程度の高速の圧着/停止（冷却）の動作になることもある．このためには，包装材料の厚さ，加熱体表面のテフロンカバーの排除，表面仕上げの平滑化等を配慮したり，加熱体と包装材料の熱接触抵抗の低下を図り，加熱温度の低温化を行うことが重要である．サイクルタイムをなるべく長く取る（運転速度を低下させる）マネージメントも有効である．包装材料の焦げ付き防止に発熱体をテフロンシートでカバーしているが，適正加熱温度で運転し，高温化を防げばテフロンカバーは不要になる（図 6.8 参照）．適正温度での運転は焦げ付きを防止できるだけでなく，掃除の必要のない無人運転が可能になり，歩留まりの改善が図れる．

9.6.3　最適加熱条件の設定の手順

　最適加熱の≪4条件≫の確認の手順を次に示す．論拠は行末に参照章を付記した．

(1) 溶着温度を把握：「熱特性測定法」と溶着面温度をパラメータにしたヒートシール強さの計測で把握　　　　　　　　　　　　　　　　　　　　【第4章】

(2) 熱劣化を起こす加熱上限温度を「角度法」で検証する　　　【第7章】

(3) 包装形態のヒートシール・フィン幅を確認する

(4) ヒートシール・フィン幅が 5 mm より大きいか小さいかによって，剥がれシール（peel seal）/破れシール（tear seal）を選択する．　　　　【第8章】

(5) 以上の情報を元に「適正加熱範囲」を決定する．

(6) 適正加熱範囲を通過する溶着面温度応答を≪"MTMS"キット≫を使って3本位採取する．　　　　　　　　　　　　　　　　　　　　　　　　　【第4章】
　　解析に不足するデータはシミュレーションして作成する　　【9.4節】

(7) 過加熱を起こさない（適正加熱範囲内）の加熱温度をシミュレーションによって得る．

(8) 「適正加熱範囲」を通過する加熱温度曲線から適正な加熱温度と加熱時間の組み合わせを決定する（温度と時間のマトリックスを作成する）．

9.6.4　最適加熱方法のリスクマネージメント

(1) 適正加熱範囲を通過する加熱温度設定の場合には，そのリスクを提示してマネージャーの承認を得る

(2) 破れシール領域の加熱条件を選択した場合には，ポリ玉の発生を少なくするために圧着圧を 0.2MPa 以下，ギャップ調節を現場の機械に施す　　【第6章】

(3) 加熱後のホットタック（未固化前の外部応力による溶着面の剥離）を防御するため速やかな冷却の実施　　　　　　　　　　　　　　　　　　【9.5節】

(4) 加熱温度設定がリスクの大きい条件に入った場合は，「2段加熱法」に変更する
　　　　　　　　　　　　　　　　　　　　　　　　　　　　【9.6.7節】

9.6.5　加熱方法とヒートシール・フィン（幅）寸法の検討

　加熱方法は包装形態や形状によって選択されることが多いが，ヒートシール・フィン（幅）の選択から加熱方法を選ぶと，包装材料の使用量とヒートシール機能の合理的な設計ができる．この機能を列挙すると次のようになる。

(1) 使用材料を極小化したい

(2) 落下等の衝撃耐性は小さくなってもよい

　　◆剥がれシールと破れシールの境界領域のヒートシールを行う［8.1.10参照］．
　　剥がれシールと破れシールが連続に自然生成するホットワイヤー（溶断シール）が最適［図3.13参照］．

破れシールの適用ではヒートシール・フィン（幅）による不具合発生の防御性はない．

(3) ピンホール，破袋の発生を極小化したい
(4) タックの発生の大きな包装形態
(5) 液状の充填物の破袋抑制
(6) 落下等の衝撃を吸収したい
　　フィンのバネ性の利用
(7) ヒートシールフィン（幅）を有効利用したい
　　剥がれシールによる剥離エネルギーの利用
(8) 開封時の破れをなくしたい
　　◆剥がれシール（peel seal）方法の採用［8.1参照］
　　　・剥離エネルギーの利用
　　　・"comp seal"の採用［9.7参照］

9.6.6　レトルトパウチの適正加熱化

レトルトでは高温（≒130℃）に曝されたり，充填物の微生物繁殖耐性が小さいので，レトルトパウチでは多種の熱接着の中でも最も厳密なヒートシールさを要求される．

逆説的には，レトルト対応のヒートシールを行えば信頼性の高さを保証できる．

［8.4］では HACCP への対応方法について論じたが，ここではレトルト包装のパウチの確実なヒートシール方法を詳述する．

図 9.16 にレトルトパウチの溶着面温度の測定結果を示した．このグラフから，1段のみの加熱法の最適加熱条件を検証する．このパウチサンプルの最適加熱温度帯は 147～160℃と解析されている．上限制限温度を 165℃として，223℃の加熱体表面温度の加熱から評価する．加熱温度が高温のため溶着面温度 1-1 が適正加熱範囲に到達する前にパウチ材の表面 1-2 が制限温度を超えているので，223℃は使用は不適と判定される．203℃の加熱では，溶着面温度 2-1 が下限温度に到達と同時に表面温度 2-2 が制限温度に到達しているので，適正加熱時間は"1点"しかないので実施上は不可である．183℃では 0.53 s で溶着面温度 3-1 は下限に達する．表面温度は未だ制限範囲内にあり，3-2 は 0.61 s で上限温度に達する．したがって 183℃の適正加熱時間幅は 0.53～0.61 s の 0.08 s 間となる．163℃では溶着面温度は 0.85 s で下限温度に到達し，以降は上限温度を超えることはないのでこの加熱では過加熱は起こらない．溶着面温度シミュレーション（［9.4］参照）を使って過加熱のない最高温度（適正加熱範囲の上限温度）をシミュレーションすると 165℃を得ることができた（図示していない）．165℃の場合，溶着面温度が下限に到達する時間は，0.9 s となる．すなわち 165℃の加熱で決まる運転速度が HACCP 管理を完全に保証する条件となる．0.9 s の加熱時間を生産速度のサイクルタイムに変換すると約 3倍（図 9.17 参照）の 2.7 s になり，運転速度にすると 22 ショット/分になる．

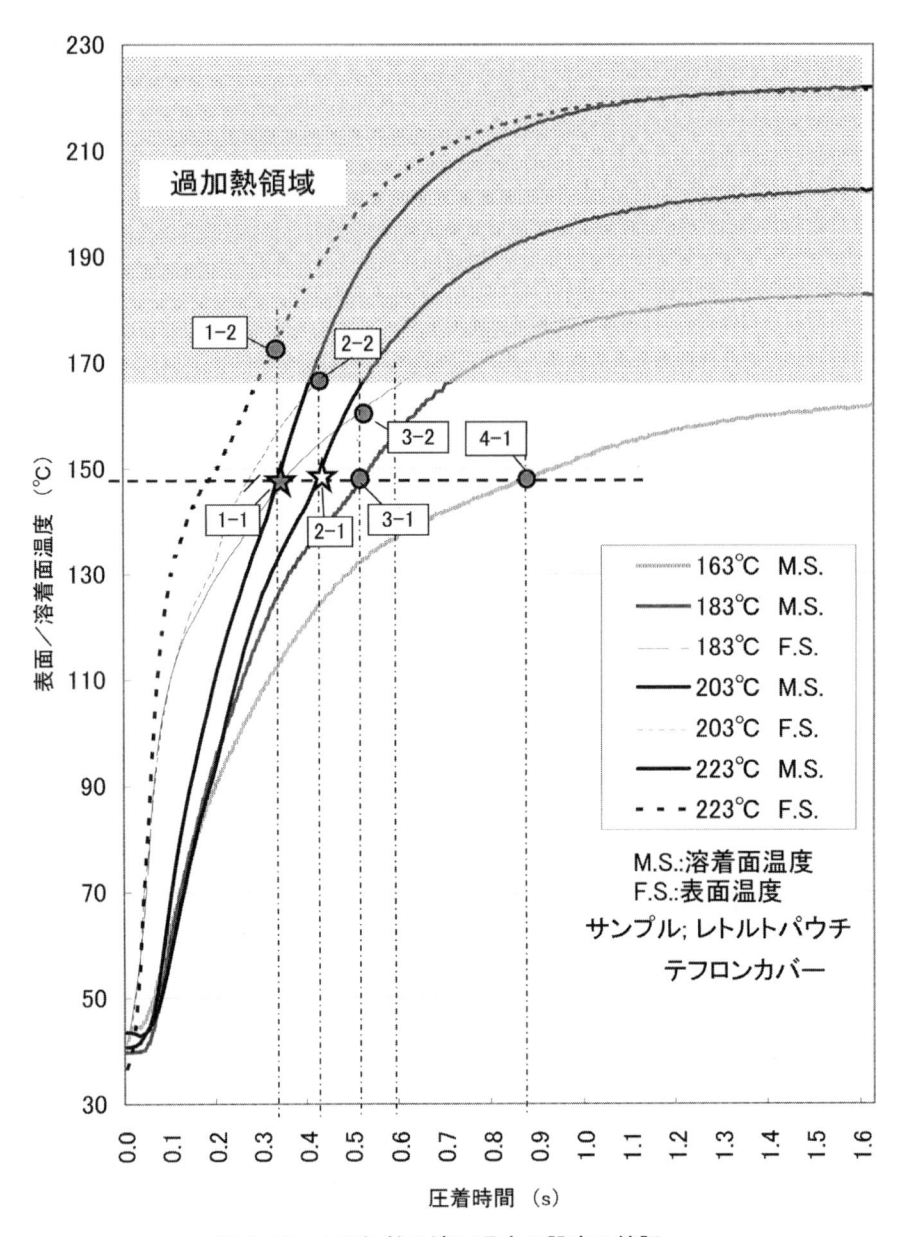

図 9.16　1段加熱の適正温度の設定の検証

9.6.7　2段加熱法による高速性と過加熱の防御の両立

　厚手のレトルトパウチ包装材料のように，1段の加熱では運転のインターバルの時間が長くかかって生産性が悪くなる場合や，スタンドパウチのように曲線部の4枚重ねのヒートシールでは，予熱をしてから本加熱をする2段加熱法がとられている．しかし，従来から行われている方法は設定の論理性が乏しく効果が発揮されていない．

　信頼性と高速性を両立させる合理的な≪2段加熱≫を提示する．

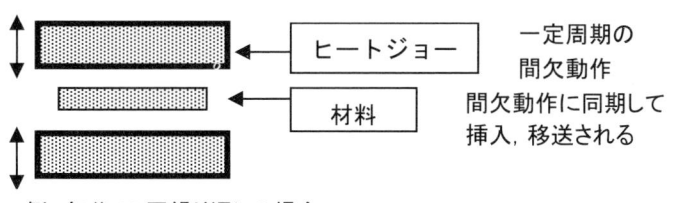

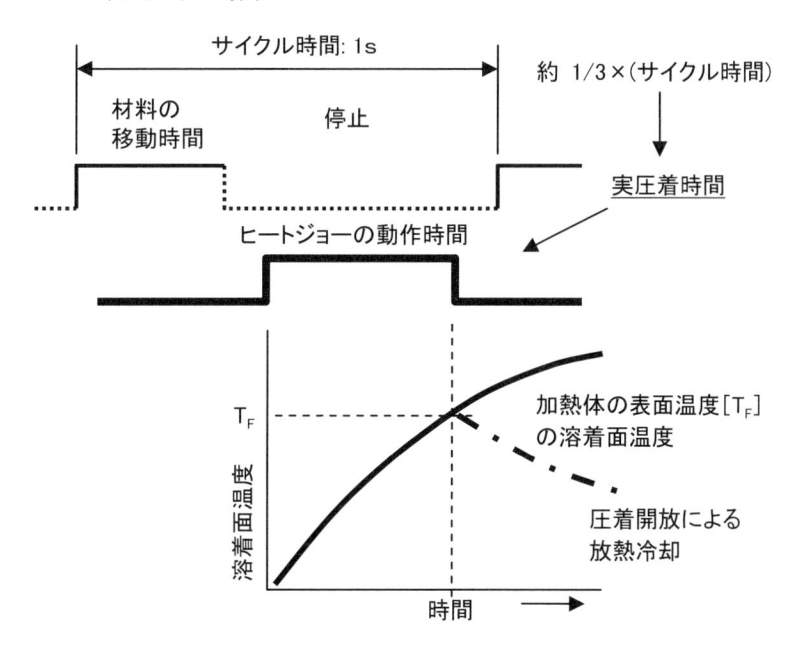

9.6 加熱温度の最適化の実施方法

図 9.17 ヒートジョーの動作と加熱時間の関係

　ここでは前項の 1 段加熱の事例に 2 段加熱を適用して 2 段加熱の機能性を比較検証する．2 段加熱は包装機械に加熱ステーションを 2 つ装備する．2 つの温度設定の仕方を**図 9.18** に示した．1 段加熱では使用が不可であった 223℃の表面温度の加熱を 1 段目に適用する．表面温度が適正加熱範囲の上限に到達した時間 0.28 s 1-2 を確認する．この時の溶着面温度の 134℃ 1-1 は下限温度に到達していないが 1 段目の加熱を終了する．

　134〜165℃の条件のシミュレーション応答を作成して，グラフ上で 1-1 点と結ぶ．1 段目から 2 段目に移行するときの温度降下は短時間の空気中移動の放熱なので無視してもよい（**図 9.15** 参照）．1 段目の加熱時間と 2 段目の加熱時間は同一の機械動作であるから圧着時間は同じである．したがって第 1，2 段の合計の加熱時間は（0.28×2）＝0.56 s となる．0.56 s の時間軸と 134〜165℃のシミュレーション応答との交点 3 が適正加熱範囲に入っているので，適正な加熱が行われていることが検証できる．

—145—

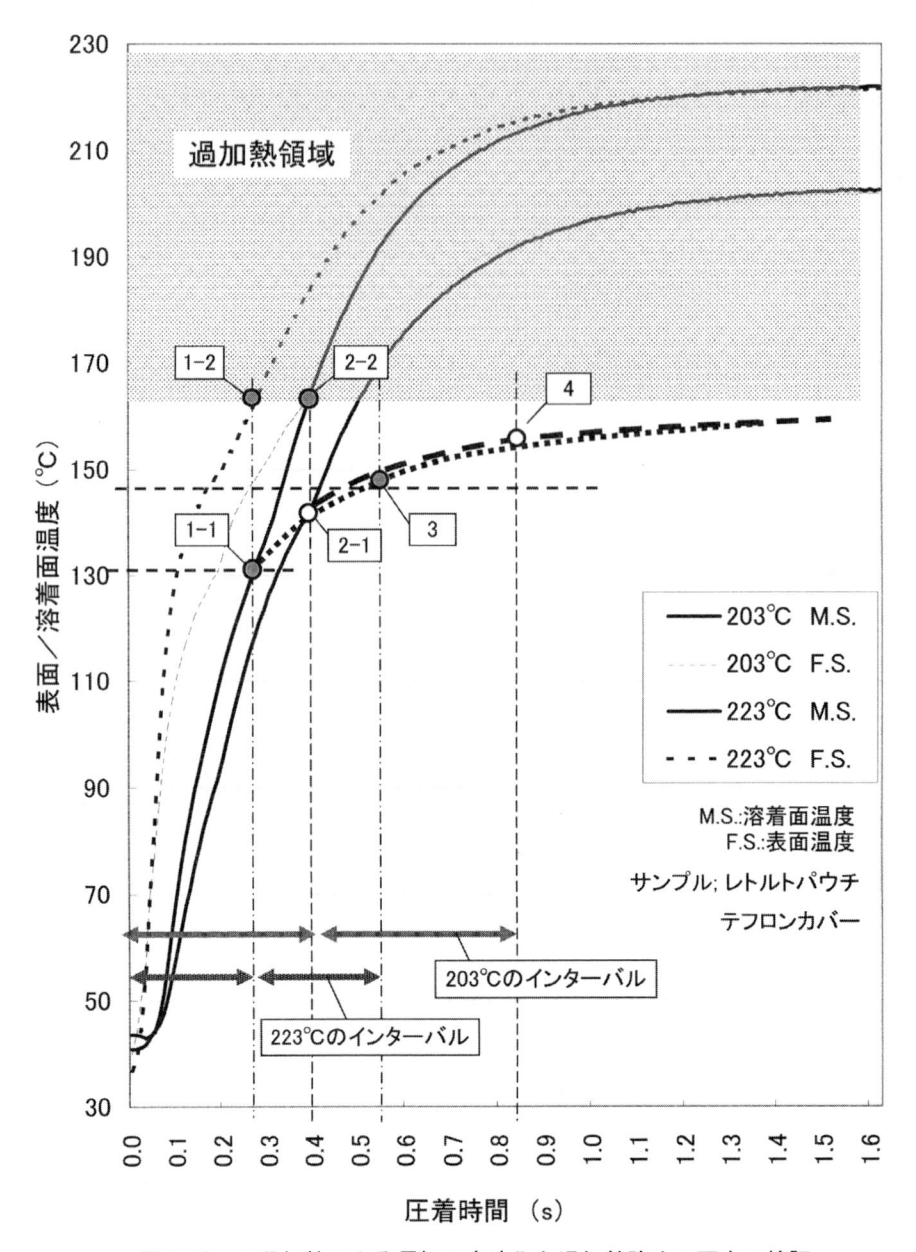

図 9.18 2段加熱による運転の高速化と過加熱防止の両立の検証

　このシミュレーションの結果，サイクルタイムは加熱時間の約3倍で71ショット/分を得ることができる．同様にして，第1段目に203℃を選ぶと溶着面温度が147℃の 2-1 に到達している時間（0.4 s）がインターバル時間となり，第2段加熱は適正加熱範囲の上下限値（147〜165℃）でシミュレーションした応答を 2-1 点に結合すればよい．この2倍の時間線とシミュレーション応答の交点 4 が得られる．この時のサイクルタイムは約1.20 s となり，運転速度は50ショット/分となる．

9.6 加熱温度の最適化の実施方法

表9.1 レトルトパウチの1段/2段加熱のヒートシール速度の最適化事例

	1段加熱				2段加熱 第2段加熱温度165℃	
				適正温度	第1段目加熱温度	
加熱温度（℃）	223	203	183	163	165	223	203
加熱時間（s）	不可	0.43	0.53-0.61	1.03	0.9	0.28	0.40
加熱許容時間（s）	不可	0	0.08	1.09—	0.9—	0.28—	0.40—
サイクル時間（s）	不可	1.29	1.71	3.27	2.7	0.84	1.20
運転速度（回/min）	不可	46	35	18	22	71	50

加熱時間×3≒サイクル時間　　　　□ 適正範囲

運転速度＝60／サイクル時間 （shot/min）

203℃を適用した場合には，溶着面温度の到達時間に余裕があるので，適正加熱温度範囲を低めて，ヒートシールの安定性を高めることができる．

以上の結果をまとめると**表9.1**に示したようなヒートシールの運転速度を整理できる．

9.6.8 食パン包装のイージーピールの多重シールの保証方法

[8.5]で，ピールシール素材の剥がし易さの発現メカニズムについて論じた．

この試験サンプルでは，80〜84℃に最適なピールシールゾーンがあることを示している．

このフイルムの剛性は小さく，やわらかいため，ヒートシール面には多数の"タック"が発生する．**図 9.19**の図中に示したように，ヒートシールは2枚から6枚重ねの3種が発生する．イージーピール接着の場合は，ヒートシールされた幅に破れシール部位が混在すると開封の際に破れが発生して，袋を損傷して再封止時の密封ができなくなる．弱すぎるピールシールは作業中，物流中の衝撃，応力で消費者の手に渡る前に剥がれてしまうというクレームの原因になる．

実際に起こっている3種の重なり条件の各溶着面温度応答を≪"**MTMS**"キット≫を使って測定した結果を**図9.19**に示した．

2重の応答は最も早く，(3) の時点（0.19 s）で適正加熱範囲に到達する．適正加熱温度の上限を超すと破れシールになるので加熱源は 85℃に設定した．6重の応答は，0.38 s で適正加熱範囲の下限 (1) に到達する．この時，2重の溶着面温度は上限の 84℃ (2) に到達している．

4重の溶着面温度は適正加熱範囲に入っている．すなわち 0.34 s 以上の加熱時間が確保できれば，3種のどの条件でも剥がれシールを施すことができる．

実際の現場への適用性を検証するために，現場で使うヒートシーラーと同様に被加熱物を金属テープで挟んで，伝熱加熱するベルトシーラを想定して，金属テープの裏面を発熱

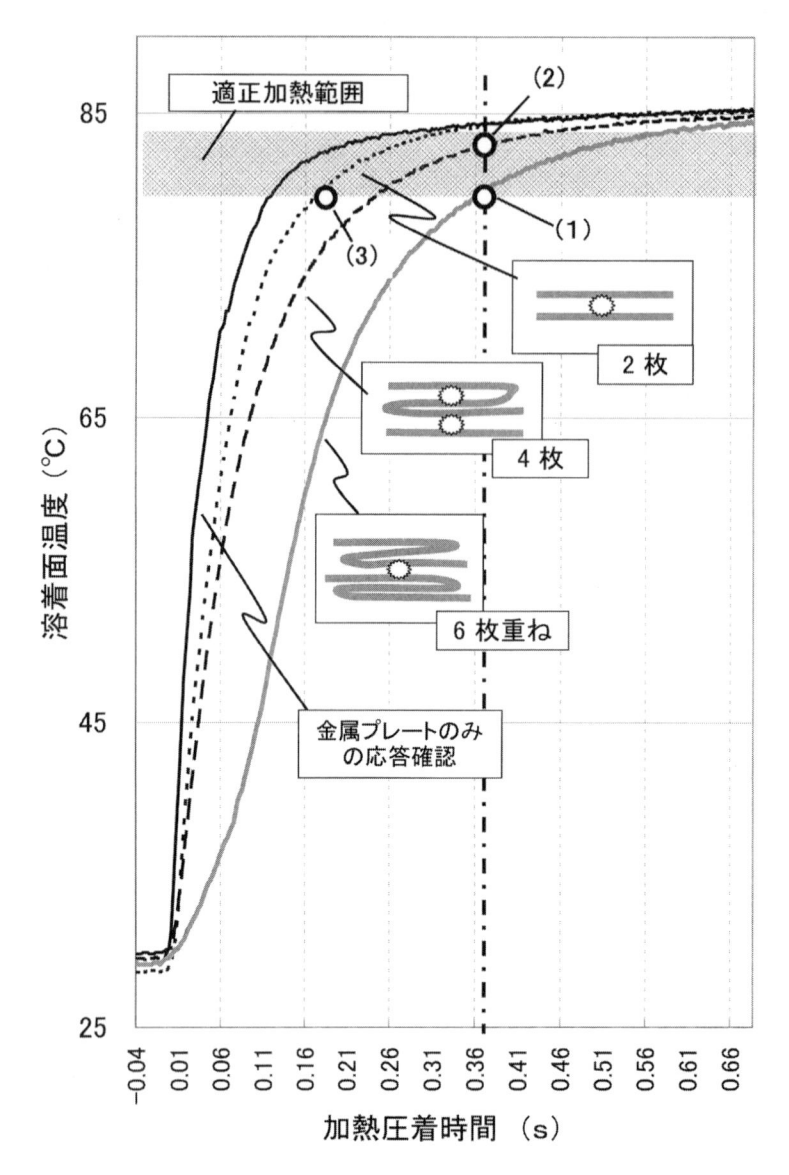

図 9.19　2〜6 重のピールシールの溶着面温度測定例

体に摺動させるように≪"**MTMS**"キット≫で実験を行った．応答データ中に 0.08 mm のプレートのデータを添えたのは加熱装置のベルトの基本熱伝達能力を確認したものである．各応答データの測定にもこの金属プレートで挟んだ複合応答を測定している．

次に≪84℃，0.38 s≫の条件が実用的に使えるものかどうかの確認を行う．

検証条件として，包装仕様を次のように設定する．

(1) 包装品にヒートシール長さ：L（cm）
(2) 加工ピッチ：P＝k×L（cm）

9.6 加熱温度の最適化の実施方法

(3) 加工速度： N（個/min.）

(4) 加熱時間： tn（s）

以上の条件から被加熱体が≪tn≫（s）間所定の加熱を受けられる最低の両面加熱体の長さは，次式で求めることができる．

加熱ゾーンの長さを（H）とすると

$$H \geqq (P \times N/60) \times tn \quad (cm) \qquad (9.13)$$

で表すことができる． 事例として

製品のヒートシール長さ　L：20（cm）

インターバル　k＝1.5 とすると　P＝30（cm）

生産速度　40 shot/min

6枚シートの適正加熱温度の下限到着時間　0.38 s を適用する．

加熱ゾーンの長さ（H）は

$$H \geqq 30 \times 40/60 \times 0.38 \qquad (9.14)$$

$$\geqq 8 \ (cm)$$

を得る．この結果は実施上何の問題のない寸法である．

この評価結果を図 9.20 に示した．

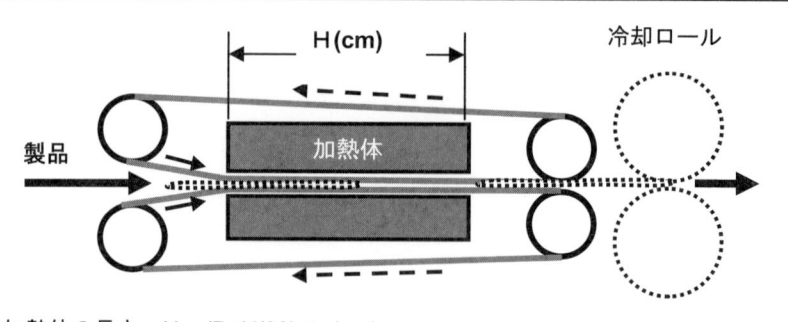

```
                    H(cm)              冷却ロール
              ┌──────────────┐
              │    加熱体     │
    製品 →   ━━━━━━━━━━━━━━━━━━━━━━━━━━ →
              │    加熱体     │
              └──────────────┘
```

加熱体の長さ　$H = (P \times N/60) \times t_n$ (cm)

・製品ヒートシール長さ：L

・製品の挿入ピッチ：$P = k \times L$　(cm)

・処理能力：N個/min

・加熱時間：t_n (s)

設計事例：

　・製品長さ：**20** cm

　・製品挿入ピッチ：k＝1.5 → P＝30 cm

　・処理量：40 shot/min

　・加熱時間：

　※加熱体表面温度：**85**℃の６重の溶着面温度応答から **0.38** s を得る．

　各条件値を代入して

　　$H \geqq 30 \times 40/60 \times 0.38$

　　　$\geqq 8$　(cm)

図9.20　６重のヒートシールの剥がれシール条件の実施方法

9.7　剥がれシールと破れシールを混成した新ヒートシール方法："compo seal"
9.7.1　緒　　言

　従来のヒートシールは熱接着層が液状になる高温域の加熱が行われ，接着面が一様に破れシールになっている．ヒートシールの立ち上がりには界面剥離する剥がれシールがある．しかしながら，破れシールに比べて剥がれシールは形成される加熱温度領域が狭くかつ微妙であり，従来，この破れシールと剥がれシールを意図的に混成させた例もなく，また混成させる必要性も論じられていない．

　従来の破れシールの状態に加熱したシールでは，シール線に力がかかり接着面は剥離せず，エッジで破れが発生する．破れシールでは，破れ応力をヒートシール線のエッジのみで受けて面全体では受けていない．

　接着層が液状になる高温加熱状態では加熱体の圧着圧で溶融した接着層がヒートシール線にはみ出してポリ玉を形成する．密封された袋や容器に外力が加わると不均一に変形す

9.7 剥がれシールと破れシールを混成した新ヒートシール方法："compo seal"

るので，応力が集中したタックが発生する．

タックの先端とヒートシールエッジにできたポリ玉の生成個所が一致すると微細面に更に応力が集中して破袋やピンホールの発生につながっている．

従来はこの対策のために接着層を厚くしたり丈夫な材料を選択しているが，この方法は材料コストが高くなったり，加熱時間の延長または加熱温度の高温化設定になっていて，破れやピンホールの原因の抜本的な改良になっていない（図 9.1 参照）．

従来の破れシール領域の加熱のヒートシール方法では接着面は凝集接着となり，JIS 法（Z 0238）の引張強さは大きくなるが，接着線には破壊力の緩衝機能がないので，微小部位に破壊応力が集中すると破袋やピンホールの発生は避けがたく，材料の厚さの増加や丈夫な材料の選択となり，包装材料の持つ平均的な耐破袋性能を利用できずコストアップなっている．一方，剥がれシールは，引張強さは破れシールを下回るが，破壊応力がかかると界面剥離を起こす．界面剥離では剥離強さと剥離面積の積に相当するエネルギーの消費が発生するので，破壊応力の吸収緩衝機能を有している．

しかし従来の被加熱材は剥がれシールが発現する加熱温度帯が数℃なので適当な調節方法がなく剥がれシールを避けてきている．

本提案の目的は，ポリ玉の生成がなく，また，破袋応力を分散して破袋やピンホールが発生しにくく，廉価な包装材料で高い信頼性でヒートシールできるヒートシール構造を提供することにある．[9.2.2] で記述した剥がれシールの特長の実施方法となる．

9.7.2 剥がれと破れの混成ヒートシール方法の論理

溶着面温度の昇温速度は加熱体からの供給熱量で決まる．加熱体に直接接触する場合が最速なり，テフロンフイルムや空隙によって熱流が制限されると遅くなる．この様子を図 9.21 に示した．ヒートシール強さを溶着面温度を基準にして採取すると図 9.22 に示したデータを得ることができる．ヒートシール強さ曲線の剥がれシールと破れシールの境界を含む温度帯を加熱面に展開すれば，ヒートシール面に剥がれシールと破れシールを混成することができる．筆者はヒートシールの被包装物側に剥がれシール帯を設けるように，破れシールと剥がれシールの併用を検討した．

しかしながら，この方法は，ヒートシールを2回行うことになるので実用性に欠ける．2つのヒータを用いて加熱面に強弱をもたせる方法や加熱体に勾配を設けた台を設けて，低圧着圧（0.05MPa 以下）で破れシールと剥がれシールを形成する方法を検討した．温度調節は可能であったが加熱体の相互干渉や圧着ムラが起こり，実用上問題があった．検討を進め，[6.8] で論じた材料内の熱流を利用すれば加熱の温度差を連続化できるので，加熱体表面に熱伝導率の異なる台を装着する方法を考案し，1つの加熱体の数 mm から 10 数 mm の表面に図 9.21 に示した温度分布を作り出すことに成功した[5]．これに"compo seal"[6]と名付けた．

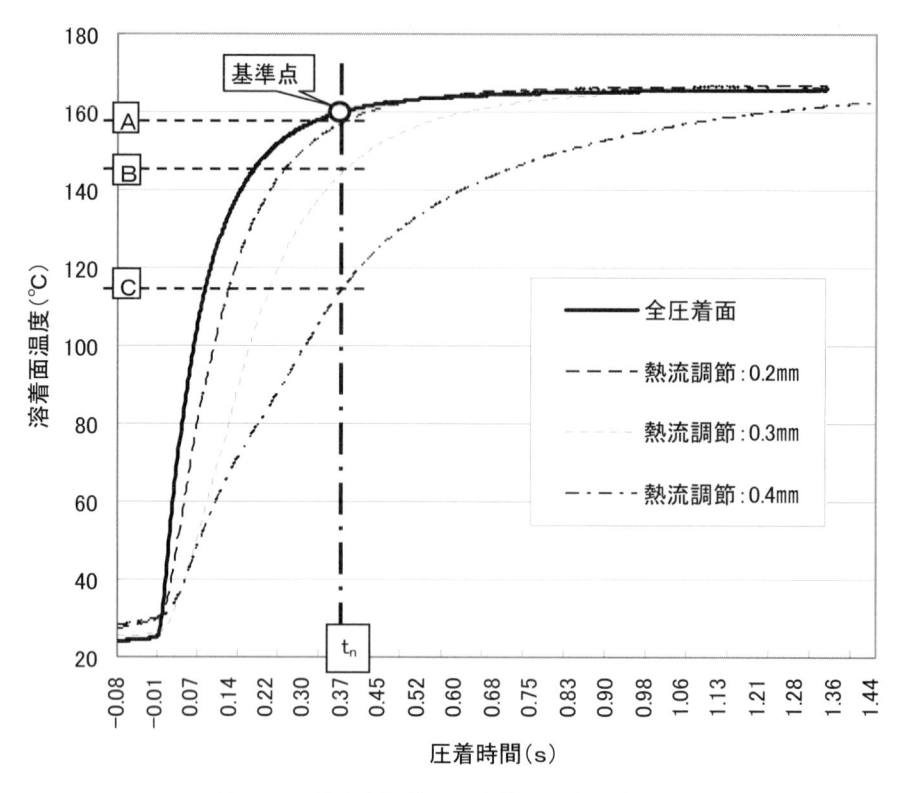

第9章　ヒートシール操作の機能性改善

図 9.21　熱流を調節した溶着面温度応答の遅れ

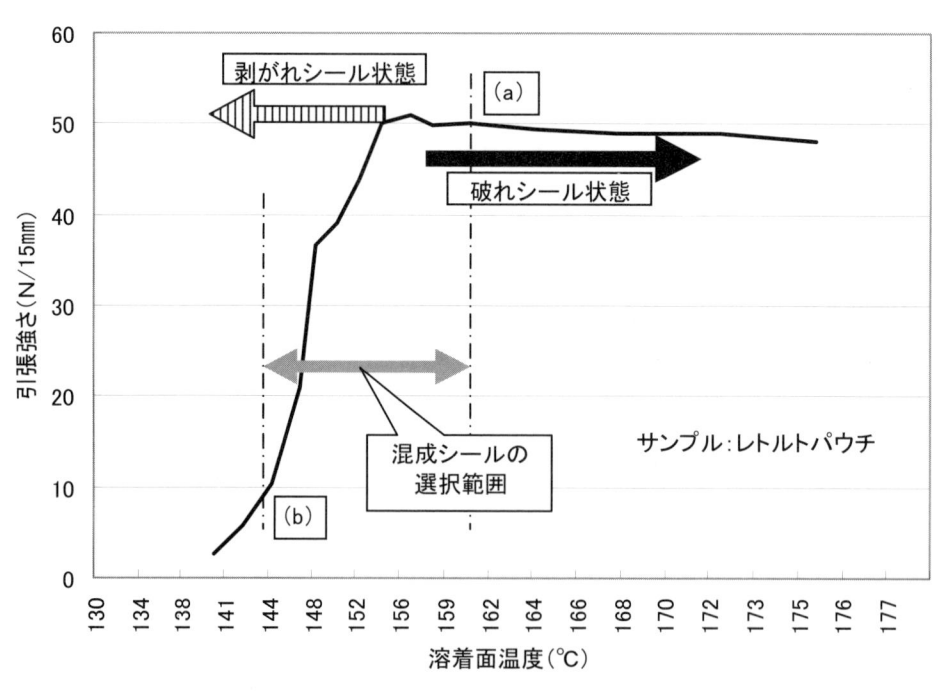

図 9.22　ヒートシール強さの発現と混成ヒートシールの適用範囲

9.7.3 混成シール；"compo seal"の効果

compo seal の効果を次に列挙する．

(1) 剥がれと破れの境界温度の加熱が確実にできるので，材料の最適な接着状態をヒートシール代（フィン）の中で達成できる．
(2) 破れ耐力より大きな破袋応力がヒートシール線にかかったときに剥がれのエネルギーで破袋エネルギーを消費して緩衝できるのでピンホール，破袋の発生を防御できる．
(3) ヒートシール面にできる温度傾斜を利用して，袋または容器の内側から剥がれシールと破れシール状態を連続化できるのでポリ玉の生成が制御できる．
(4) 破袋応力を接着面で分散できるので，材料の厚さや丈夫な材料の選択をしなくとも廉価な包装材料で不具合の発生の防御が図ることができる．
(5) 合理的な方法でヒートシール調節ができるので，ヒートシールの信頼性の保証と向上が期待できる．

9.7.4 ヒートジョー方式での実施方法

この方法はパウチの4方シール，3方シール袋，2方シール袋，口部のみシール，カップ容器の蓋等に適用できる．本法は内側（被包装物側）に剥がれシール帯が，そして外側に破れシール帯が配置されるようにする．シールフィン幅は，破れシールが 1～3 mm でよく，一方，剥がれシール帯の幅は，剥離エネルギーの利用［8.1 参照］の割合で決定するが，7 mm 以上がより有効である．

また，通常のヒートシール装置の加熱体表面に熱伝導率の異なる台を装着して形成できる．すなわち，破れシールを形成しようとする部位には熱伝導率の高い材料，剥がれシールを形成しようとする部位には熱伝導率の低い材料の台を装着する．破れシールを形成しようとする部位には加熱体と同等の熱伝導率の材料を使用するか，加熱体の表面に熱流調節台を埋め込んでもよい．熱流調節台は，例えばポリ四フッ化エチレン（商標名：テフロン）などのフッ素樹脂，フッ素樹脂を含浸加工したシート状のガラス繊維，シート状のカーボン繊維，セラミック板などが好ましい．台の厚みは，材質やヒートシール材料等によって異なるが，大体 0.1～2 mm から選択できる．熱流調節台の設置は，通常両方に設けるが，目的によって片面加熱を適用する．実施事例を図 9.23 に示した．

9.7.5 インパルスシールでの実施方法

本発明をインパルスシールに適用した例を図 9.24 に示した．

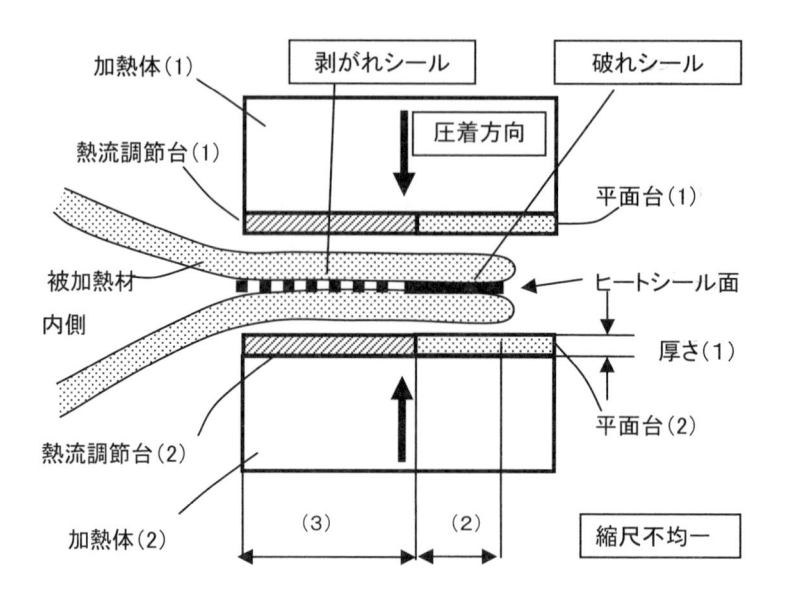

第9章 ヒートシール操作の機能性改善

図9.23 ヒートジョー方式の"compo seal"の実施方法

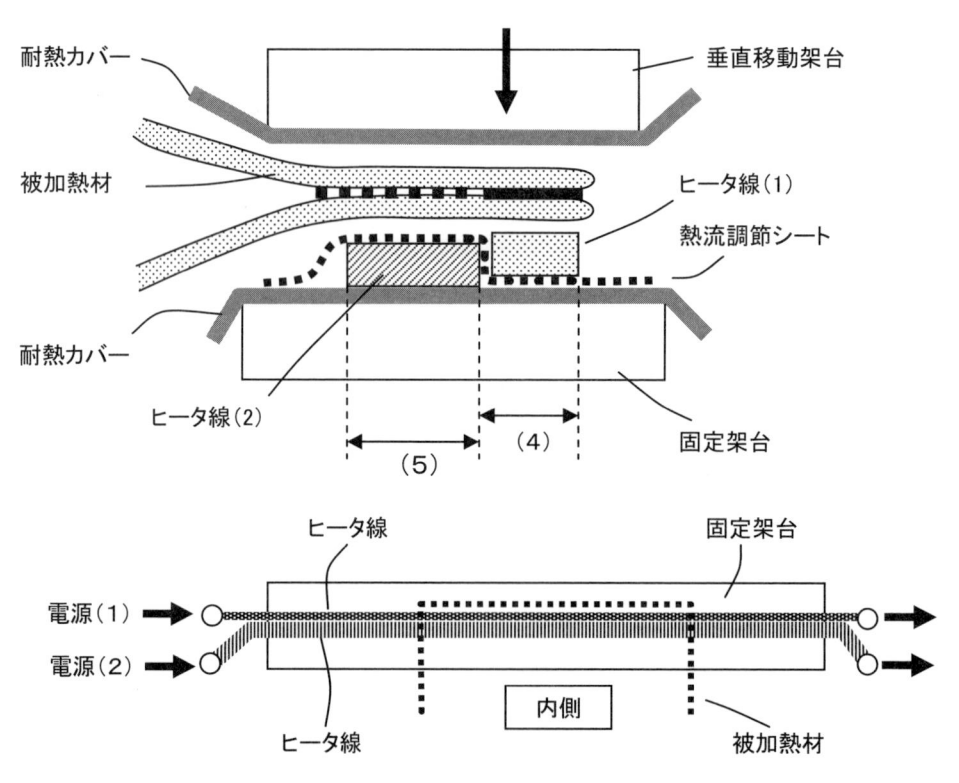

図9.24 インパルスシール方式の"compo seal"の実施方法

9.7 剥がれシールと破れシールを混成した新ヒートシール方法："compo seal"

インパルスシールは片面加熱の代表的な方法である．

固定架台上には，2本のヒータ線を設置する．2本のヒータ線同一の厚さとして，接近させて配置し，前述の熱伝導率の低い材料，例えばテフロン等のシートを熱流調節シートとして，図 9.24 に示すように，一方のヒータ線（1）が上面を，他方のヒータ線（2）は底面を通るように敷く．このように設置して，表面に段差を生じないようにして熱流差を発生させ2つのヒータ線は絶縁が得られるようにする．熱流調節は熱流調節シートの厚さを変えることによってもできるが，下段に示すように，2本のヒータ線を別々の電源に接続して，それぞれの電源調節や通電時間で細やかな加熱調節ができるようにする．

9.7.6 加熱面の温度分布の設定方法

温度分布帯の選択方法図 9.22 を使って説明する．これは，ヒートシール面内側において加熱終了の時の溶着面温度が 144℃，剥がれシール加熱台と破れシールの加熱台の接合面の温度が 156℃になるようすれば，剥がれシール帯のヒートシール強さ 10N/15 mmから 50N/15 mmまでの連続した剥がれシールになる．破れシール面は 160℃になっているから破れシールの加熱になる．完成したヒートシールサンプルのヒートシール強さは(b)から(a)の温度目盛を加熱幅に置き換えたパターンとして見られる．

まず，熱流調節台の設計を行う．加熱体 (1),(2) 表面温度を上記 (a) より 3～5℃高くなるように設定し，使用予定の材質の熱流調節台の厚さを変えて，熱流調節台の外縁から 1 mm と平面台の中点付近に位置するように溶着面温度センサを被加熱材で挟んで圧着時間と溶着面温度の関係を求める．図 9.21 は測定結果を統合したものである．この結果から，まず，平面台の溶着面温度が (a) に達した時間を求め，これをヒートシールの圧着時間とする．そして，この圧着時間において，剥がれシールを形成する溶着面温度になる熱流調節台の厚みを選択する．剥がれシールが形成される温度が 144～153℃であるので，下限の 144℃に相当する熱流調節台の厚さは，溶着面温度がこの温度範囲に入る約 0.3 mmとする．

9.7.7 実施例の評価

次の条件で行った "compo seal" の結果を紹介する．

- 加熱体表面温度　　　　：165℃
- 圧着時間　　　　　　　：0.38 秒
- 熱流調節台材料　　　　：テフロン（登録商標）
- 熱流調節台厚さ (1)　　：0.3 mm
- 剥がれシール代 (3)　　：9 mm
- 破れシール代 (2)　　　：5 mm
- 初期圧着圧　　　　　　：0.1MPa

得られた剥がれと破れの混成ヒートシールサンプルの引張試験を行った結果を図 9.25

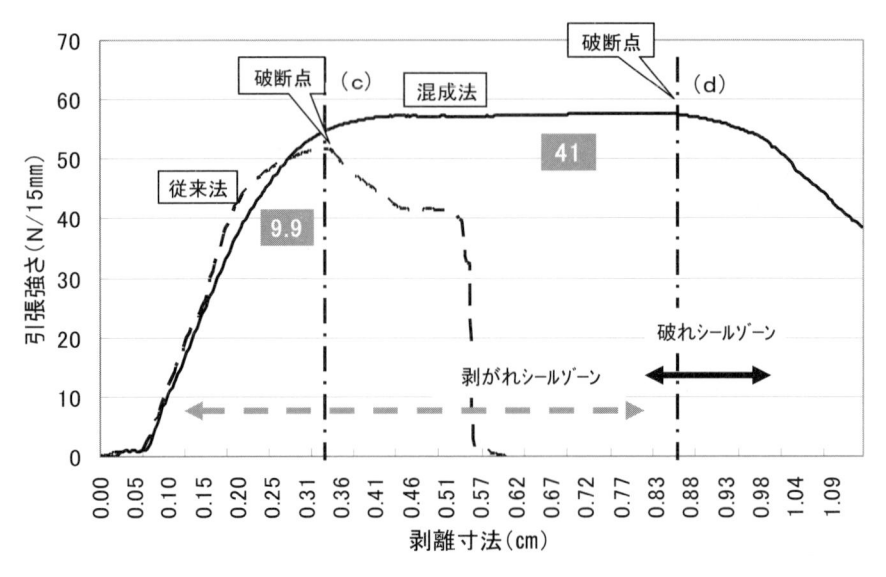

図9.25 "compo seal"のヒートシール結果と従来法との比較

に示した．熱分析の結果（溶融温度）を基にして170℃で行ったヒートシールサンプルの引張試験を併記した．

　本提案の"compo seal"では，立ち上がりが緩やかで接着面剥離が明確に観察された．そして，引張強さは最大値の 57N/15 mm となり，剥離が進んで破れシール領域の約 0.85cm の (d) で破断した．0.8cm 付近までは剥がれシールと破れシールの境界領域の良好な剥がれシールであった．一方，破れシールのみのヒートシールサンプルは，立ち上がりが早く，0.35cm の剥離寸法で降伏点 (c) に達して，本発明の境界領域の引張強さより小さい 51N/15 mm で破断した．

　各点の引張強さは各点の微小引張変化に対する応答である．すなわち測定点毎の仕事量は［(強さ；N)×(サンプリング間の引張距離)］/［(引張速度)×15 mm］の破断までの総和となる．引張速度を同一にすれば演算面積の指数化比較で"compo seal"と従来法ヒートシール面の破袋防御性の比較ができる．従来法の積分は (c) 点，"compo seal"の混成法の積分範囲は (d) 点まで行った．従来法は 9.9，"compo seal"（混成法）では 41 を得た．この数値は接着面の外部応力に対するエネルギー消費能力に置き換えて評価できるので，混成加熱によって接着面は部分的に剥がれても，ヒートシール・フィンが破袋防御に有効に機能していると評価できる．"compo seal"（混成法）の剥離状態の解析を図 9.26 に示した．インパルスシールとホットワイヤー（溶断）シールとの比較例は図 3.14 に示してある．

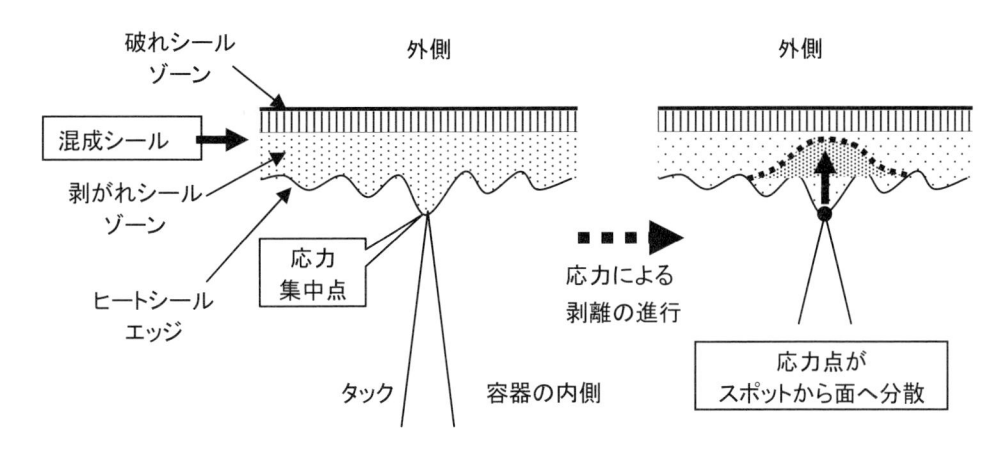

図9.26 "compo seal"の剥がれの進行モデル

9.7.8 "compo seal"（混成法）の産業上の利用可能性

"compo seal"のヒートシール構造はヒートシールエッジの破断破れが防止できる，破れ防御のために材料の厚さを増す必要がなくなる，ヒートシールの合理的な信頼性保証ができるという利点を有するので，従来のヒートシールに取って代わる可能性が期待できる．当面は剥がれシールが不可欠な生分解性プラスチックの製袋，シールや廉価なレトルト袋への適用が考えられる．

参考文献
1) 菱沼技術士事務所，ホームページ，URL：http://www.e-hishi.com/qamm.html
2) 菱沼一夫，日本特許出願，特願2006-146723（2006）
3) 菱沼一夫，日本特許出願，特願2003-201369（2003）
4) 菱沼一夫，日本包装学会誌，15（5），p271（2006）
5) 菱沼一夫，特許出願，特願2007-26377（2007）
6) 菱沼一夫，登録商標出願，商願2007-10191（2007）

第10章 ヒートシール不具合の解析／改善事例

10.1 緒　　言
　本章ではヒートシールの課題に本書の論述を適用して不具合の解析を行った次の事例を紹介する．
　(1)　「不織布」のヒートシール条件の解析と最適加熱条件の検討
　(2)　包装商品のヒートシールクレームの解析と原因究明例
　　　① 紙カップ包装の蓋シールの不具合解析事例
　　　② 改造した包装材料の性能改善の効果評価
　(3)　生分解性プラスチックのヒートシール特性の解析
　(4)　ASTM（F88-00）に提起されているヒートシールの「壊れ方」の発生原因の解説
　(5)　ヒートシールの関連三者（包装材料メーカー，包装機械メーカー，商品の製造者）の協業の勧め

10.2　医療用滅菌包装材料（不織布）の適正なヒートシール条件の検討
10.2.1　はじめに
　有害微生物の包装物への混入事件がアメリカで多発して，FDA は信頼性の保証された"パーマネントシール"を推奨しており，熱板方式のヒートシール方式は模倣性が脆弱なのでセキュリティーの点から見直しを求めている．Tyvek®はアメリカの DUPONT 社が開発した100%ポリエチレンの連続性極細長繊維を熱と圧力で結合したシート[1]で，医療用包装材料の定番として世界的に普及している．Tyvek®はガス，水蒸気等の滅菌操作に対応するために，シートには通気性を持たせるミクロン単位の加工をしているので，ヒートシールの是非を検査する加圧または減圧の気密検査法が適用できない．医療用包装材料には開封時に発生する"破片"に厳しい制約があり，ヒートシール面の剥離にもその機能が課せられている．Tyvek®では，繊維状のポリエチレンの表面にナノサイズのポリプロピレンの co-polymer 粒子を噴霧法(dispersion)で付着させて接着層を構成している．co-polymer 粒子の接着層は剥がれシール(peel seal)となり，容易な開封と剥離時の破片の発生規制を保証している．しかしこの包装材料は加熱温度を間違えて高温加熱になると母材のポリエチレンの溶融接着となり，繊維状のポリエチレンはシュリンクを起こし，ピンホールの発生や開封時にポリエチレンの大きな破片の発生になる．この包装材料の適正なヒートシール条件の検証が期待されていた．本例はミシガン州立大学の包装学科と共同検

討したものである.

10.2.2 検証の内容

医療包装のヒートシール技法に提起されている課題を整理すると次のようになる.

(1) 包装工程での適正シール操作の保証
(2) 悪戯防御性の是非(Tamper evident)
(3) 過加熱によってシュリンクが発生して,ヒートシール面に発生するピンホールによる微生物防御機能の喪失または低下の回避

本項では(1),(3)の検討結果を提示する

10.2.3 実験方法

評価対象の包装材料は透明なコートフィルムとベースフィルム(不織布)の2種で構成されているので,2種のそれぞれの熱特性と溶着面温度ベースのヒートシール強さの発現を測定する.さらに実際と同様に2種の包装材料を組み合わせた場合の熱特性とヒートシール強さを測定する.

10.2.4 結果と考察

実験の結果をまとめたものを**図10.1(a),(b),(c)**に示した.

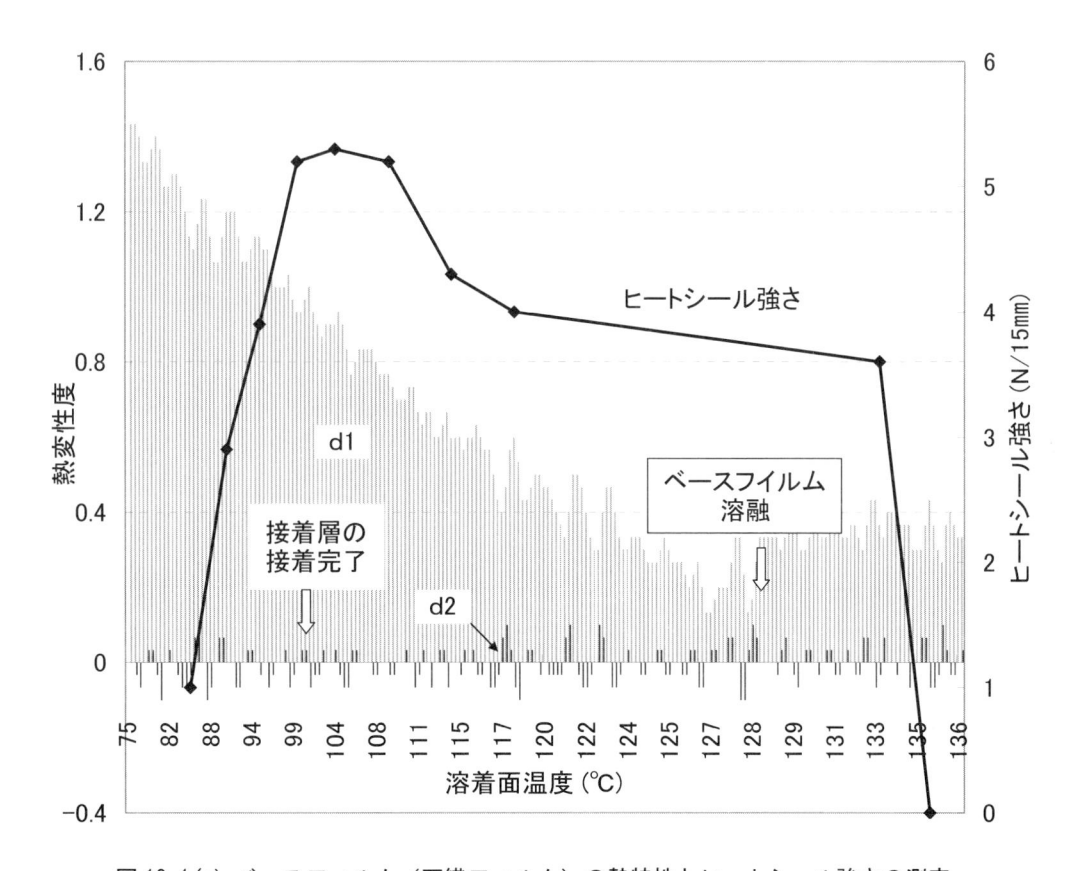

図10.1(a) ベースフィルム(不織フィルム)の熱特性とヒートシール強さの測定

図 10.1(b) コートフィルムの熱特性とヒートシール強さの測定

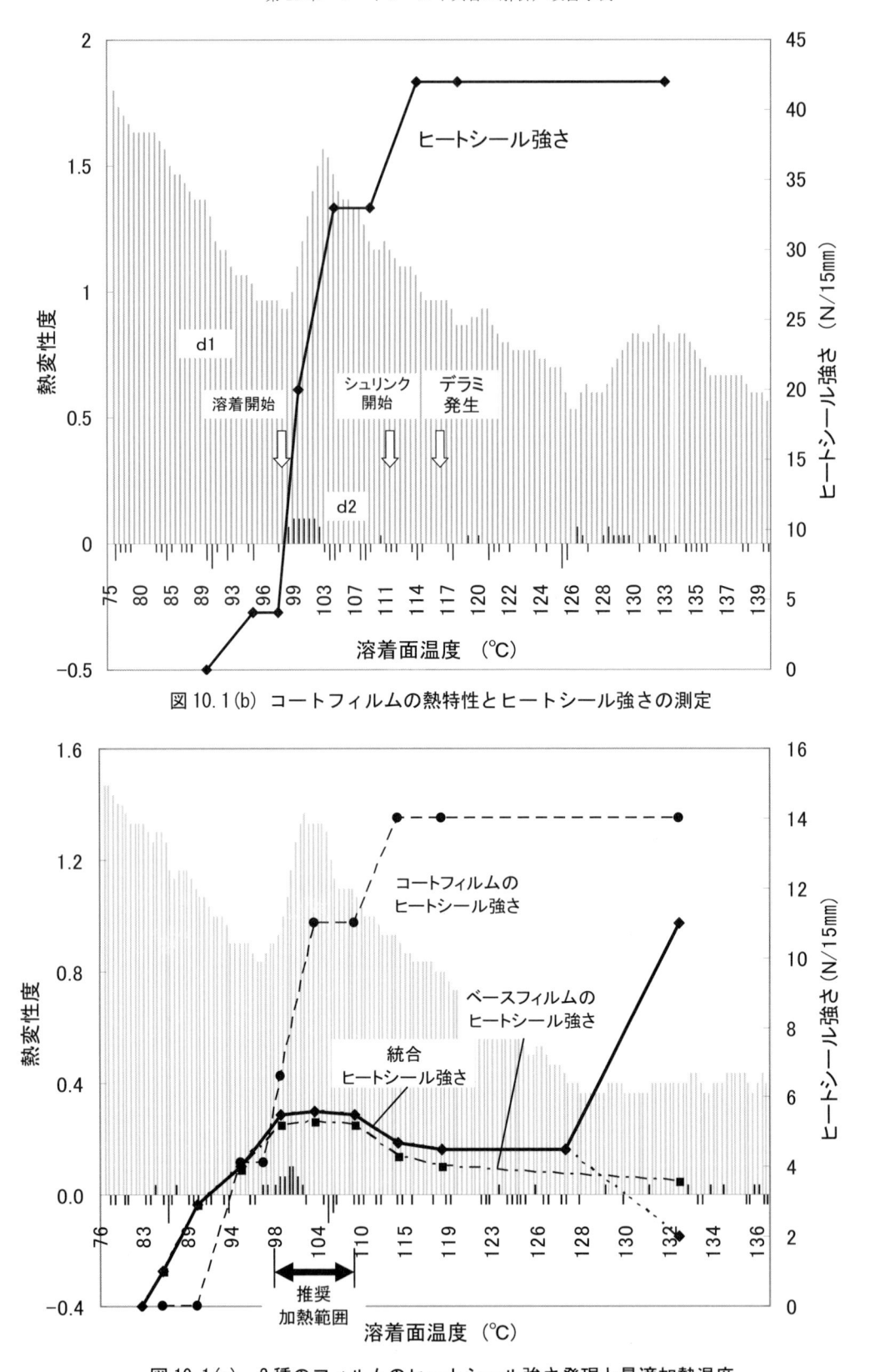

図 10.1(c) 2種のフィルムのヒートシール強さ発現と最適加熱温度

図 10.1(a)はベースフィルム（不織布）単独（同じフィルム同士）の熱特性とヒートシール強さを示している．このサンプルでは繊維状の PE が熱溶着に直接関与せず，PE の表面の PP の co-polymer の微細粒子が接着層を形成していると推定される．

この層は 1 μm 以下と推定され，熱特性の測定では熱変性が顕著に現れていないので，予備試験でヒートシールの発現温度を定性した．定性した 90℃前後を基点にヒートシール強さの発現を測定して，適正加熱温度帯とヒートシール強さを確定した．127℃付近に現れている熱変化は母材の PE 本体のものであって，接着層の熱変性ではない．

ベースフィルムのヒートシール強さは最大は約 5.5N である．

図 10.1(b)はコートフィルム単独の熱特性とヒートシール強さを示している．これは顕著な熱変性を示している．熱特性の変曲点情報をもとに詳細なヒートシール強さの測定を行った．ヒートシール強さはベースフィルムより 1 桁大きい値を示した．

図 10.1(c)はベースフィルムとコートフィルムを合わせた複合応答である．溶着面の熱変性はコートフィルムの熱特性が支配的であることが分かる．3 点の計測結果からベースフィルムとコートフィルムの熱変性の測定結果を**表 10.1** にまとめて示した．この結果から適正加熱範囲は 98～108℃を得ることができた．適正加熱範囲を 3 種の方法で加熱した場合の溶着面温度応答の一例（片面加熱の場合）を**図 10.2** に示した．片面加熱の表面温度が 130℃では 0.36 s ～，140℃では 0.21～0.36 s，150℃では 0.17～0.23 s の適正加熱時間を得ることができる．

表 10.1 混成材料の熱特性

材料 ＼ 特性	溶着開始温度	溶着完了	シュリンク開始	デラミ	ベース溶着開始	ベース溶融
ベースフィルム	85 ℃	100			127	132
コートフィルム	95	104	110	114		
統合	95	104				

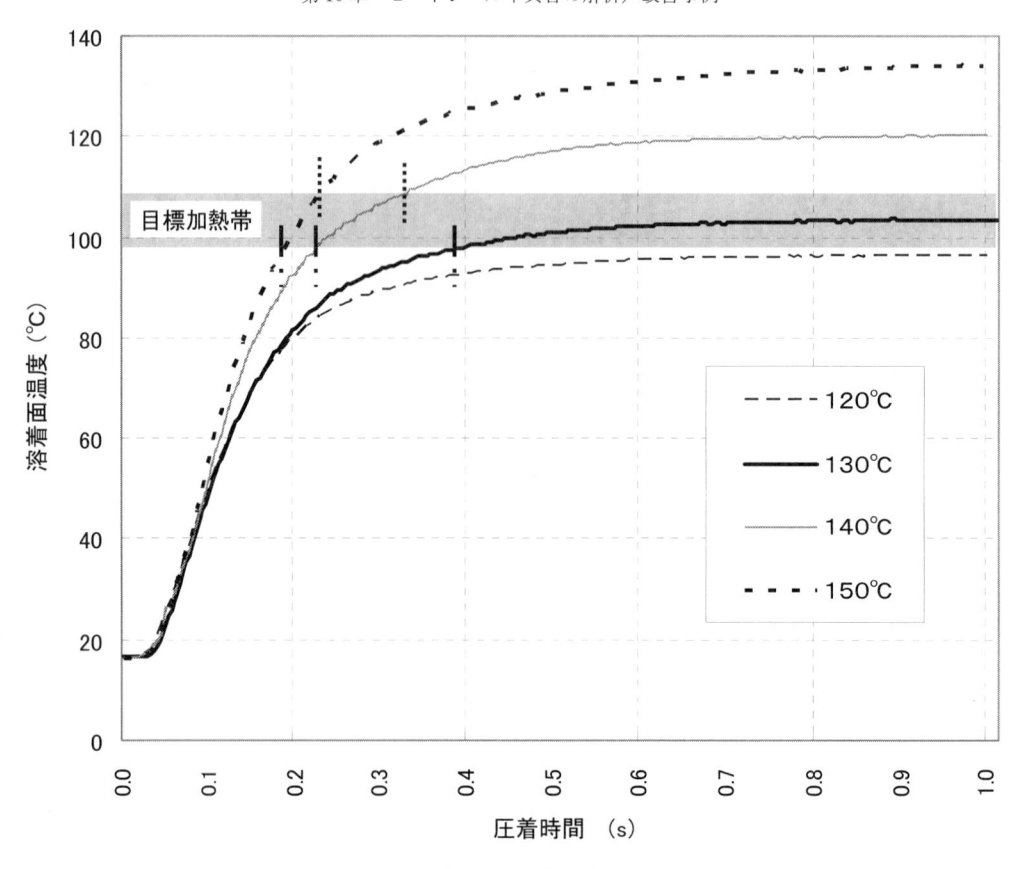

図 10.2　片面加熱の加熱温度と最適時間

　同様にして両面加熱，インパルスシールの加熱方法で検証して，最適加熱条件の温度と加熱時間のマトリックスを得ることができる．重ね合わせる材料が同一でない場合には加熱面の選択の違いでヒートシール条件は異なるので，留意が必要である．片面加熱とインパルス加熱はコートフィルム側からの加熱応答である．以上の測定結果をまとめるとこのサンプルの適正範囲と非適正範囲が**表 10.2** のようなる．両面加熱では 110℃，片面加熱では 130℃，インパルスシールでは 1 s（機種で変わる）が安定して利用できる条件である．
　このようにすれば試験サンプルごとの定量的なヒートシール基準を作ることができる．

表 10.2　最適加熱条件［加熱体の表面温度／圧着時間（s）］

加熱方法 \ 加熱体温度（℃）	110	120	130 (1)*	140 (1.5)	150 (2)
両面加熱	0.25—	0.19-0.32	0.17-0.22	0.15-0.18	速過ぎ
片面加熱	不充分	不充分	0.36—	0.21-0.36	0.17-0.23
インパルスシール			0.33—	0.35-0.43	0.30-0.40

＊（　）はインパルスの通電時間（s）

10.3 紙カップ包装の蓋シールの不具合解析事例

10.3.1 はじめに

紙製のカップはスナック食品，乳製品アイスクリーム等の汎用のRigid容器として利用されている．紙製カップは扇状に打ち抜いた厚紙を筒状にして重ね部分を接着している．

筒のトップとボトムは巻き込まれ，リブを形成している．リブはほぼ1回転して作られているので，重ね部は4枚，それ以外は2枚の構成になる．この部位で顕著なヒートシールの不具合が発生しているので，この発生原因の究明を行った．

10.3.2 課題の推定と検証方法の設定

2枚と4枚重ねの部位に顕著に不具合が発生する原因が段差による伝熱の差に起因していることを検証するために≪"MTMS"キット≫を使用して，2枚と4枚重ねの段差と4枚重ね部位の加熱応答を測定して，応答の相違を比較した．図10.3に測定方法を示した．

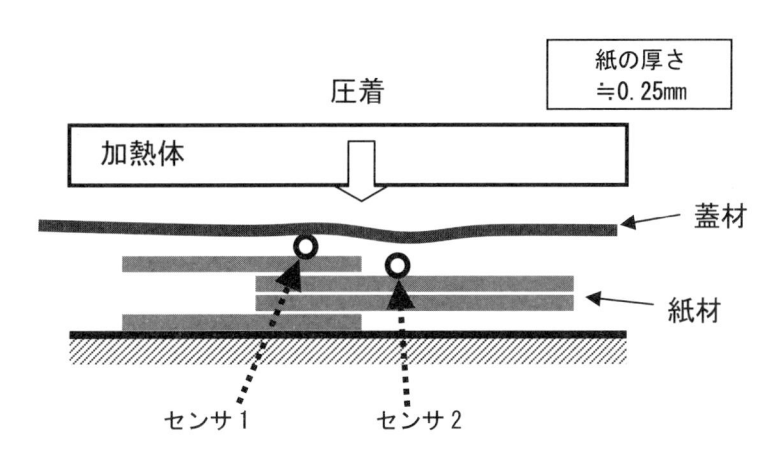

図10.3 紙カップの重ね部の段差の熱伝導性の相違の検証

10.3.3 解析結果

応答の測定結果の代表的なデータを図10.4に示した．4枚重ねの部位の①，②の応答は加熱温度の変化に対応した応答をしているが，段差の部位の応答は加熱温度の変化に対して，まちまちな応答をしていることを見出した．段差は0.25mm程度であるが，数十℃の加熱温度差でも逆転（④と③）が起こっている．[6.3]の圧着圧（ギャップ）の応答に及ぼす影響の検討成果を応用して考察した．不完全な接触の原因は，蓋材の歪みによる当該部位の接触の仕方にバラツキが生じていることを再現実験で確認した．蓋の歪みと応答の関係の説明を図10.5に示した．この解析と再現実験の結果，段差部位の熱溶着の不具合の発生は，蓋材の1/100mmレベルでの歪み部分が段差部位と重なり一致する複合起因で起こっていることが分かった．

この解析結果に基づいて，ヒートシーラントの厚さ，リブ部の剛性を残すような圧着代

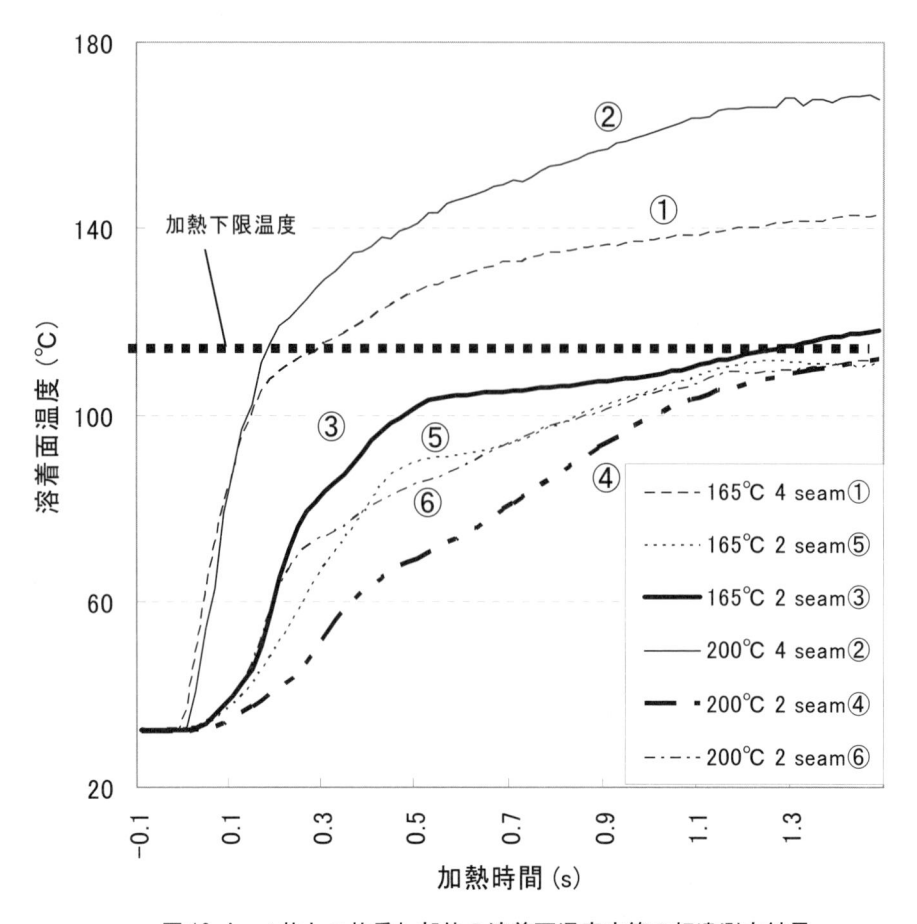

図 10.4　4枚と2枚重ね部位の溶着面温度応答の相違測定結果

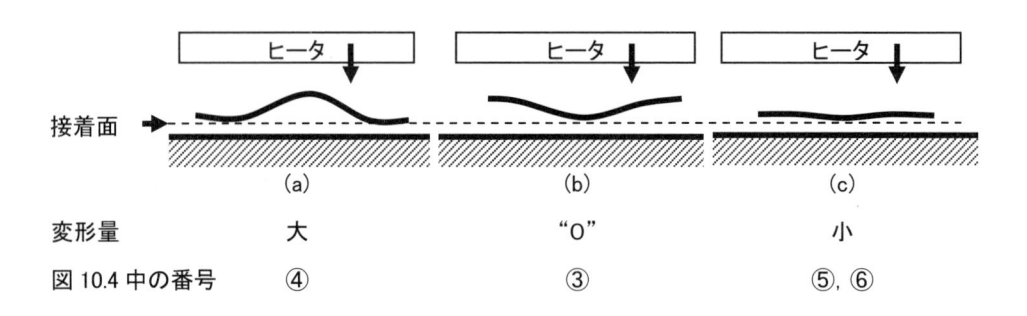

	(a)	(b)	(c)
変形量	大	"0"	小
図 10.4 中の番号	④	③	⑤, ⑥

図 10.5　蓋材歪みと段差の合致による不具合の発生解析

の調節，蓋材の歪みの戻りでホットタックを起こさない冷却で改善ができた．

10.4　改造した包装材料の性能改善の効果評価
10.4.1　はじめに

バリア性に問題が起こった時，ヒートシールが原因と推定されるケースが多い．

10.4 改造した包装材料の性能改善の効果評価

従来は適切な解析方法がなかったので，経験的にヒートシーラントやバリア層の材質や構成を変更している．この事例は高気密性の要求される電子部品の包装で，ヒートシールの際にアルミのちぎれが原因でピンホールが発生していると推定されたケースである．

表層材の入れ替えとバリア層をアルミから EvOH に変更したが，改造後も期待通りの改善効果が得られなかった．[7.2]で示した「角度法」を適用して事例の原因診断に適用した例である．

10.4.2 試験の方法

溶着面温度をベースにして，JIS 法（Z 0238）の引張試験と斜めにヒートシールしたサンプルに点状に引張力を負荷する「角度法」で剥がれシール（peel seal）と破れシール（tear seal）の発生状況を検査した．

10.4.3 解析結果と考察

計測結果を1枚のグラフ上に併記したものを図10.6に示した．

試験結果から，改造したサンプル（B）の JIS 法でのヒートシール強さは，改良が期待された包装材料（A）よりも増加していて材料の改善効果が上がったように見えたが，「角度法」の測定結果からは（A）よりもエッジ切れを起こしやすい結果を示した．サンプル

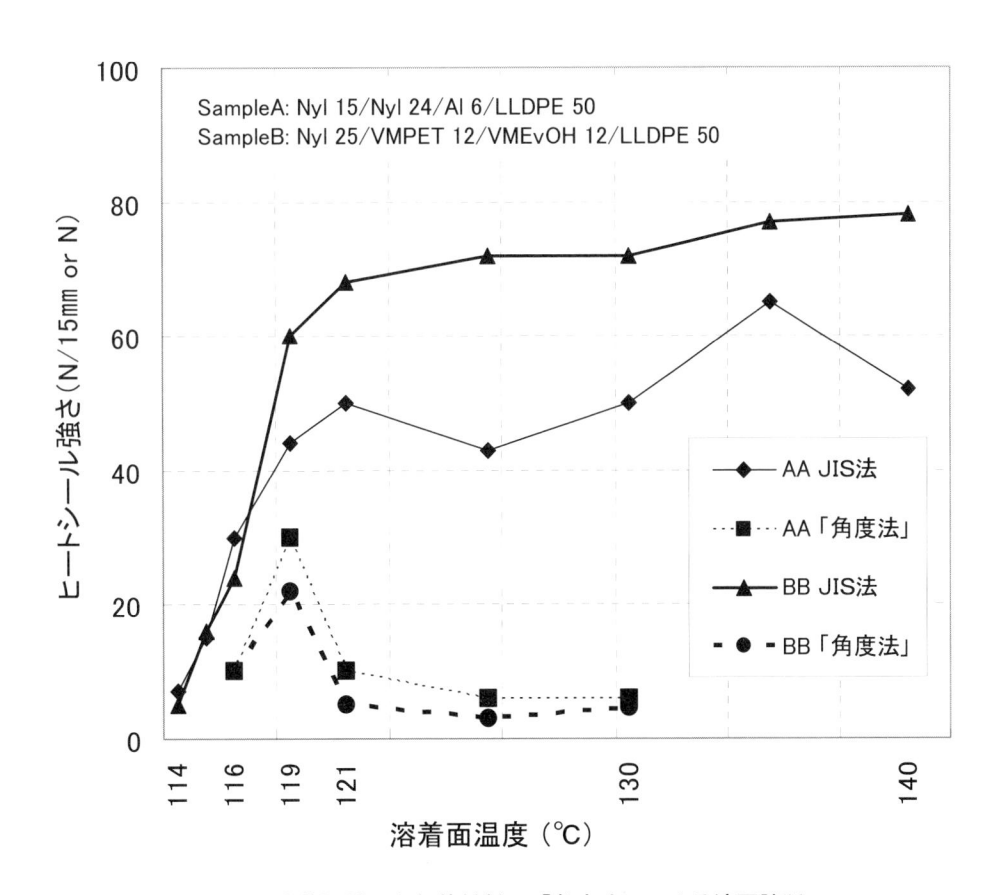

図10.6　改善設計した包装材料の「角度法」による適否診断

(B) の改造個所は表層材の PET と Ny1 の順番を入れ替え，ガスバリア材を金属のアルミから EvOH（エバール；商品名）に変更している．このケースの場合は相違箇所から考察して，EvOH とヒートシーラントの L-LDPE のラミネーションに期待する改善効果を阻害する要因が現れたと推定できた．また，改造の論拠となった原因設定に不適切があったと推定される．

10.5 生分解性プラスチックのヒートシール特性の精密測定

10.5.1 はじめに

生分解性プラスチックは石油原料に代わる自然循環型資源として注目されている．しかし，自然原料を用いるため，高分子結合に欠陥が生じ易く，合成プラスチックとの代替には難点がある．結晶特性から，ヒートシール強さも合成プラスチックに比べて低く，適正なヒートシール方法が確立していないので，普及の妨げになっている．本項は PLA の生分解性プラスチックをサンプルにして 3 通りの方法でヒートシールの発現の様子を検証，評価したものである．

10.5.2 検証の方法

次の 3 通りの方法を適用してヒートシール特性を評価した．

(1) プラスチックの熱特性の一般的な解析方法の DSC 法を適用
 ・昇温速度：10℃/min
(2) [4.3.2] で示した熱流測定方法を適用
(3) 溶着面温度ベースの加熱で作製したサンプルのヒートシール強さの測定
 ・加熱温度精度（再現性）：0.5℃， ・テフロンシートで挟んで加熱
 ・所定時間加熱後室温までの強制冷却， ・初期圧着圧：0.2MPa
 ・ヒートシール強さ：JIS Z 0238 に準拠

10.5.3 解析結果

3 通りの検証方法で測定した結果を図 10.7 に示した．
この結果から次のように考察できる．

(1) 熱流特性の測定では，60～90℃と 150～160℃に顕著な変曲点が見られる．
(2) DSC の計測では 165～170℃に大きな変移が見られる（溶融温度[Tm]に相当）．
(3) ヒートシール強さは 65℃付近から立ち上がって，80℃付近が剥がれシールと破れシールの境界になっている．
(4) 80℃より高い温度では液状化するのでヒートシールの操作は困難になる．
(5) 実用化が可能なヒートシール強さは 5～6N/15 mm が得られた．
(6) 従来は溶融温度[Tm]が加熱温度の目安になっているが，生分解性プラスチックには適用が困難であった．

(7) 実用的な適正加熱範囲は剥がれシールゾーンであった（剥がれシールゾーンの加熱が必須）．

(8) 他のサンプルの実験結果から，ヒートシール特性は D 体の含有率によって変化することが分かった．D 体が 2%以下なら合成プラスチック並の 20N/15 mmを示すものがあり，生分解性プラスチックのヒートシール強さは小さいとの情報は覆している．

(9) 材料の破断強さとヒートシール強さに大きな隔たりがあり，ヒートシール操作による分子間結合の成立を阻害する要素があることが推察できる．

この試験サンプルヒートシール温度とヒートシール強さと破断強さは

適正加熱温度　　　　　：　68～83℃
発生ヒートシール強さ　：　4～5N/15 mm
材料の破断強さ　　　　：　34 N/15 mm

を得ることができた．

このサンプルの製造元の Treofan 社のカタログには

ヒートシール温度レンジ　：　80～130℃
ヒートシール強さ　　　　：　2N/15 mm 以下

が示されているが[2] 検討結果とカタログ表示の加熱温度レンジが大幅にずれている．特に加熱温度帯はこの検討では不具合な温度領域を提示しているのが分かった．そのためヒートシール強さも小さな値になっている．

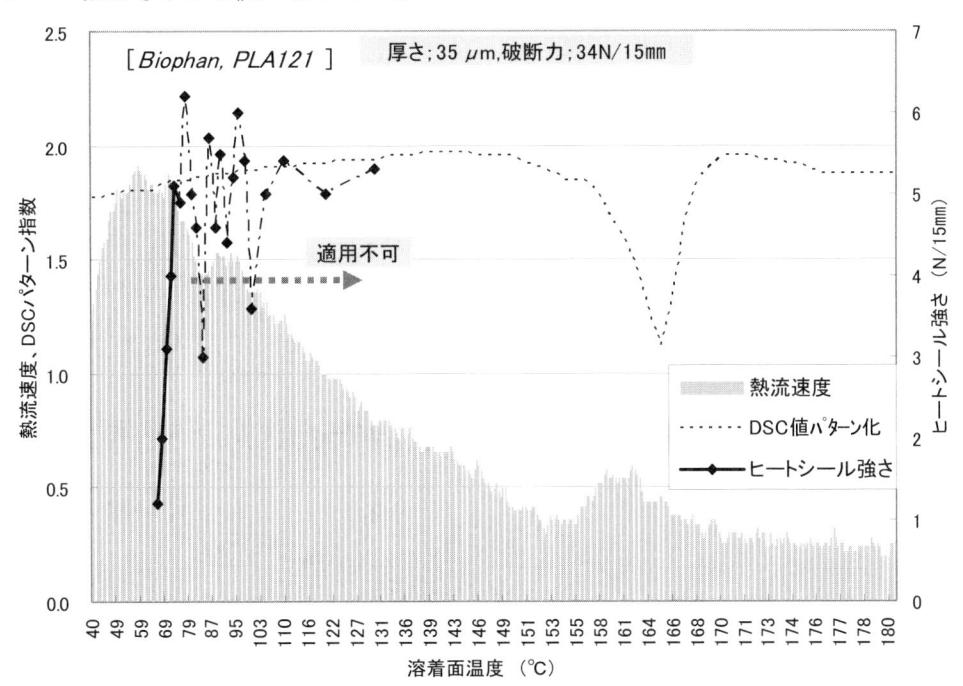

図 10.7　生分解性プラスチックのヒートシール特性

10.6 ASTM [F88-00] に提示されている破れ方の "**MTMS**" による解析

図 10.8 に示したように ASTM [F88-00] には，ヒートシールの引張試験で発生する7種類の「壊れパターン」が示されて，引張試験の測定値に壊れ方の例示をするように推奨している．この分類はヒートシールの引張試験で得られる状態を比較的よく表現している．しかし，従来は図に示された壊れ方の解析が困難だったので，再現する加熱方法（条件）の具体的な例示ができない．この壊れ方の発生解析がある意味では，従来のヒートシールの課題の解決でもある．

本解析の主要な論拠は [8.3] により，引張試験で起こる応力要素に着目して，7種の「壊れ方」を解析と検討の結果を**表 10.3** に示した．判定は記号で表した．併せて改善対策を付記した．

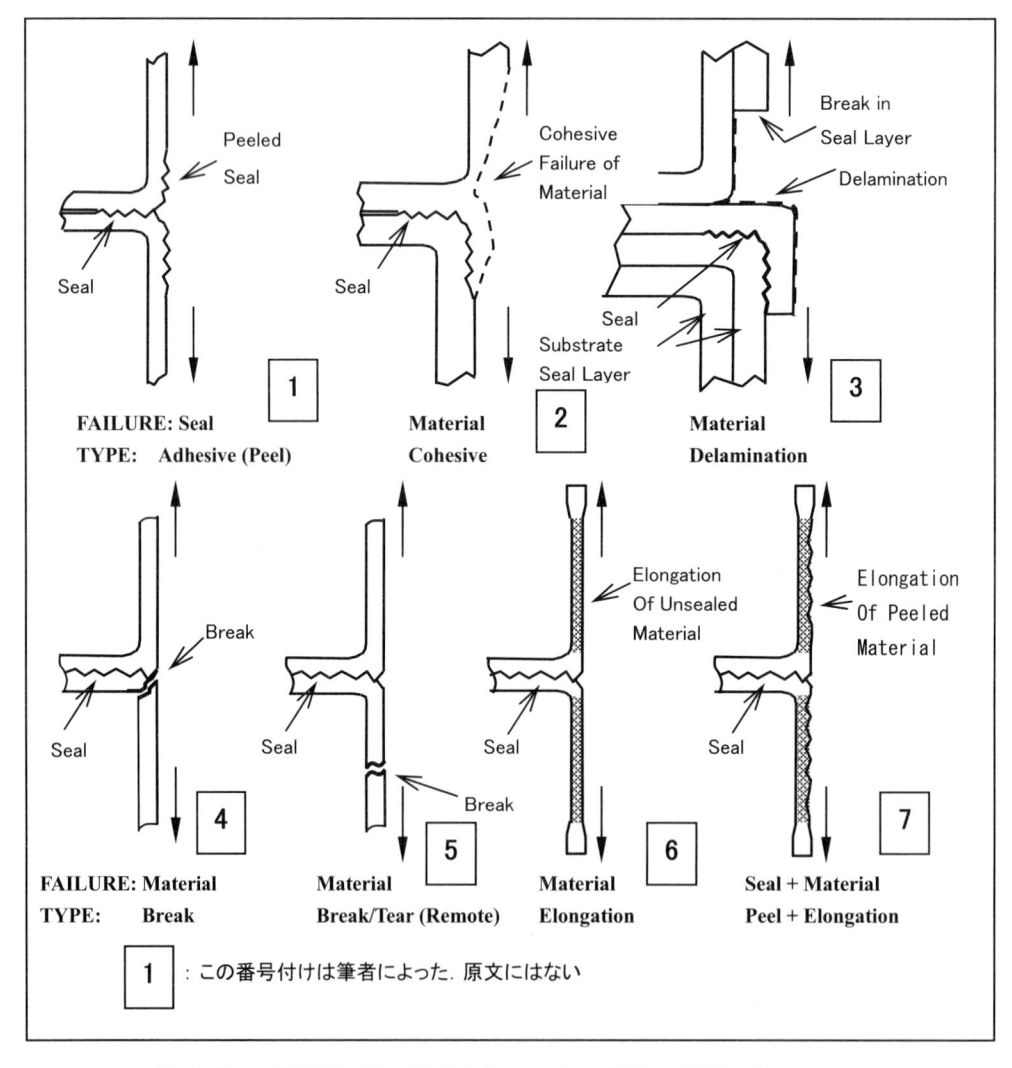

図 10.8　ASTM[F88-00]に提起されている7種類の「壊れパターン」

表10.3 溶着面温度測定法によるヒートシールの「壊れ方」の発生原因解析

NO.	損傷部位	壊れ方	剥がれ環境	破れ環境	ホットタック環境	備考	
1	接着面	界面接着	◎			$F_S > F_H$	問題なし
2	材料	凝集接着		◆		$F_H > F_S$	過加熱
3	材料	デラミネーション		○		$F_H > F_S,$ $F_S > F_L$	イージーピール
				◆		$F_H > F_S$	過加熱
4	材料	破断		◆		$F_H > F_S$	過加熱
5	材料	破断／破れ		○		$F_H > F_S$	高剛性材料
6	材料	伸び		○		$F_H > F_S$	軟らかい材料
7	接着面＋材料	剥がれ	○		●	$F_H > F_S$	高温下の応力

◎：調節状態　　　　　　　　　　　F_H：ヒートシール強さ
◆, ●：破断, 破れ　　　　　　　　F_S：ヒートシーラントの伸び強さ
　　　　　　　　　　　　　　　　F_L：ラミネーション強さ

◎：順当な操作

○：過加熱の剥がれシール（tear seal）によって融着，（$F_H > F_S$）となっているためにヒートシーラントまたは材料が伸びている．
剥がれシール（peel seal）にすれば伸びの発生がなくなり，伸びによるデラミやピンホールの発生を防止できる

◆：過加熱(tear seal)によって融着，過加熱で材料のダメージが顕著，「適正加熱範囲」での操作が必要

●：融着面が冷却しない溶融温度中に引き裂き応力が付加した時起こるホットタック（hot tack），溶融温度以下に空冷される時間帯に押したり，衝撃を与えないようにする．好ましくは加熱工程の後に冷却プレス工程を設置する．

本書の論述の適用で，全ての項目について明確に発生原因の説明ができた．

10.7　包装材料メーカー，包装機械メーカー，ユーザーの協業の仕方

ヒートシールの確実な達成には
(1) 適格な包装材料の使用
(2) 材料の基本性能/設計性能を確実に発揮できるヒートシール装置
(3) 材料の設計仕様を尊重した運転速度の設定
(4) 材料と装置の基本性能を逸脱しない商品の品質設定

第10章 ヒートシール不具合の解析／改善事例

表 10.4　ヒートシールの確立の構成要素と達成項目（協業分担表）

大分類	個別要素
(1) 包装材料	1) 溶着温度 2) 熱伝導速度 3) 熱変性（過加熱）
	4)（結果として）ヒートシール強さ［1］の発現
(2) 包装機械	1) 稼働速度（包装材の熱伝導速度に見合った） 2) 加熱温度（包装材の熱変性温度以下の） 3) 圧着の均一（一様な加熱のための）
	4)（結果として）ヒートシール強さ［2］の発現
(3) 運転条件	1) 生産計画（包装材料の熱特性を基点にした） 2) 運転速度（包装機械の保証速度に合わせた） 3) 管理数値の設定→包装材料の特性と包装機械の能力範囲内のバラツキの選択設定
	4) シール面への充填物噛み込み制御 ・ステップ1：ヒートシールの基本要素の確実な達成をまず確認 ・ステップ2：シール不良の発生に及ぼす種類，量の把握 ・ステップ3：発生源撲滅策の検討（"液だれ制御"，"粉舞制御"の適用）

が肝要である．

各項目の具体的な実施事項を **表 10.4** に示した．

この表の各項目は［8.4］で記述した HACCP の対象項目そのものである．

表の(1)包装材料は包装材料メーカー，(2)包装機械は機械メーカーに確実な分担協業を期待したい．

消費者のニーズを共通の視点で協業分担する情報交換ルートを **図 10.9** に示した．

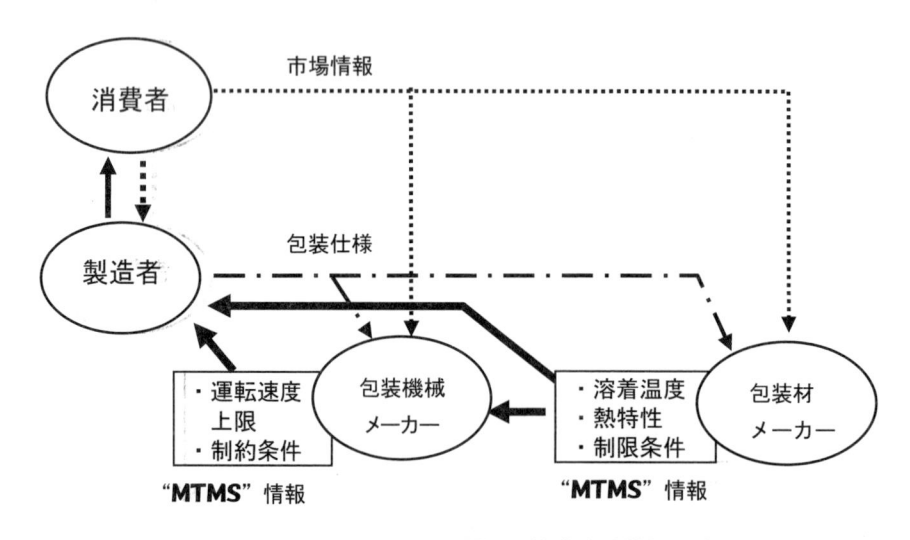

図 10.9　ヒートシールの課題の協業達成情報の流れ

参 考 文 献

1) 旭・デュポンフラッシュスパンプロダクツ社ホームページ　http://www.tyvek.co.jp/medical/
2) Treofan 社(ドイツ)　BIOPHAN®カタログ

第11章 JIS法を補完する溶着面温度をパラメータにしたヒートシール試験方法

11.1 ヒートシールの新しい解析と管理法の提案

現在，ヒートシールの検査や解析には次のような課題がある．

- JIS や ASTM[1),2)] の試験法は幅の広い溶着線の平均的な引張強さを計測する方法で，現場で起こっている微細部分への集中応力による不具合発生の検査と評価には，必ずしも適合していない．
- 従来の課題は過加熱状態で起こっている現象であることが十分理解されていない．
- プラスチックの包装材料のヒートシールの確実な達成には，接着面（溶着面）温度をパラメータにした評価が必要とされている．

  熱可塑性のプラスチックを包装材料として有効に利用するためには，剥がれシール（peel seal）と破れシール（tear seal）ゾーンの境界付近の温度帯を巧く利用することが有効であることが分かっている．

- ヒートシールは加熱温度によって成立するが，現行の評価方法には温度のパラメータがない．
- 包装材料のヒートシール強さの提示には（世界的にも）≪加熱時間≫と≪圧着≫条件が付記されている．しかし，この提示条件は再現するのが難しく実際の生産活動への適用が困難である．

  ヒートシールを合理的に実施するには，[3.2.2]で論じたように各場面で，次の4条件を正確に把握する必要がある．

    (1) 溶着層の溶着温度
    (2) 溶着層が溶着温度に到達
    (3) 溶着層が溶着温度に到達する時間
    (4) 被加熱材の熱劣化温度

今まで論じてき知見を整頓して，JIS，ASTM の試験法を補完する新規な「管理法」を提案する．

11.2 新しいヒートシールの解析と評価の展開法

【Ⅰ．包装材料のヒートシール特性の測定方法】

1．引張試験サンプルの作り方
1.1 15mm幅の加熱サンプルの作り方
(1) 加熱サンプルの幅：20～25mm の範囲の1点を選択
(2) 圧着ギャップ　　：（包装材料の厚さ）×（1.0～1.5）　　　　[図11.1] 参照

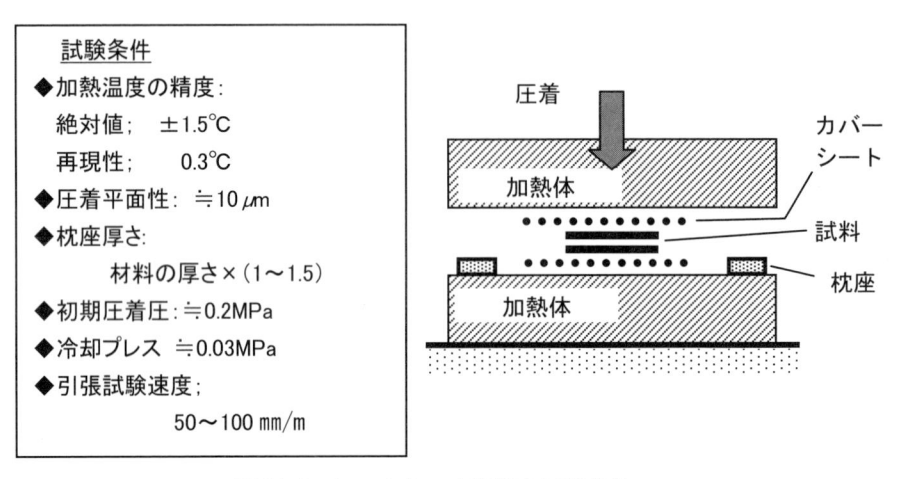

試験条件
- ◆加熱温度の精度：
  - 絶対値；±1.5℃
  - 再現性；　0.3℃
- ◆圧着平面性：≒10μm
- ◆枕座厚さ：
  - 材料の厚さ×（1～1.5）
- ◆初期圧着圧：≒0.2MPa
- ◆冷却プレス ≒0.03MPa
- ◆引張試験速度；
  - 50～100 mm/m

図11.1　ヒートシール評価の試験条件

(3) 初期圧着圧　　　：0.15～0.2MPa

　　（同一荷重でもサンプル幅が変わると圧着圧が変わることに留意）

(4) 溶着面温度ベースの加熱サンプルを作る手順

　1) 微細センサを適用して，使用する加熱装置の加熱部位付近の表面温度を測定する（汎用の表面温度計は不可）．

　2) 試験片に "**MTMS**" センサを挿入して，溶着面温度の応答を測定する．

　3) 応答から表面温度の約70%の到達時間を取得し，その **5～7倍** の時間を得る

　　　　　　　　　　　　　　　　　　　　　　　　　　　　[図11.2] 参照

　4) 得られた時間を当該加熱サンプルの作製時間として使用する

　　（加熱温度に関係なく同じでよい）．

　5) 加熱サンプルは加熱後速やかに常温の冷却体を 0.03～0.05MPa で**密着させて冷却**する．

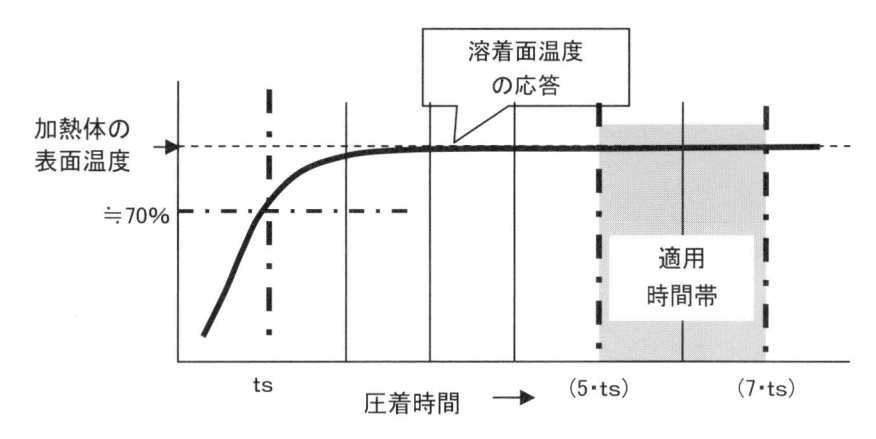

図 11.2　溶着面温度ベースの圧着時間の決め方

1.2　15 mm幅の引張試験サンプルの寸法

1) [1.1]で作製した加熱サンプルのシール面を所定の 15mm 幅にして，ヒートシール線を起点にして，台形に裁断する．
    - 短辺（ヒートシール線）：15±0.1 mm
    - 長辺　　：25±2 mm
2) ヒートシールエッジから引張応力点までの長さは30mm 以内　　[図 11.3]　参照[*1]

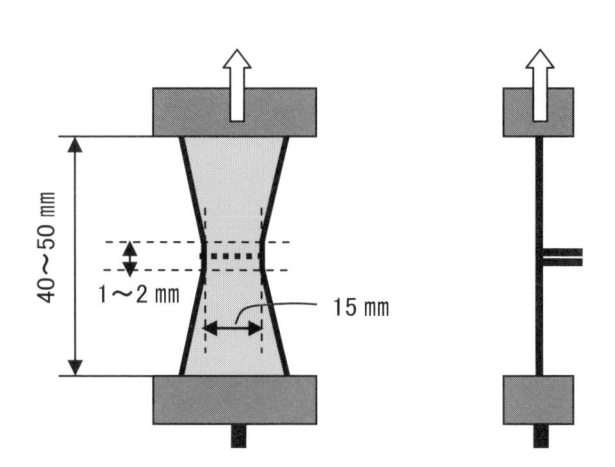

図 11.3　引張試験サンプルの仕上げ寸法

[*1]　薄い柔らかな材料[PE：30μm]と厚くて丈夫なレトルトパウチ材（90μm）の2種の引張試験を新法（台形カット）と従来法で行った．その結果を[図 11.4]に示した．

　それぞれに母材単体の引張パターンを参考に併記した．剥がれシールでは，引張力は剥離面で受け界面接着力は伸び力より小さいので双方のパターンには差がない．破れシールの場合は凝集接着になっているので材料の持つ大きな固有強さに立ち上がる．新法はヒートシール線に応力を集中させて，母材の伸びの影響を少なくしようとしているから結果は歴然とした差が出ている．測定条件よって，PE では 3～4.5N（30%），レトルトパウチでは 38～50N（24%）の差が出ており，従来のヒートシール強さ管理は大きな課題を持っていたことが分かる．

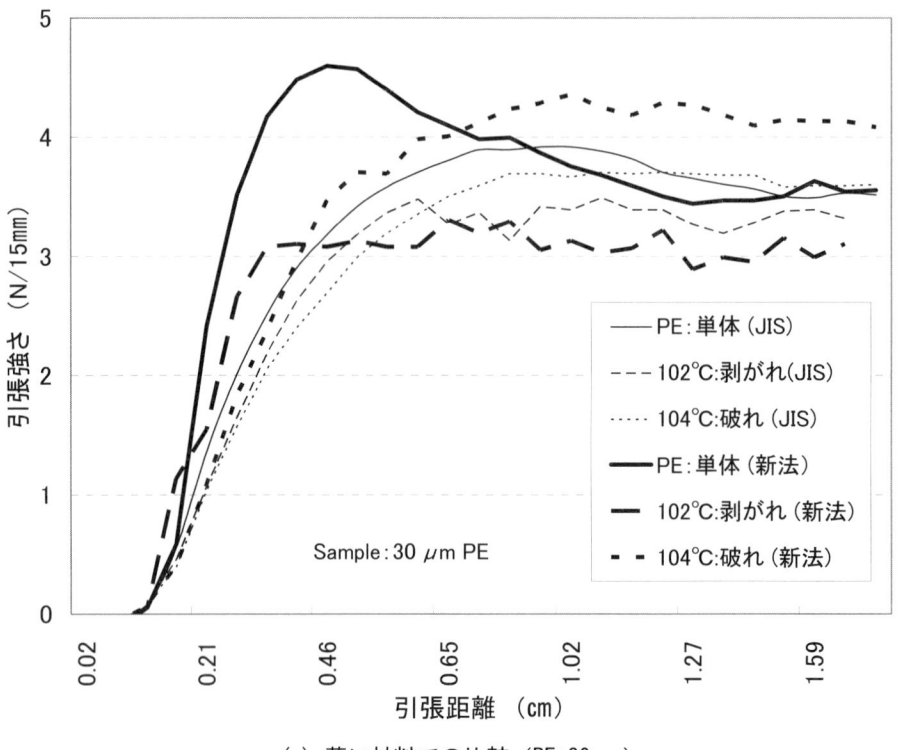

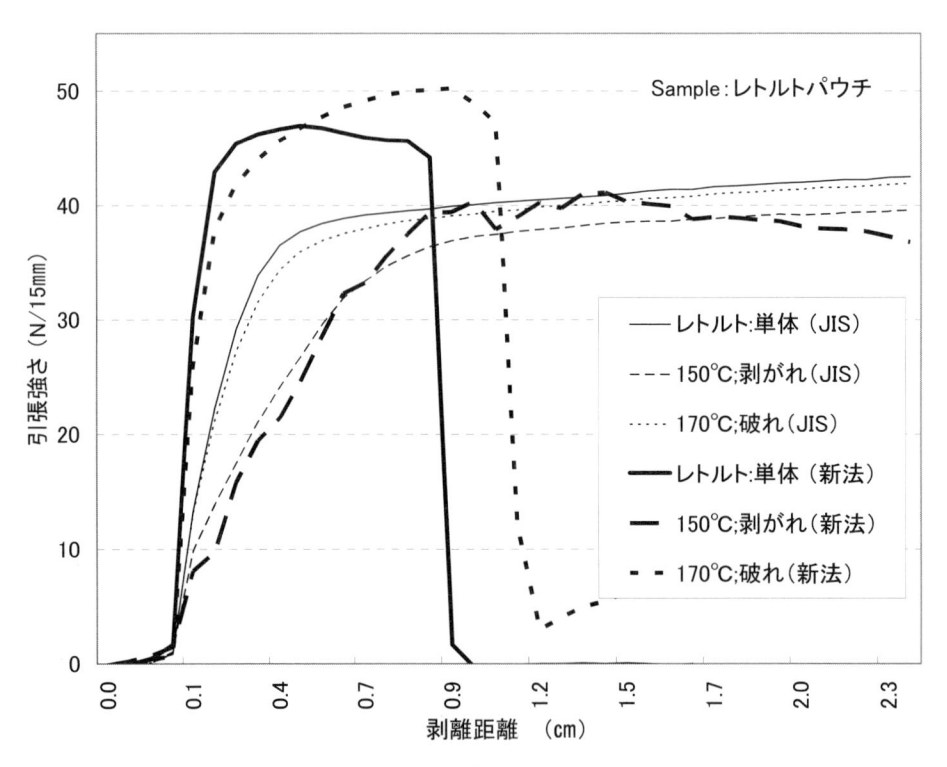

第11章　JIS法を補完する溶着面温度をパラメータにしたヒートシール試験方法

(a) 薄い材料での比較（PE：30μm）

(b) 厚い丈夫な材料での比較（レトルトパウチ：90μm）

図11.4　新しい引張試験サンプルの作り方の引張パターン

1.3 「角度法」の引張試験サンプルの作り方

1) 加熱サンプルの幅：20〜25mm の範囲の1点を選択
2) 圧着ギャップ　　　：（包装材料の厚さ）×（1.0〜1.5）
3) 初期圧着圧　　　　：0.15〜0.2MPa
4) 加熱温度：溶着面温度ベースで加熱
   以上は［1.1］と同様に作製
5) 加熱バーと試料の角度：40〜45°で加熱作製　　　　　　　　　　　　［図11.5］参照

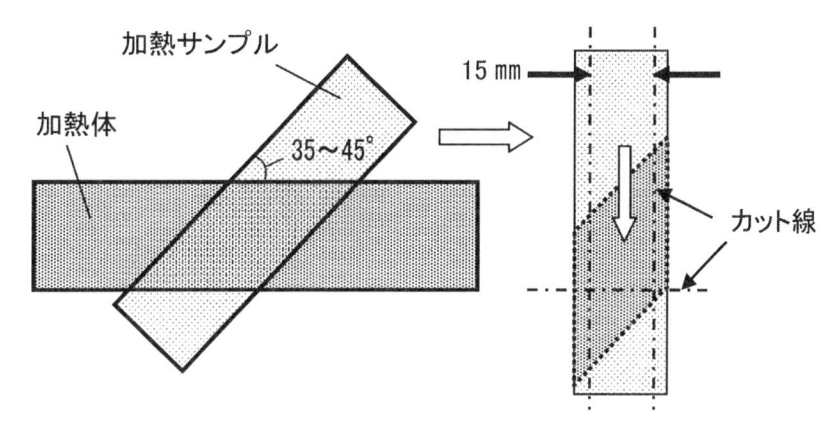

図11.5　「角度法」サンプルの作り方

2. 引張試験方法

2.1　引張試験速度：50〜100mm/m

2.2　引張強さ力の連続デジタル記録

2.2.1　立ち上がり波形の観測：

1) ヒートシールの直線性；途中の微細な変化を観て"ポリ玉"の発生の是非の確認
2) 試料の伸び特性の確認；(dT/dL)　※剛性の大小の判断に使用する．［図11.6］参照

2.2.2　引張試験パターンの観測：最大値/最小値の計測　　（［8.5］参照）［図11.7］参照

1) 剥がれシール（peel seal）状態の定性
2) co-polymer の機能発現の定性

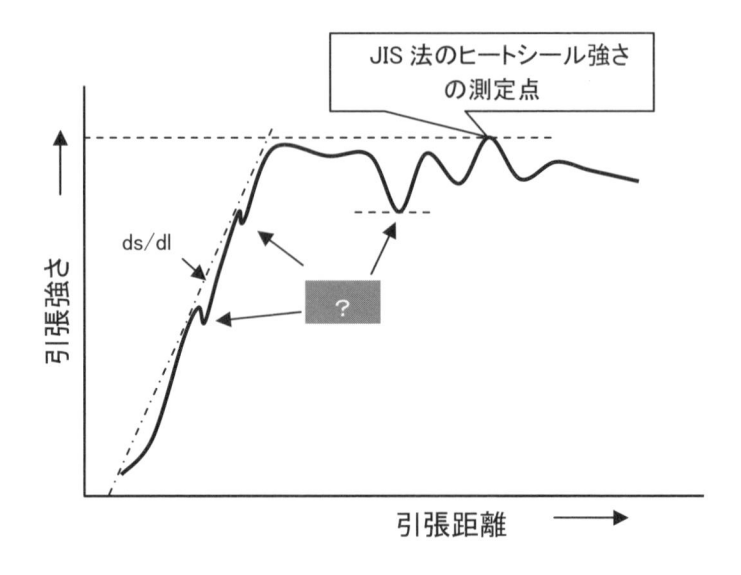

図 11.6　引張試験パターンの注目点

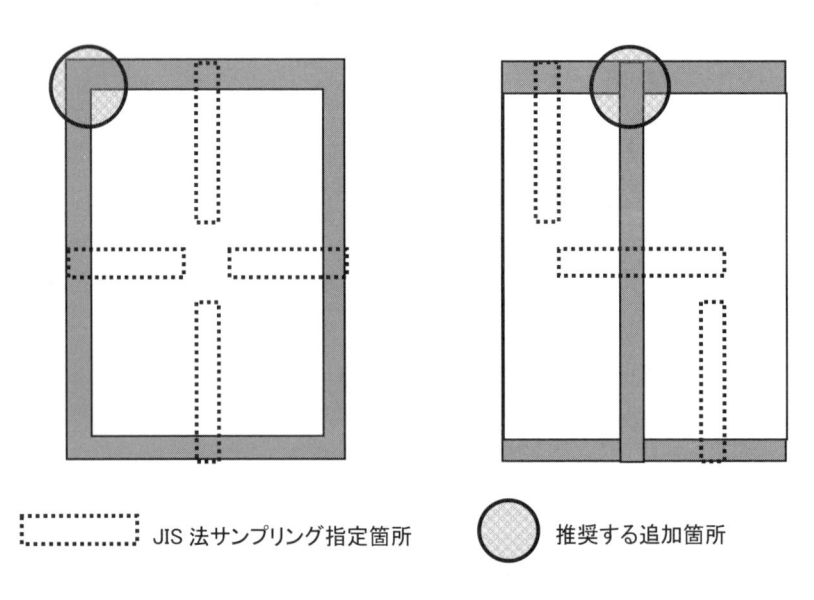

図 11.7　既製品の引張試験のサンプリング箇所

3. 採取データの利用の仕方

3.1　剥がれシール領域の決定

「角度法」［1.3］の各温度のデータを溶着面温度ベースのグラフに統合して，変曲点の温度を抽出して，この溶着面温度を剥がれシールと破れシールの境界温度とする．

3.2　適正上限加熱温度の決定

［3.1］で抽出した最大の引張強さより 20％低下する引張強さに相当する溶着面温度を上限温度とする（[**図 7.4**] 参照）．

4. 加熱時間/圧着時間の決定方法

4.1 加熱体の表面温度と溶着面温度の関連の計測方法

1) 想定温度範囲（5本程度）の加熱体表面温度をパラメータにした包装材料の表面と溶着面温度の応答曲線の図と表を作成（[図4.5] 参照）.

2) ［3-1］，［3-2］で得た上下限温度を挿入して加熱温度と加熱時間のマトリックスを作成する

3) 詳細解析に必要な温度応答はその温度の前後のデータを使用して，「シミュレーション法」で補完する（[9.4] 参照）.

4.2 テフロンコートをする場合の決定方法

1) 加熱体の表面に現場で使用するのと同一のテフロンコートを施し，［4.1］と同様の操作によって加熱温度と加熱時間のマトリックスを作成する.

【Ⅱ．製品のヒートシール強さの評価の仕方】

1．サンプリング箇所

(1) 直線部
(2) コーナー部（[図11.7] 参照）
(3) ダブルヒートシール部
(4) 15mm幅のサンプリングが困難な場合は可能な幅でのテストを行い15mmに比例換算すればよい（カット幅の精度に留意）.
(5) 直角サンプルの採取が困難な場合は「角度法」サンプルでよい.
　　［重要な剥がれシール，破れシールの識別はできる］

2．既成包装品の引張試験片の作製方法

2.1 JIS法の試験片の作り方

2.1 「角度法」の試験片の作り方

　共に　Ⅰ．包装材料のヒートシール特性の測定
　　　　　1．引張試験サンプルの作り方　　に準拠

(1) 15mm幅のサンプリングが困難な場合は可能な幅でのテストを行い15mmに比例換算する
(2) 直角サンプルの採取が困難な場合は「角度法」サンプルでよい.
　　［剥がれシール，破れシールの識別はできる.］

参 考 文 献

1) JIS Z 0238；7項 (1998)
2) ASTM Designation:F88-00

あ と が き

　私がヒートシール課題に出合ったのは日本でも小分け包装が盛んになってきた，20数年前の1980年頃であった．工場では消費者からのヒートシールクレームが日常的に起こって，品質管理担当者は大変な毎日であった．包装には関係のなかった小生にお鉢が回ってきて，その原因究明を行ってビックリしたのは，ヒートシールは温度が制御要素であるのにもかかわらず，接着面の温度が直接的な管理対象になっていなかった．小生は電子工学が専攻であったから，早速溶着面温度の計測に取り組んで運転中の一定条件の維持の確保はできるようにして，レトルトや調味料包装のトラブル発生の抑制は果たせた．微細な溶着面の温度計測は，微小な温度信号（電圧）を100万倍以上に増幅しなければならなかったので，専門家を以ってしても汎用化は難しかった．

　エレクトロニクス技術の発展によって，微小電圧の増幅は安くそして容易になり，またパソコンとの連携が簡単な測定信号のデジタル化が可能になり，データ処理も一瞬にできるようになった．これで，汎用化した溶着面温度測定法；"MTMS"（1998年）に結びつけることができた．"MTMS"をツールにして国内外のヒートシールの課題の収集と各社さんの"お困り"の検討を行い，その集大成が本書である．情報のご提供と小生の活動を支えて戴いた各位への感謝の気持ちを本書の発刊でお応えしたい．本書をご覧になったご賢明な読者諸氏は，従来のヒートシールの問題と課題は「凝集接着の達成がヒートシールの最善」と考えていたことに間違いを発見されたことと推察する．小生も包装作業に携わった当初，包装現場に行って，工程中のヒートシール品を抜き取り，机や装置の角に袋を叩きつけて，ヒートシールエッジの剥がれ具合を見て，"剥がれ"が生じると機械メーカー，包装材料メーカーに改善をお願いしていた．これを思い起こすと恥ずかしくなる．

　溶着面温度の測定法の開発に留まらず，関係者の待望であるヒートシール論理の体系化その展開技術の開発に関与でき，かつ期待に応えられたことは，小生の生存を確認できて大変に光栄である．

　本書は2006年に授与して戴いた学位（東京大学）の論文を発展させたものである．

　このご指導戴いた工学院大学教授/東京大学名誉教授の小野擴邦先生には光栄にも推薦文をお寄せ戴いた．技術士の小山武夫先生には，プラスチックの基礎，溶融特性，高分子各論について懇切丁寧なご指導を戴いた．ミシガン州立大学包装学科のDr. Hugh Lockhart教授には，特別講義の機会とアメリカで提起されている課題の提示と共同研究

の機会を作って戴いた．PMMI（アメリカ包装機械工業協会）の Ben Miyare 副会長には欧米の業界，学際におけるヒートシールの取組み情報を提供戴くと共に，関係者や関係大学の紹介を戴いた．日本包装学会の各位には長年に渉って，研究経過の発表の場の提供と激励を戴いた．技術士包装物流会，日本包装コンサルタント協会の仲間には常日頃，適切な指導，鞭撻を戴いた．（社）日本包装技術協会は研究会でのヒートシールの講演の機会を作って戴いている．（社）日本包装機械工業会の毎年の包装学校の講義に溶着面温度測定法を講義項目にご採用戴いている．各方面の友人達は，研究の成功に生涯的な叱咤激励を送り続けてくれている．紙面を通して各位に感謝を申し上げる．原稿執筆中に完成できた，今迄の取組みの集大成となる究極のヒートシール方法の"Compo Seal"（混成ヒートシール方法）を付加できた．

　索引は［節］単位のキーワードを取上げた．新たにヒートシールに取り組まれる諸兄には，「課題」となった事項に相当するキーワードから入り込むことをお勧めしたい．

　「節」を横断しているキーワードはヒートシールの全体にかかわっていると言える．

　掲載箇所の多いキーワード（「ポリ玉」，「ピンホール」，「過加熱」，「タック」等）を主体的に取り組むことで課題の解決，改善を効率よく処理できると信じる．

　本書がヒートシール技術のグローバルスタンダードとして，浸透することを期待している．日本に限らず，世界各国の関係者に利用して戴けるように，近々アメリカから英語版の出版を準備している．

　本書には 筆者の取得特許と特許出願を多数（リストは巻末に記載）引用しているが，各位が自由に利用できるように「通常実施権」とノウハウの公開を筆者が主宰している菱沼技術士事務所から公開している．

　本書の記載した項目の進化情報は順次に，菱沼技術士事務所のホームページに紹介して行きたい．ご参照戴けたらありがたい．

　本書の発刊に当たっては，株式会社幸書房夏野雅博出版部長には大変なご尽力と協力を戴いた．改めて感謝申し上げる．

2007 年 6 月

菱　沼　一　夫

索　　引

≪英字≫　≪数字≫

0.2MPa	18, 80
15mm	32
15mm幅	6, 90, 172, 177
16bit	40
1次応答	136
1次遅れ	16, 50, 130
1次微分	50
2次微分	49
2次微分値	49
2段加熱	132, 139, 144, 145
2方	57, 153
2枚重ね	46, 73, 115, 147
3方	57, 153
3要素	78
4重	59, 147
4条件	9, 18, 46, 102, 141, 142, 171
4方	153
4枚重ね	73, 144
5mm幅	89
6枚重ね	46, 115, 147
7.5mm	89
95%応答	106
A/D変換	40, 86
AFM	13
angle method	77
ASTM	18, 31, 158, 168, 171
BCD	40
biodegrable	166
BIOPHAN	167
CCP	102
compo seal	7, 30, 150
co-polymer	7, 51, 92, 112, 158
dispersion	161
Dow	2
DSC	46, 166
DUPONT	7, 158
D体	167
EBR	78, 112
Ei	133
EvOH	165
F88-00	31, 158, 168
FDA	158
feed forward	103
flexible packaging	14
HA	102
HACCP	83, 101, 132, 143, 170
JIS	18, 31, 151, 165, 171
L-LDPE	2, 166
MTMS	19, 37
MTMSキット	40, 66, 113, 130
MTMSセンサ	27, 172
NASA	101
NYL.（Nyl）	166
PE	92
peel Seal	5, 124, 171
PET	12, 166
PLA	166
polymer	2
PP	92
PVC	28
QAMM	102, 122
rigid容器	163
Sp	85
St	85
tamper evidence	110, 159
tanδ	28
Tc	46
tear seal	5, 124, 169, 171
Tg	11, 46
Tm	11, 46, 84, 166
Treofan	167
TYVEK	135, 158
van der waals force	13, 125
Vc	133
V字状	21

≪あ≫

アイオノマー	112
アイソタクチック	92
悪循環	82, 122
アタクチック	92
厚さ	17, 83
圧縮空気	25
圧着圧	2, 59, 64, 117
圧着ギャップ	172
圧着時間	5, 130, 155
圧着代	113
圧着ムラ	68
圧着面	55
厚手	69
圧力	9, 18, 36, 59

圧力差	104	応力部位	6
編目プレス	117	応力要素	168
アルミ箔	26, 73	オーバーヒート	55
アンカーコート材	86	オーバーラップ	109
		オフセット	66
≪い≫		温度	9, 18, 36, 59
イージーピール	7, 147	温度依存型	130
イージーピールシール	36, 110	温度感度	39
イオン結合	2, 78	温度計	54
易開封性	7	温度傾斜	40, 66, 153
位相	28	温度降下	146
悪戯防御	36, 110, 159	温度差	17, 46, 68
いたずら防止	27	温度指標	18
糸状	84	温度上昇	103, 130
医薬品包装	84, 126	温度センサ	22
医療用滅菌包装材料	158	温度調節	5
印加電圧	132	温度調節技術	8
印刷層	117	温度調節値	18, 36
インターバル	69, 144, 149	温度分布	22, 40, 59, 72, 127, 151, 155
インダクションシール	21, 26	温度ムラ	125
インナーシール	26		
インパルスシール	14, 20, 84, 155, 156, 162	≪か≫	
		加圧	36, 103
≪う≫		加圧高温加熱	102
受け台	22, 69	加圧実験	119
内側層	64	加圧制御	104
運転条件	9, 37	カーボン繊維	153
運転速度	36, 54, 143	介護用品	1
運動エネルギー	85	解重合	8, 53, 55
		改善手段	82
≪え≫		開封時	27
栄養改善法	102	開封性	7
液状化	11, 18, 22, 77, 119, 150, 166	外部応力	79, 156
液だれ	64	界面接着	5, 13, 84, 124
エチレン	92	界面剥離	64, 77, 115, 151
エッジ	55, 150, 173	外乱	39
エッジ切れ	9, 19, 50, 74, 77, 84, 111, 169	回路定数	132
エネルギーロス	26	化学結合力	12
円弧状	91	過加熱	5, 8, 55, 67, 70, 77, 159, 165
演算結果	135	角度法	32, 77, 107, 119, 124, 142, 165, 175
演算データ	114	格納機能	40
演算範囲	88	下限	20
円周電流	27	下限温度	17, 45, 138, 141, 143
円線状	90	加工速度	149
エンボス	73	加工ピッチ	148
		荷重	84
≪お≫		荷重試験	91, 101
応答曲線	20, 132	菓子類	1
応答データ	132, 145	ガス化	132
応力パターン	101	ガス成分	1

ガス体	64
ガスバリア機能	2, 106
ガスバリア性	2, 83
ガゼット	59
片面加熱	21, 59, 69, 153
合掌貼り	59, 73
カップ	27, 69
稼働率	36
過渡現象論	132
加熱温度	2, 64
加熱温度条件	19
加熱温度精度	166
加熱温度ムラ	68
加熱温度レンジ	167
加熱側	69
加熱源	147
加熱サンプル	172
加熱時間	54, 141, 146, 171
加熱時間のマトリックス	177
加熱終了	103
加熱条件	68
加熱ジョー	94
加熱ステーション	145
過熱制限温度	66
加熱制限条件	67
加熱ゾーンの長さ	149
加熱速度	5, 103
加熱体	36, 151
加熱体温度	5
加熱体周辺	68
加熱体の形状	68
加熱体表面温度	177
加熱調節	155
加熱停止	68
加熱の適正化	82
加熱のバラツキ	141
加熱幅	155
加熱不足	2, 46, 66, 70
加熱ブロック	132
加熱方法	9, 20, 168
加熱ムラ	25, 77
加熱面	68
加熱面積	23
加熱要件	19
紙カップ	158, 163
紙パック	63
カムアップ	103
貨物破損	101
ガラス繊維	39
ガラス転移温度	11, 46

ガラス容器	28
絡み合い	13
過励磁	28
間欠動作	70
観察評価	36
緩衝機能	35, 86, 151
含水	63
缶詰技術	101
含有率	167

≪き≫

気化	8, 29, 55, 63, 117, 121
機械動作	146
機械の速度設計	132
危害分析	102
基材の伸び率	99
擬似接着	5
起動直後	71
揮発温度	64
揮発成分	29, 53, 55, 61, 117
基本診断	20
基本熱伝達能力	148
気密性	36
気密法	158
キャップ	26
ギャップ調節	118, 121, 142
吸収緩和	127
吸収熱量	65
共押出し	14, 92, 112
境界温度	80, 89, 94, 118, 121, 141, 153, 176
境界点	7, 94, 132
境界付近	171
境界領域	156
供給熱量	47, 65, 151
協業	158, 169
共重合	86
凝集接着	13, 77, 84, 124, 151
強制循環	103
強制冷却	71, 140
曲線部	144
許容範囲	68
均一化	25
近似積分	87
近似微分	50
金属イオン	7
金属シート	113
金属箔	26, 117
金属片	113, 140

≪く≫

食い込み	84, 91
クッション性	64, 124
グリップ	53
クサビ結合	4

≪け≫

系外排出	61
経験則	9, 36
結合確率	95
結合配列	92
結合力	116
結晶化温度	46
結晶性	11, 51, 112
結晶特性	166
原因要素	68
原子間力顕微鏡	13
検出速度	40

≪こ≫

高圧着圧	77
高圧着	29
高温域	81, 150
高温加熱	150, 158
高温環境	130
高温耐性	2
硬化	11
香気成分	1
剛性	98, 117
合成特性	126
合成引張強さ	114
合成プラスチック	166
構造材	127
拘束温度	63
拘束性	117
剛体	6
降伏点	87, 156
高分子結合	78, 166
高分子鎖	84
交流磁界	27
交流電流	27
コーティング	112
コートフイルム	159
コーナー部	177
焦げ付き	141
コスト	10, 151
粉立ち	64
固有性能	36
固有特性	2, 33, 141
固有熱特性	107
小分け包装	1
壊れ状態	34
壊れパターン	168
混合状態	76, 84, 91
混成加熱	156
混成ヒートシール法	151
混入防御	1

≪さ≫

再加熱	55
サイクルタイム	141, 143
再結晶化	140
再現性	36
最高加熱温度	46
最高到達温度	72
最終加熱温度	132
最小値群	114
最速加熱条件	66
最大値	34, 84, 114
最大値群	114
最適加熱範囲	9, 45, 130
最適条件	19
再封緘	110
再封止	147
再冷却	11
作製時間	172
作製法	79
錆び	55
差分	50, 135
三角形状	79, 98
酸化防御	101
酸素	1
酸素遮断	84
残存スポット	116
サンプリング箇所	33
サンプリング間隔	50

≪し≫

受圧面積	63
仕上がり検査	2
シート	1
磁界	27
紫外線バリア	106
時間	9, 18, 59
時間精度	17
識別	37
識別法	77
試験片	78
事後検査	101
自己制御	91

自己調節機能	121	消費者	7
始終点	135	消費者ニーズ	110
始終点温度	130	消費ロス	36
指数化	156	少量包装	1
指数関数	17, 134	ジョー間の距離	79
指数関数ホーン	26	初期圧着圧	166
事前検証	132	初期圧着圧	172
自然原料	166	初期温度	65
自然循環型資源	166	初期間隔	86
自然冷却	140	初期引張応力	99
磁束密度	28	初期プレス圧	94
実測応答データ	138	食パン包装	111, 147
ジッパーシステム	110	食品衛生法	101
時定数	135	食品包装	84
始発温度	130	徐水	102
島状	13, 114	シリコンゴム	54, 69
シミュレーション	39, 79, 130, 146, 177	磁力線	20
シムテープ	113	しわ	57, 60
示差走査熱量計	46	磁歪	26
遮光性	101	真空接着	4, 97
受圧応力	91	真空包装	35
受圧応力線	90	信号処理系	40
受圧部位	53	親水性	117
周囲の温度	127	診断マップ	109
重合過程	92	振動	53
重合度	5	浸透酸素	8
集束機能	53	振動素子	26
集中応力	79	浸透熱流	72
集中負荷	79	信頼性	36
充填口	57, 102	信頼性保証	101
充填重量	53		
重点品質管理項目	3	≪す≫	
充填物	57	推奨溶着面温度範囲	106
充填物の熱劣化	103	水素結合力	12
充填率	53	水分	1
周辺空気流	68	スタンドパウチ	59, 144
重要管理点監視	102	ステップ応答	16, 132
ジュール熱	20, 26	ステップ状	47
受応力材	106	スナック食品	163
縮合	11	スペーサー	94
シュリンク	53, 55, 127, 158	スポット	13, 73, 126
昇温速度	151	スリット	25
蒸気圧	29, 103, 117		
蒸気圧温度	61	≪せ≫	
衝撃	35, 74, 84, 142	製袋	1, 59
上限温度	81, 138, 141, 143, 176	制御向上	
上限制約温度	67	制御性能	
使用単位	1	制御要素	58
承認制度	101	制限温度	19, 143
承認対象	102	制限範囲内	143

生産休止	36
生産計画	20
生産速度	143
製造工程	84, 92
製造者の協業	158
静電気結合	4
性能改善	89
生分解性プラスチック	51, 158
精密機械部品	84
積載	53
積算値	87
積分型	46
積分範囲	87, 156
石油原料	166
セキュリティー	26
設計段階	132
接着結合力	12
接合面	3
接着子	74, 115, 126
接着状態	52
接触状態	60
接触速度	29
接触熱抵抗	16
接触溶断	29
切断	2
接着界面	14, 84
接着剤	3, 86
接着スポット	115
接着層	2, 16
接着面	5, 53
接着力	7
設定温度	54
設定加熱温度	103
設定精度	141
設備設計	20
接着メカニズム	8
接着面モデル	13
セラミック板	153
セルロース	28
繊維状	63, 117, 158
線形	130
線形応答	135
全剥離長さ	87

≪そ≫

層間剥離	36, 111
総合衛生管理製造過程	101
相互拡散	12
相互干渉	130
操作回数	23
相似形	17
掃除性	64
想定温度範囲	177
挿入ピッチ	150
ソフトラミ	27

≪た≫

耐圧縮強度	101
耐圧縮強さ	31
大気圧	4
待機温度	65
台形に裁断	173
対症療法的	64
耐熱性	101
耐破袋性能	151
タイマー	24
タコツボ効果	4
多重シール	147
多層フイルム	14, 36
タック	53, 55, 78, 90, 99, 127
脱落スポット	116
縦ピロー	59
ダブルヒートシール部	177
単位応力	76
単位時間	23
単一フイルム	14, 112
段差	73, 163
短冊状	80, 112
弾性率	11
単層フイルム	2, 21
タンパーエビデンス	110
弾力性	92

≪ち≫

チェーン結合	4
蓄熱	65
中間情報	129
注射薬包装	110
チューブ	25
超音波	20, 26
超音波シール	26
調節温度	22
調節結果	129
調節動作	23
調節能力	37
調節目標値	106
超低速	115
調理済み食品	1
直鎖状低密度ポリエチレン	2
直接圧着	66

直線部	177
直流増幅器	40
直角応力	32
直角サンプル	177
直角方向	68

≪つ≫

通過時間	
通気性	158
通信機能	40
通電時間	23, 155
通電電流	
包む	

≪て≫

デ・ラミネーション	
低温化	112
抵抗線	23, 29
定常状態	66, 70
低接着	115
定量化	50
データ処理	40
データ蓄積	40
データの情報化	40
適正加圧	61
適正加熱	20, 58, 69
適正加熱温度	11, 77
適正加熱温度帯	5, 135, 161
適正加熱条件	60
適正加熱範囲	9, 37, 52, 110, 141, 161, 167, 169
適正最高運転速度	106
適正シール操作	159
適正性	44
適正範囲	5, 162
適正溶着温度	19
適正利用法	9
デジタル変換	40, 87, 132
テスト運転	36
テスト資材	36
テフロン	153
テフロン板	54
テフロンシート	23, 39, 54, 59, 117
デラミネーション	78, 80, 98, 169
デラミ剥離	80
デラミ力	99
テロ対策	1
電界加熱方式	29
電界シール	20
電気抵抗	132
電気誘導	26

電気容量	132
電極	29
電源調節	155
電子記録	113
電磁波	21
電子部品包装	165
テンション	30, 57
伝達時間	54
電導ムラ	29
伝熱応答	132
伝熱ギャップ	60
伝熱特性	69
伝熱不足	18
伝熱要素	39
伝熱ロス	23
電歪素子	26

≪と≫

透過性	2
透過成分	117
統計的評価	36
動作速度	54
動作タイミング	55
同相	28
到達温度	67
到達時間	17, 63, 147
動的解析	132
投錨効果	12
透明	11
特異点	11
トランス	24

≪な≫

内圧発生	35
内層材	98
ナイロン	12, 117
長手方向	68
雪崩的	85, 116
ナノサイズ	158
波状	76
軟化	2, 132
軟包装	14, 34

≪に≫

乳製品	163
任意温度	130

≪ぬ≫

抜き取り検査	2
布目仕上げ	64

≪ね≫

熱移動現象	132
熱応答特性	40
熱可塑性	3, 11, 76, 171
熱挙動	130
熱源	130
熱絶縁性	65
熱線	20
熱抵抗	18, 69
熱伝達性	16
熱電対	39
熱伝導	11, 17, 60
熱伝導値	132
熱伝導特性	130
熱伝導能力	130
熱伝導率	151, 153
熱特性測定法	142
熱板方式	158
熱風加熱	20
熱変曲点	47
熱変形	68
熱変性	2, 49
熱変性層	111
熱変性データ	50
熱変性点	136
熱変性分析法	52
熱放射	23, 68
熱膨張	11
熱溶断	20
熱容量	16, 25, 69, 130
熱容量値	132
熱流解析	22
熱流系	39
熱流出	23
熱流測定法	166
熱流調節	23, 47, 66, 153
熱流抵抗	65
熱劣化	17, 36, 55, 68, 110, 142
熱劣化温度	9, 19
粘性	119
粘着テープ	94
粘度	141

≪の≫

ノズル	25
ノッチ効果	76
伸び応力	94
伸び強さ	18
伸び特性	32
伸び力	99

≪は≫

パーマネントシール	158
排気流	25
パウチ外圧	104
パウチ内圧	104
破壊応力	34, 84, 127, 151
剥がれ	53
剥がれシール	5, 77, 83, 110, 124, 171
剥がれシール帯	52, 113
剥がれシール幅	52
剥がれ幅	85
剥がれ面積	90
剥がれライン	90
白濁	56, 118
薄肉化	127
薄膜面	27, 126
剥離	6, 98
剥離エネルギー	7, 25, 83, 87, 124, 143
剥離距離	72, 76
剥離進行	91
剥離強さ	86, 98, 151
剥離パターン	115
剥離部位	115
剥離面	112, 115
剥離面積	151
挟み込み	2
破袋	1, 53, 76, 122, 151
破袋の原因	82
破袋防御	91, 143, 156
破断	6, ,8, 84
破断エネルギー	25, 84, 87
破断現象	85
破断試験	2
破断強さ	86
破断強さ	167
パッキン材	27
発現温度	46, 164
発現機能	110
発現検証	83
発現測定法	112
発現メカニズム	147
発現要素	78
発生応力	53
発生原因	55, 169
発生メカニズム	57
発生モデル	34
発熱	116
発熱温度	22
発熱源	23, 132
発熱層	26

発熱体	5, 22	非加熱面	88
発熱体の摺動	147	美観	117
発熱能力	65	引き裂き	36
発熱反応	140	引き裂き応力	104
発熱部位	132	引張距離	87, 113
発熱分布	127	非結晶性	11, 112, 135
発熱容量	132	微細センサ	172
発熱量	23, 127	微細破片	126
発泡	7, 29, 36, 56, 76, 83, 117, 118	微細部分	76
発泡制御	119	微細面	151
発泡体	64	微小圧着圧	60
発泡の抑制	127	美粧性	64
ばね応力	115	微小部位	78
バネ性	143	微小変化	23
破片	158	歪応力	141
パラメータ	2, 32, 50, 171, 177	微生物	1
バリア性	117, 164	微生物汚染耐性	143
破裂強さ	31	微生物の侵入	2, 36, 83
半剛性容器	31	微生物防御機能	159
反射	26	非接触	26
ハンチング	23, 39	非線形	132, 138
判定回路	129	非適正範囲	162
判定手段	9	人手評価	36
反応性	110	引張パターン	86
		引張試験パターン	30, 88
≪ひ≫		非反応系	95
引張強さ	5, 19, 87	微分演算	49
引張試験	2, 51, 76, 84, 175	微分型	46
引張試験サンプル	172	微分値	49
ヒータ	22, 127, 153	標準温度	17
ヒートシーラント	2, 7, 14, 83, 93	表層	117
ヒートシールエッジ	19	表層温度	67
ヒートシール基準	162	表層材	12, 73, 98
ヒートシール技法	1, 36	表層面応答	107
ヒートシールクレーム	158	平等活用	10
ヒートシール代	23, 153	表面温度	20, 40, 59, 65, 128
ヒートシール線	18, 79, 90, 150	表面温度計	66
ヒートシールト・フィン	83, 142	表面温度調節システム	39
ヒートシール方法	1	表面温度分布	68
ヒートシール強さ	5, 46, 99, 118, 171	表面カバー	70
ヒートジョー	5, 14, 22	表面仕上げ	68
ヒートバー	20, 22	表面仕上げの平滑化	74, 141
ヒートパイプ	22, 68, 129	微量混入物	110
ヒートシールの発現	5	比例定数	135
ピールシール	147	ピロー	94
ピール制御	112	瓶口	27
引張応力	79, 84	ピンホール	2, 55, 73, 76, 122, 151, 158, 165, 169
引張応力パターン	113		
非加熱側	69	≪ふ≫	
被加熱サンプル	88	フイルム	1

封緘性能	36	変移	166
不完全接着	84	変換性能	40
不均一	57, 73	変形	2
不均一加圧	78		
不均一加熱	78	≪ほ≫	
複合応答	148, 161	放熱	39, 65, 68, 71, 127
複合起因	58, 163	放熱量	16
複合起因解析	122	ポテンシャルエネルギー	85
複合材	80, 97	ポーラス性	117
輻射熱	88	ポーションパック	1
袋の形状	53	補正回路	129
不織布	158	包装形態	56
付随要素	58	包装機械メーカ	158, 169
蓋材	69, 158, 163	包装技法	1
蓋材の歪	163	包装材料	1, 54
フッ素樹脂	153	包装材料メーカ	158, 169
沸騰排出	63	包装機能	1
物理的応力	14	包装材料の厚さ	83
物流	84, 101	包装材料の基本性能	115
物流中の衝撃	147	包装資材	10
歩留まり	141	補強材	94, 99
部分破断	85	補強材の剥離力	98
不溶融	11	補強作用	99
プラスチック	1, 11, 86, 171	補強データ	95
プラスチック包装材料	14	母材	77, 93, 113, 158
プレスギャップ	94, 172	保持構造物	68
プレス代	94	包装市場規模	1
プレスバー	24	包装仕様	148
不連続エネルギー	115	保証範囲	36, 141
不連続現象	132	保証項目	110
ブレンド割合	92	ホットワイヤー	20, 29, 84, 156
分解能	40, 113, 115	ホットタック	56, 140, 142, 164, 169
分極性	28	ボトル	27
分子間結合	4, 18, 125, 167	ポリエチレン	12, 50, 158
分子間力	4, 12	ポリ玉	7, 19, 36, 55, 76, 84, 121, 126
分子結合	2		142, 150, 175
分子構造	132	ポリ四フッ化エチレン	153
分子レベル	36, 116	ポリアミド	12
分担応力	116	ポリプロピレン	12, 92
分担協業	170		
噴霧法	161	≪ま≫	
		枕座	172
≪へ≫		曲げ剛性	84
平均値	34	摩擦接着	84, 91
平行性	55, 68	間引き	74
平面体	53, 55, 90		
ベースフイルム	159	≪み≫	
ベルトシーラー	147	ミシガン州立大学	158
変曲点情報	161	未重合	56, 78
変曲点	49, 136, 166, 176	未重合物	8, 61

密封軟包装袋の試験方法	31
見栄え	118
ミルクカートン	25, 118
密着性	132
密封性	1

≪む≫

無菌化包装技法	101
無人運転	141
無接触	21

≪め≫

メタロセン触媒	8, 92
メタロセンコポリマー	78
メチル基	92
滅菌加熱	101
滅菌操作	158
めり込み	13

≪も≫

目視検査	9, 118
目標温度	17, 63
模倣性	158

≪や≫

破れ	53
破れシール	5, 77, 84, 101, 124, 142, 171
破れシールゾーン	113
破れの発生点	87
山/谷	115

≪ゆ≫

≪よ≫

有害微生物	158
有害物質	1
ユーザー	169
融点	84
誘電体損失	28
誘電ロス	20
誘導電流	26
油性食品	101
溶着層	9
溶着面温度	2, 16, 54
溶着面温度測定法	16, 37
溶着面温度応答	5, 17, 106, 161
容器	1
溶出	60, 127
容積	57
溶着温度	19, 64

溶着開始温度	106
溶着状態	84
溶着線	6
溶着の立ち上がり	112
溶着発現ゾーン	107
溶着面温度応答	4
溶融	2, 132
溶融温度	1, 36, 46, 166
溶融温度	11
溶融塊	30
溶融状態	55, 141
溶融接着	101
溶融接着状態	113
溶融層	60
溶融特性	92
横縞	115
汚れ	55
予測制御	103
予熱温度	70
予備試験	161

≪ら≫

ラジカル重合	2, 56, 78, 84
落下	53
落下強さ	31
落下応力	35
ラボ試験	102
ラミネーション	2, 12, 21, 64, 73, 78, 117
ラジエーター	25
ラミネーションフイルム	14
ランダムコポリマー	78
ラミネーション強さ	83, 97, 99

≪り≫

リアルタイム	37
リード線	68
リシール	110
リスクマネージメント	142
離脱時間	66
立体	53, 90
利便性	110
リブ	163
流出熱流	72
流動性	53
良品歩留まり	36
両面加熱	21, 132, 162

≪る≫

≪れ≫

冷却	5, 102, 172
冷却ジョー	25
冷却時間	140
冷接点補償	54
冷却速度	103
冷却プレス	113, 140
励磁コイル	27
励磁時間	28
励磁装置	28
励磁ゾーン	
冷水	105
劣化	121
レトルト	1
レトルト温度	106
レトルト温度帯	104
レトルト釜	105
レトルト釜内圧	104
レトルトパウチ	8, 15, 80, 140, 143
レトルト包装	14, 101, 118
レトルト包装の3制約	108
連続加熱	30
連続性極細長繊維	158

≪ろ≫

漏えい試験	31
ローレット仕上げ	73

≪わ≫

付録1　ヒートシールにおける従来法と「溶着面温度測定法」；"**MTMS**"の特長比較

管理項目	「溶着面温度測定法」；"**MTMS**"の特長	従来法
溶着温度	溶着面温度の微分解析検出	カタログデータ等
温　度	溶着面温度の直接測定と加熱体の表面温度のシミュレーション	加熱源の出力調節値設定根拠を明示できない
時　間	溶着面温度が溶着温度に到達する時間を実測してシミュレーション	運転速度優先選択／ヒートシール強さに依存の加熱温度設定
圧　力	安定して所望の溶着温度に達するミニマム圧力の選択 (0.1～0.2MPa)	特別な根拠を選択できない
仕上がり試験	溶着面温度ベースの ①ヒートシール強さ表現 ②「角度法」による剥れシール (Peel Seal) と破れシール (Tear Seal) の識別 ③溶着面温度と引っ張りパターン解析	加熱条件の定量化の出来ないサンプルでの ①15mm幅の引っ張り試験 ②加重試験 ③落下試験 等
温度条件の変更シミュレーション	①ラボシミュレーション ②パソコンシミュレーション	①実機テスト
ヒートシール幅の選定	溶着面温度ベースの ①剥離エネルギー解析 ②破断エネルギー解析	特別な根拠を設定できない
条件設定費用	①サンプル僅少 ②実機停止（原則）不要	①実包装材料を大量に使用 ②実機の生産停止
信頼性保証	溶着面温度情報によりヒートシール要件の全ての検証可能	設定できずヒートシール強さの事後評価のみ

付録2　取得特許／出願特許一覧表　［2007年6月現在］

1．取得特許等と内容概略

（1）「プラスチックのヒートシール条件の決定方法」2003年8月29日　特許第3465741号

　　溶着面温度の実測データと加熱体の表面温度の相互関係を得る方法。この情報からヒートシールの加熱温度と加熱時間の最適条件の設定を行う方法。溶着面温度測定法の基幹特許

（2）「プラスチックの熱溶着温度の測定方法」　2002年6月21日　特許第3318866号

　　材料毎の溶着面温度応答データから温度傾斜の変曲点を検出して熱特性を把握し、ヒートシール強さの発現と対比して、材料のヒートシール特性を簡易に把握する方法

（3）「ヒートシール巾の決定方法」　　　　　　2006年6月02日　特許第3811145号

　　引張試験の破断の起こるまでの応力面積（破断エネルギー）と剥がれシールの［(剥がれ強さ)×(剥がれ距離)＝剥離エネルギー］の比較で、ヒートシールのフィン巾の合理的な決定方法と剥離エネルギーを利用した破袋／ピンホールの防御法

（4）「ヒートシール剥れと破れの識別方法」　2006年11月10日　特許第3876990号

　　溶着面温度をパラメータに45°の角度でヒートシールをしたサンプルの引張試験を行いエッジ切れの有無で剥がれシールと破れシール状況を識別検査する方法

（5）Method of Setting Heat-Sealing Condition　Mar.6, 2001　U.S. Patent US 6,197,136 B1

　　日本取得特許(1)、(2)を統合したアメリカ版

（6）Method of Designing a Heat Seal Width　October 11, 2005

　　　U.S. Patent US 6,952,956　B2

　　日本取得特許(3)日本特許出願済み(4)を統合したアメリカ版

（7）「ヒートシール試験装置」平成10年（1998）11月18日　実用新案登録第3056172号

　　自動化した≪"MTMS"キット≫

－195－

(8)　"MTMS"　2002年1月30日　登録商標　登録第4622606号
　　　"MTMS"の商標登録

2．特許出願済み事項と内容概略

(9)「ヒートシール方法」2006年3月　特願2006－70547　　　　　　　【審査中】
　　　水分等の揮発成分を多く含んだナイロン、エバールのようなフイルムのヒートシールにおいて溶着面に発生する"発泡"を溶着面温度と関係する加圧条件を与え発泡を防御する方法

(10)「プラスチックのヒートシール条件の設定方法」2001年6月　特願2001－225173
　　　水分を含んだ紙等のヒートシールにおいて水分が気化して大気中に放出する時間の間、溶着面温度は気化温度に拘束され溶着面温度の上昇が妨げられる。このような包装材料の適正なヒートシール条件を決定する方法。

(11)「ヒートシール条件のシミュレーション方法」2003年6月　特願2003－201369
　　　1本の溶着面温度データから任意の始終点温度の溶着面温度応答をパソコン上でシミュレーションする。環境温度が変化した場合の条件変更や最適な2段加熱をラボでシミュレーションする方法．

(12)「加熱体の表面温度の調節法」　特願2006－146723　　　　　　　【審査中】
　　　加熱体の表面からの放熱や構造物への電熱によって発生する調節点温度と表面温度の差を自動補正して、2～3℃の精度で目標の温度に調節する方法

(13)「剥がれと破れシールの混成ヒートシール構造」　特願2007－26377　【審査中】
　　　ヒートシール代方向に加熱体の表面の一部に熱流調節面を設置して、内側から剥がれシールと破れシールが混成するように連続的な加熱を行う。この方式では剥がれシールと破れシールの境界点にある材料の持つ最大の接着力点を確実にヒートシール代に作れる。包装体に破袋応力がかかると先ず剥がれが生じて破袋応力を消費する。最後は完全溶着の剥がれシールが機能する。加熱面は剥がれシールと破れシールが連続するので破袋の原因である"ポリ玉"の生成は起こさず破袋原因の抜本改善ができる。従来並のヒートシール代を使うと4～5倍の破袋耐力が得られる。
　　　ヒートシール代の有効利用やヒートシール代を狭くしたコストダウンができる。
　　　この方式に"Compo Seal"(登録商標出願)と名付けた。

(14)「Compo Seal」　登録商標　出願　商願2007－10191号

ヒートシールの理論的解析と改善の実施ツール　バージョンアップ！
"MTMS"キット [M06-07] 登場！

確実なヒートシール管理を達成するためには「溶着面温度」のダイナミックスを掌握する必要があります。　溶着面温度測定法；"MTMS"は微細なセンサを溶着面に挿入して溶着面温度を直接測定する革新的技術です。*精密な加熱表面温度の調節、自動長尺加熱ユニットの追加！*

　包装材料のヒートシール特性を正確に掌握するためには0.2～0.5℃の精度で溶融面に"流動"を起こさない優しい加熱が必要です。

　"MTMS"キットは「溶着面温度測定法："MTMS"」を容易に実施できる測定装置です。
　"MTMS"キットの活用で定量的ヒートシールの管理、解析、研究、改善ができます。

◆ "MTMS" 主な機能：
(1) 溶着面温度の直接測定（応答）
(2) 包装材料の溶融温度検出
(3) 加熱温度ムラ測定
(4) Peel Seal と Tear Seal の識別
(5) 剥離エネルギー測定／ヒートシール巾の理論的決定
(6) ヒートシールのHACCP保証
(7) あらゆる加熱温度の応答シミュレーション／2段加熱の検証
(8) 包装材料の合理的設計
(9) ヒートシール"不具合"の理論的解析

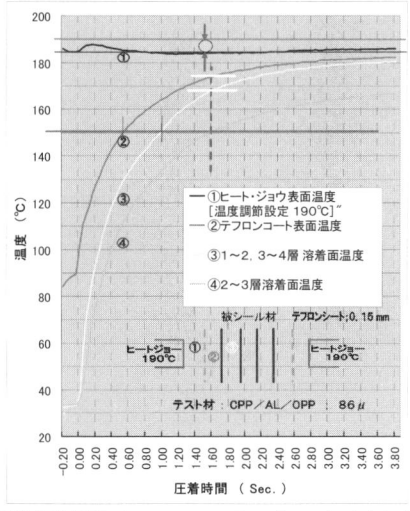

【"MTMS"キットによる4点同時測定例】

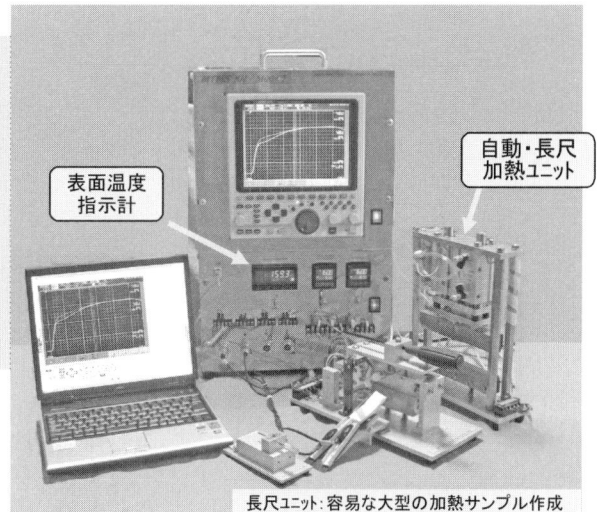

長尺ユニット:容易な大型の加熱サンプル作成
表面温度計:0.1℃の加熱面温度の設定

◆ ≪"MTMS"キット≫の主な仕様

(1) 加熱温度精度；1.5±0.2℃　Max.220℃
(2) ヒートジョーの加熱；両面（同一、温度差）片面加熱の切り換え　選択自由
(3) 加熱温度の均一化；ヒートパイプ埋め込み
(4) 温度応答分解能；2／100～2／1000(Sec.)
(5) 溶着面温度センサ；"K"熱電対 15～45μmを選択使用
(6) 同時測定点数；Max.8点
(7) 温度分解能；0.1℃
(8) 初期圧着圧；≒0～0.5MPa～1.0MPa(オプション)
(9) 圧着；手動,自動　(10) 圧着開始時点；自動検出
(11) 圧着ギャップ調節；最小10μm

◆ キットの構成
(1) 加熱プレスユニット　(2) 冷却プレス　(3) 高感度／高速デジタルレコーダ　(4) 温度調節ユニット
(5) 表面温度計　(6) 入力回路ユニット　(7) 自動・長尺加熱プレス　(8) データ通信ソフト
(9) パソコン　(10) 測定ノウハウ　(11) データ解析ノウハウ　(12) 習熟コンサルティング

開発／供給：菱沼技術士事務所　　MTMS：登録商標，アメリカ／日本特許取得・出願（多数）
E-mail：rxp10620@nifty.com　URL：http://www.e-hishi.com
Tel. 044-588-7533, Fax 044-599-8085　〒212-0054　川崎市幸区小倉1232

■著者略歴

菱沼一夫（ひしぬま　かずお）

1940 年　神奈川県川崎市生まれ
1964 年　中央大学理工学部電気工学科　卒業
1959 年　味の素株式会社中央研究所　入社
　　　　　計測と制御の研究部に所属
1994 年　味の素株式会社　主席研究員
　　　　　包装エンジニアリング担当
1996 年　菱沼技術士事務所　設立
　　　　　経営工学コンサルティング
　　　　　現在に至る

2006 年　博士（農学）＜東京大学＞取得
　　　　　「熱溶着（ヒートシール）の加熱方法の最適化」

現住所：〒212-0054　川崎市幸区小倉 1232
e-mail：rxp10620@nifty.com
URL　：http://www.e-hishi.com

高信頼性
ヒートシールの基礎と実際－溶着面温度測定法：MTMS の活用－

2007 年 7 月 20 日　初版第 1 刷　発行

	著　者　菱　沼　一　夫
	発行者　桑　野　知　章
	発行所　株式会社　幸　書　房
Copyright	〒101-0051 東京都千代田区神田神保町 3-17
KAZUO　HISHINUMA, 2007	Phone 03-3512-0165　　Fax 03-3512-0166
Printed in Japan	URL：http://www.saiwaishobo.co.jp

組版　デジプロ／印刷　シナノ

無断転載を禁じます。

ISBN978-4-7821-0306-7　C3058